固体化学

第2版

田中勝久 著

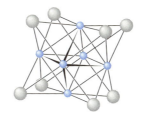

東京化学同人

序

「固体化学」の初版が世に出てから 15 年が経過した．この間，固体化学ならびに関連する固体物理学や材料科学の分野では，新しい発見や発明が相次いでいる．たとえば，マルチフェロイクスやトポロジカル絶縁体などの新奇な電子物性を示す物質群が現れ，ペロブスカイト型太陽電池のような新たな物質を用いたデバイスの提案もなされた．超伝導体の世界では新規超伝導物質が少なからず報告され，超高圧下ではあるものの室温超伝導の実現が示唆された．光物性にかかわる分野ではプラズモニクスに関連する材料の研究が 21 世紀初頭から急速に進んでいる．また，量子力学に基づいて結晶のバンド構造やフォノン分散を計算する手法も進歩し，異なる元素の組合わせから予想される安定な結晶構造や物性を理論的に導くことも可能になっている．加えて，この 15 年間には，初版の序でもふれた準結晶，窒化ガリウム系短波長発光ダイオードと半導体レーザー，さらには巨大磁気抵抗効果，グラフェンなどがノーベル物理学賞あるいは化学賞の対象となった．

固体化学の初版は，無機物質・有機物質を問わず固体の合成，構造，物性の基礎と，材料としての応用に興味のある読者を対象とし，固体化学をはじめて学ぶ大学生や大学院生から，固体化学や材料科学の研究に携わる研究者・技術者まで幅広く利用していただくことを目的として執筆した．本書では，このような初版のフィロソフィーを大切にしながら，上記のような固体の科学と技術の新たな流れにも対応すべく，固体化学をより体系的に理解できるように章立てを再考し，改めて，化学の立場から固体の反応と合成，構造，物性と機能について記述することを試みた．初版からの主な変更点を簡潔に説明しておこう．1 章は初版と同様，固体における化学結合と結晶構造について述べているが，初版ではコランダム型構造，スピネル型構造，ペロブスカイト型構造などの重要な結晶構造の説明が各章に散在したため，それらをすべて 1 章でまとめて記述した．また，初版で

は，基礎的な物理量の特徴やそれらの間に成り立つ関係の類似性から誘電体と磁性体を同じ章で扱ったが，これらの物質群が独自に広大な研究領域を形成していることに鑑み，本書では誘電体と磁性体に関する独立した章を設けてそれぞれの固体の物性を解説した．さらに，「固体の構造解析とキャラクタリゼーション」と名付けた章を新たに加え(4章)，結晶構造を解析するうえで必須のX線回折に代表される回折法について初版よりも詳しく解説するとともに，初版では「光と固体」の章で取扱った分光法に関する記述をこの章に移し，電子顕微鏡法も含めた構造解析に不可欠な手法の原理と測定例を網羅的に説明した．このほか，電気伝導についてふれた6章ではイオン導電体と絡めて電池に関する記述を充実させた．

　固体の科学は固体物理学と固体化学が絶妙な関係を保ちながら進歩してきたように見える．固体物理学では単純化したモデルに基づく普遍的な概念の導出が成功裏に行われ，文頭でも述べたように今なお新しい現象の発見や理論の提唱がなされている．固体化学の領域では固体物理学の考え方に立脚しながら多様な物質群の開拓に目を向け，固体を構成する元素とそれらを結びつける化学結合や分子間力の個性に基づいて，個々の物質に特徴的な性質や特異な構造を見いだす努力がなされている．固体化学という学問体系の概観を知るうえで，本書が少しでも役立てば幸いである．

　固体化学の第2版を出版するにあたり，初版と同様，東京化学同人編集部の山田豊氏には科学的な内容を含め詳細かつ示唆に富んだコメントをいただいた．心より感謝申し上げる．

　2019年4月

田　中　勝　久

目　　次

序章　固体化学の領域 …………………………………………… 1

1章　化学結合と結晶構造 ……………………………………… 7

1・1　結晶構造の一般的な特徴 …… 7
　1・1・1　結晶の周期構造 ………… 7
　1・1・2　最密充填構造 ………… 9
　1・1・3　ブラベ格子 …………… 12
　1・1・4　格子面とミラー指数 …… 14
　1・1・5　結晶構造と対称性 ……… 16
1・2　結合による結晶の分類 ……… 18
1・3　イオン結合とイオン結晶 …… 19
　1・3・1　イオン半径と
　　　　　　　　配位多面体 …… 19
　1・3・2　マーデルング定数と
　　　　　　　　格子エネルギー …… 21
　1・3・3　ボルン-ハーバー
　　　　　　　　サイクル …… 25
1・4　共有結合と共有結合結晶 …… 26
　1・4・1　原子価結合法 …………… 26
　1・4・2　分子軌道法 …………… 27
　1・4・3　混成軌道と
　　　　　　　　共有結合結晶 …… 28

1・5　イオン結晶と共有結合結晶の
　　　　構造 …… 30
　1・5・1　陰イオンの最密充填に
　　　　　　　　基づく構造 …… 30
　1・5・2　陰イオンの単純立方格子に
　　　　　　　　基づく構造 …… 33
　1・5・3　複数の種類の陽イオンを含む
　　　　　　　　代表的な結晶構造 …… 34
1・6　金属結合と金属結晶 ………… 39
　1・6・1　金属結合 ……………… 39
　1・6・2　金属単体と合金の構造 …… 40
　1・6・3　準結晶 ……………… 42
1・7　分子に基づく結晶 …………… 43
　1・7・1　分散力と分子結晶 ……… 43
　1・7・2　水素結合と分子結晶 …… 46
　1・7・3　錯体と分子結晶 ………… 47
　1・7・4　電荷移動錯体 ………… 48
　1・7・5　超分子 ……………… 48

2章　固体状態の熱力学 ……………………………………… 49

2・1　相の概念 …………………… 49
　2・1・1　相平衡と状態図 ………… 49

　2・1・2　相転移 ……………… 51
　2・1・3　相律 ……………… 54

2・2　固溶体……………………55
　2・2・1　置換型固溶体と
　　　　　　侵入型固溶体……55
　2・2・2　金属結晶の規則格子と
　　　　　　秩序-無秩序転移……57
　2・2・3　マルテンサイト変態……59
2・3　2成分系の状態図…………61
　2・3・1　固溶体の生成…………61
　2・3・2　共　晶………………63
2・3・3　包　晶………………66
2・4　格子欠陥…………………69
　2・4・1　欠陥の生成…………69
　2・4・2　点 欠 陥………………69
　2・4・3　転　位………………73
2・5　非晶質固体と液晶………74
　2・5・1　非晶質固体…………74
　2・5・2　柔粘性結晶…………78
　2・5・3　液　晶………………78

3章　固体の反応と合成……………………………………82

3・1　単結晶と多結晶……………82
3・2　固相反応…………………84
　3・2・1　原子の拡散と固体の
　　　　　　反応……84
　3・2・2　焼　結………………86
　3・2・3　特徴的な固相反応………87
3・3　液相および気相からの
　　　　　結晶の生成……91
　3・3・1　核 生 成………………92
　3・3・2　結晶成長………………95
　3・3・3　結晶の成長と形状……96
3・4　融液からの単結晶の合成…100
　3・4・1　ブリッジマン法………100
　3・4・2　チョクラルスキー法……100
　3・4・3　帯溶融法………………101
3・4・4　ベルヌーイ法…………102
3・5　溶液からの固体の合成……103
　3・5・1　共 沈 法………………103
　3・5・2　ゾル-ゲル法…………103
　3・5・3　水熱合成法……………105
　3・5・4　フラックス法…………108
3・6　気相からの固体の合成……109
　3・6・1　真空蒸着………………109
　3・6・2　化学気相成長…………109
　3・6・3　化学蒸気輸送法………111
　3・6・4　分子線エピタキシー……111
　3・6・5　スパッタ法……………112
　3・6・6　レーザーアブレーション法
　　　　（パルスレーザー堆積法）……114

4章　固体の構造解析とキャラクタリゼーション………………117

4・1　X線回折…………………118
　4・1・1　X線の発生……………118
　4・1・2　結晶による
　　　　　　X線の回折……120
4・1・3　消 滅 則………………122
4・1・4　原子散乱因子と
　　　　　　構造因子……123
4・2　中性子回折と電子回折……125

vii

4・2・1　中性子回折………125	4・4・2　電子スピン共鳴………134
4・2・2　電子回折…………127	4・4・3　核磁気共鳴…………136
4・3　電子顕微鏡…………129	4・4・4　X線分光…………138
4・4　固体の分光学…………132	4・4・5　電子分光…………140
4・4・1　赤外分光と	4・4・6　メスバウアー分光……141
ラマン分光……133	4・5　熱　分　析…………143

5章　格子振動と熱的・弾性的性質………………145

5・1　格子振動………………145	5・3・3　デバイモデル…………154
5・1・1　振動と波…………145	5・4　熱　膨　張…………156
5・1・2　結晶格子における	5・4・1　熱膨張の起源………156
原子の振動……147	5・4・2　結晶と非晶質固体の
5・1・3　音響モードと	熱膨張……158
光学モード……150	5・5　熱　伝　導………………159
5・2　フォノン…………152	5・6　弾性的性質…………163
5・3　熱　容　量…………153	5・6・1　弾　性　率…………163
5・3・1　デュロン-プティの法則…153	5・6・2　有機高分子固体の
5・3・2　アインシュタイン	弾性的性質……167
モデル……153	

6章　電子構造と電気伝導………………169

6・1　金属の電子構造と	6・2・1　周期的ポテンシャルにおける
電気伝導……170	電子の運動……179
6・1・1　固体の電気伝導率………170	6・2・2　結晶のバンド構造………181
6・1・2　自由電子気体と金属の	6・3　半導体とエレクトロ
電気伝導……171	ニクス……184
6・1・3　フェルミ・エネルギーと	6・3・1　半導体の電子構造………184
フェルミ-ディラック統計…174	6・3・2　pn接合とダイオード…186
6・1・4　伝導電子による熱容量と	6・3・3　トランジスター………189
熱伝導……177	6・4　金属および半導体となる
6・2　バンド理論…………179	物質……191

viii

6・4・1　酸化物結晶の電気伝導…194
6・4・2　層状構造をもつ固体の
　　　　電気伝導……198
6・4・3　グラフェンと
　　　　カーボンナノチューブ……200
6・4・4　1次元金属錯体…………203
6・4・5　電荷移動錯体…………205
6・4・6　導電性高分子…………209
6・5　イオン伝導…………………212
6・5・1　イオン伝導を示す
　　　　固体……212
6・5・2　電　池…………215

7章　誘　電　体……218

7・1　誘電性の基礎……………218
7・1・1　電気双極子と
　　　　誘電分極……218
7・1・2　誘電分散と誘電損失……220
7・1・3　分極率と誘電率…………222
7・2　巨視的な誘電性……………224
7・2・1　焦電性と焦電体…………224
7・2・2　圧電性と圧電体…………225
7・2・3　強誘電性と強誘電体……226
7・3　さまざまな誘電体と
　　　誘電体材料……229
7・3・1　酸化物誘電体…………229
7・3・2　液晶の誘電的性質………234
7・3・3　圧電性高分子…………239

8章　磁　性　体……240

8・1　磁性の基礎………………241
8・2　巨視的な磁性………………243
8・2・1　反　磁　性………………243
8・2・2　常　磁　性………………244
8・2・3　強　磁　性………………247
8・2・4　反強磁性と
　　　　フェリ磁性……251
8・3　磁気秩序の機構……………252
8・3・1　交換相互作用と
　　　　超交換相互作用……252
8・3・2　金属と合金の強磁性……253
8・4　さまざまな磁性体と
　　　磁性材料……259
8・4・1　金属と合金の磁性材料…259
8・4・2　酸化物結晶の磁性………264
8・4・3　有機磁性体………………269

9章　超　伝　導……272

9・1　超伝導現象…………………272
9・1・1　電気抵抗の
　　　　温度依存性……272
9・1・2　完全反磁性………………273
9・1・3　永久電流…………………275
9・2　超伝導の機構と超伝導体の
　　　電子構造……276
9・2・1　ギンズブルグ-ランダウ
　　　　理論……276
9・2・2　BCS理論…………………277

9・2・3　ジョセフソン効果⋯⋯⋯279

9・3　超伝導を示す物質⋯⋯⋯⋯283

9・3・1　金属単体および合金⋯⋯283

9・3・2　酸　化　物⋯⋯⋯⋯⋯⋯285

9・3・3　分子結晶⋯⋯⋯⋯⋯⋯289

9・3・4　その他の物質⋯⋯⋯⋯⋯291

10章　光 学 的 性 質⋯⋯⋯⋯⋯⋯⋯⋯⋯⋯⋯⋯⋯⋯⋯⋯⋯293

10・1　固体における光学現象の
　　　　　基礎⋯⋯293

10・1・1　光の吸収と透過⋯⋯⋯293

10・1・2　光の屈折と反射⋯⋯⋯294

10・1・3　光の散乱⋯⋯⋯⋯⋯296

10・1・4　発光とレーザー⋯⋯⋯298

10・2　イオン結晶の不純物中心と
　　　　　光吸収および発光⋯⋯299

10・2・1　固体中の遷移金属イオンの
　　　　　　電子状態⋯⋯299

10・2・2　固体中の遷移金属イオンの
　　　　　　光吸収と発光⋯⋯301

10・3　金属と半導体の
　　　　　光学的性質⋯⋯305

10・3・1　金属における
　　　　　　光の反射⋯⋯305

10・3・2　半導体の電子構造と
　　　　　　光吸収・発光⋯⋯307

10・3・3　光起電力効果と
　　　　　　太陽電池⋯⋯311

10・4　発光材料⋯⋯⋯⋯⋯⋯⋯314

10・5　電気光学効果と
　　　　　非線形光学効果⋯⋯316

10・5・1　電気光学効果と
　　　　　非線形光学効果の基礎⋯⋯316

10・5・2　電気光学材料と
　　　　　非線形光学材料⋯⋯319

10・6　磁気光学効果⋯⋯⋯⋯⋯322

10・6・1　磁気光学効果の
　　　　　　基礎⋯⋯322

10・6・2　磁気光学材料⋯⋯⋯⋯325

索　　引⋯⋯⋯⋯⋯⋯⋯⋯⋯⋯⋯⋯⋯⋯⋯⋯⋯⋯⋯⋯⋯⋯⋯⋯⋯328

コ ラ ム

マーデルング定数の計算 ····························24

準結晶の構造とフィボナッチ数列 ··············44

水素吸蔵合金とその応用 ·······················64

無機有機複合体とバイオミネラリゼーション ····106

超分子を鋳型にしたメソ多孔体の合成 ··········115

原子を区別して見る ····························131

非晶質固体の熱容量 ····························156

メゾスコピック系とナノエレクトロニクス ······192

パイエルス転移 ································196

マルチフェロイクス ····························231

液晶と表示素子 ································238

スピングラス ··································254

量子スピン系 ··································258

超伝導と素粒子物理学 ··························281

光ファイバーと光通信 ··························297

プラズモニクスとナノ冶金学 ····················306

序章

固体化学の領域

　一般に物質には固体，液体，気体の状態が存在する．このうち**固体**は，巨視的に見れば，硬くて一定の形をもち容易に変形しない物質の状態をさす．物質の状態が温度や圧力にともなって変化する現象は日常よく目の当たりにすることであり，たとえば大気圧下で水を加熱すると 100 ℃ で沸騰して水蒸気に変わり，逆に温度を下げると 0 ℃ で氷に変化する．このように固体は物質の一つの形態にすぎないが，その構造や性質には液体や気体に存在しない特徴が見られる．

　化学の視点からは，常温・常圧で固体となる物質は**無機物質**と**有機物質**に大別される．周期表を占める元素の多くは単体で固体であるが，それらはすべて無機物質の範ちゅうに入る．その多くは金属であるが，化学の術語でメタロイドとよばれる元素，たとえば，Si，Ge，P，As，S，Se，Te などは非金属である．また，異なる元素同士の化学結合によって生じる化合物にも，ハロゲン化物，酸化物，窒化物，水素化物，ホウ化物，炭化物，ケイ化物，カルコゲン化物など，多くの無機物質が含まれる．一方，炭素と水素を中心に形成される有機化合物なかにも，常温・常圧で固体となる物質は数多く存在する．有機物質は"低分子化合物"と"高分子化合物"に大別され，後者はモノマーとよばれる低分子の重合反応で合成される．日常生活で利用されるプラスチック，ゴム，繊維などは，すべて有機高分子固体に基づく材料や製品であり，テレフタル酸とエチレングリコールからつくられるポリエチレンテレフタラート（PET）や，カルボン酸とアミンの重縮合反応で生成するポリアミド（いわゆるナイロン）などがその代表例である．また，金属原子に有機分子が結合した有機金属化合物や錯体が数多く合成されており，それらの固体状態の研究も

進んでいる．これらは無機物質と有機物質の中間的な物質とみなすこともできる．

固体の構造を微視的に見れば，特に**結晶**とよばれる固体では原子，イオン，分子などが規則正しく配列して秩序のある構造を形成している．図1は高分解能の電子顕微鏡（走査型プローブ顕微鏡，4章参照）で観察したケイ素の結晶の写真であり，

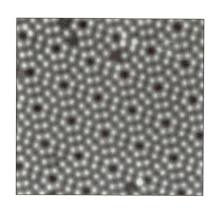

図1 走査型プローブ顕微鏡で観察したケイ素の結晶の写真 ケイ素原子（小さい球状のもの）が規則正しく配列している様子がわかる．写真は日本電子㈱のご好意による

小さい球の一つ一つがケイ素の原子であって，結晶中では原子が規則正しく並んでいる様子がよくわかる．この規則的な構造は，原子や分子が無秩序に運動している液体や気体の構造とはずいぶん異なる．加えて，1章で述べるように，結晶中の原子の並び方は結晶の種類に応じて千差万別である．たとえばダイヤモンドの構造はケイ素の結晶の構造と同じであるが，同じ炭素原子からつくられるグラファイトの構造はダイヤモンドとはまったく異なる．一方では，液体に近い構造をもつ固体も存在する．たとえばガラスは窓ガラスやコップなど，われわれの生活のいたるところで目にするが，微視的な構造は結晶とは異なり，ガラスにおける原子の配列は無秩序であってむしろ液体に近い．このような固体は**非晶質固体**とよばれる（2章参照）．また，**柔粘性結晶**とよばれる結晶では，分子が規則正しく配列しているものの，それらが一定の位置で激しく回転運動している．これらとは逆に，電卓やパーソナルコンピューターの画面の表示材料として馴染みのある**液晶**は，液体でありながら分子が規則的に配列する特異な状態になっている（図2）．液晶（液体＋結晶）とよばれる所以である．

固体の性質も固体の種類に応じて多様に変化する．たとえば，金や銀のような**金属**は延性や展性に富み，力を加えることで非常に薄い膜にまで引き伸ばされるが，

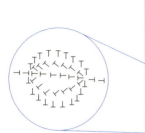
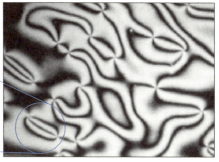

図2 **ネマチック液晶の偏光顕微鏡写真** 円の中のTの印は，液晶分子の平均的な向きを表している．写真はケント州立大学先端材料・液晶研究所 横山浩教授のご好意による

　陶磁器などの**セラミックス**や**ガラス**のような固体は脆い．反面，ガラスは加熱して繊維状に引き伸ばすことができ，このようにして作製されたガラスファイバーはしなやかさをもつ．二酸化ケイ素（シリカ，SiO_2）を主成分とするガラスファイバーは光通信用の材料として光技術に欠かせないものとなっている（10章参照）．これはシリカガラスが広い波長範囲で透明であることに基づくが，対照的に前述の金属は可視光を通さないため不透明に見え，独特の光沢を呈する．また，金や銀はよく電気を通すが，陶磁器の類はおおむね絶縁体である．熱や力で塑性変形（いったん，形が変わると元に戻らないような変形）を起こす**プラスチック**も大抵のものは電気を通さないが，なかにはポリアセチレンのような電気伝導率の高いものもあり，導電性高分子とよばれている（6章参照）．さらに，同じ金属でも金や銅は磁石に反応しないが，鉄やコバルトは磁石に容易に引き付けられる性質をもつ．固体におけるこのような性質の相違は，固体中での原子や分子の配列の仕方，化学結合，電子の挙動の違いによって説明することができ，この性質の多様性が固体物質の最も面白い点の一つでもある．

　固体の科学と工学は20世紀に入ってから質的にも量的にも大きく進歩した．具体的には，量子力学による固体の構造と物性の微視的な視点からの理解，それを実証する種々の分光法や回折法（4章参照）および物性測定技術の進歩，さらには固体の性質の産業への積極的な応用などが20世紀の大きな特徴であろう．つまり，固体の科学は高度に精密化され，同時に社会にもインパクトを与えてきた．たとえば固体が示す不思議な現象の一つである**超伝導**（9章）では，カマリング・オンネス

（Kamerlingh-Onnes）による発見以来，新しい現象の発見と理論的解釈，新たな超伝導体の発見，デバイスや測定機器への応用が進み，発見から1世紀以上を経てもいまだに多くの学問領域で活発な研究対象となっている．また，20世紀後半の社会を質的に変えたエレクトロニクスを先導したのはトランジスターとよばれる固体のデバイスであり，ケイ素の単体がもつ**半導体**（6章参照）としての性質が複合化された産物である．エレクトロニクスには，**誘電体**（7章），**磁性体**（8章）とよばれる固体物質の寄与も大きい．前者は電場が加えられると電荷の偏りや結晶のひずみを生じる物質であり，コンデンサーやアクチュエーターなどとして実用化されている．後者は磁場が印加されると磁化を生じる物質であり，永久磁石，記録材料，磁心など多くの用途がある．パーソナルコンピューターに内蔵されているハードディスクや，記録した内容を読み取るデバイスにも磁性体が使われている．さらに20世紀には，トランジスターと並ぶ画期的な発見・発明であるレーザー（10章参照）が生まれている．その用途は情報・通信，医療，加工，計測，環境，エネルギーなど広範囲の分野に及んでいるが，レーザー発振にも蛍光体とよばれる固体物質が利用される．

20世紀末から今世紀初めの30年ほどを眺めても，特筆すべき構造や性質をもつ固体物質が数多く発見されている．一例をあげよう．1984年には，それまでの固体物理学の教科書の基本的な記述を書き換えるような大きな発見があった．この年，シェヒトマン（Shechtman）らは，Mn，Feのような遷移金属とAlとの合金において，結晶中の原子配列の対称性としてありえないとされていた5回対称性（正五角形がもつ対称性）の存在を報告した．その後，この奇妙な固体は**準結晶**と名づけられた（1章参照）．現在では，Al_4Mn，Al_6CuLi_3 など多くの種類の金属間化合物が準結晶として知られている．著者は『固体化学』の初版において準結晶をコラムで取上げ，「2003年現在で準結晶はいまだノーベル賞の対象となっていない．この物質の発見が固体の科学に与えたインパクトの大きさを考えると不思議である．」と述べたが，その後，2011年にシェヒトマンはノーベル化学賞を受賞することになる．

このように，固体には興味深い構造や性質を示す物質が数多く存在する．それぞれの固体物質の構造や性質に見られる個性は，とりもなおさず，周期表を占める100個以上の元素が示す性質の多様性とそれらの組合わせの豊富さ，元素間に形成される化学結合の特徴などによってもたらされるものである．固体の反応，構造，物性を明らかにして，それぞれの固体物質の個性を最大限に引き出す学問領域が**固**

体化学であるといえる．ここで，固体化学と他の学問分野との関係を簡単に整理しておこう(図3)．固体状態となるあらゆる物質がその対象となりうるのであるから，無機化学と有機化学はその基礎となることはいうまでもない．また，固体の反応や安定性，電子状態，および表面，界面などの問題について物理化学の観点から考察が必要になる．合成した固体の構造や化学結合に関する情報を得るためには，分析化学や分光学が重要である．加えて，固体の性質については固体物理学に学ぶところが多く，特に固体物性の定量的な理解のためには量子力学に基づく考察が不可欠になる．したがって，固体化学を学ぶにあたり，化学のどの分野にも共通する基礎的な事項，すなわち，原子の構造，周期表に反映される元素の性質，化学結合の種類と特徴，また，物理化学の基礎である熱力学や量子力学についてあらかじめ通じていると理解しやすい．さらに固体物理学についてもある程度の知識をもっていることが望ましいが，その初歩的な事項については，以下の各章で固体の性質を記述する際に解説する．

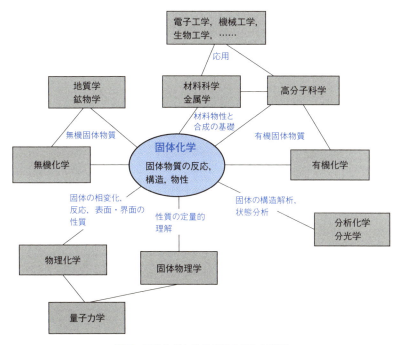

図3　固体化学と他の学問分野との関係

固体はさまざまな材料として実用化される側面ももっているため，固体化学は材料科学，金属学，高分子科学，電子工学，機械工学，生物工学などとも関係が深い．少し違った観点からは，地質学や鉱物学とも関係する．自然界に存在する固体物質には，人工的に固体を合成する際に有用な情報をもたらすものも多い．たとえば地殻中の高温・高圧下の水中で進行する化学反応は水熱反応とよばれ，これは水熱合成として固体の生成に利用されている．また，鉱物として産出される水晶やルビーなどは，人工的に合成されるとそれぞれ圧電体(7章参照)やレーザーの材料になる．このような特徴は地殻中の鉱物に限られたことではない．生物が身体を保護し維持するために生成する無機固体物質(貝の殻や脊椎動物の骨など)は有機固体物質と複合化されてすぐれた機能を生み出している．この過程は“バイオミネラリゼーション”とよばれ，固体物質や材料を作製するうえで大いに参考になるプロセスである．また，強誘電性と強磁性をあわせもつ材料などのように，単一の機能だけでなく複数のすぐれた特性をもつ，いわゆる多機能材料が今後ますます重要になると考えられている．以上のように固体化学は科学，工学を問わずさまざまな学問領域と密接に結び付いている．

本書の以下の章では上記の事項を念頭に置き，具体的な無機および有機物質を例にあげながら，固体化学の基礎となる内容を項目別に記述する．1章では，さまざまな化学結合に基づいて成り立つ固体の構造を例示し，特に無機固体を中心に特徴的な結晶構造を記述する．2章では固体の安定性や反応を知るうえで重要な熱力学による考察を行い，相平衡と状態図，相転移の概念などについて説明する．また，結晶中の欠陥生成の熱力学，非晶質固体および液晶にもふれる．3章では固体の合成法の具体例を説明する．4章では固体の構造解析の手法である回折法，分光法，電子顕微鏡法について述べる．5章から10章では固体物理学に立脚して固体の性質を記述するが，ここでも代表的な物質の例を紹介しながら説明を行う．扱う内容は，格子振動，電子構造といった基礎的事項と，固体の熱的・弾性的性質，電気伝導，超伝導，誘電的性質，磁気的性質，光学的性質である．固体の物性を取上げる5章から10章までの各章では数式が多く現れる．本書では固体の物性の基礎的事項についてできるだけ厳密に述べるように努め，それに関する定量的な議論のために式の展開を記述した．より厳密な解析や発展的な課題については，固体物理学の教科書や専門書を参考にしていただきたい．

化学結合と結晶構造

　固体中で原子や分子は互いに化学結合や分子間力によって結び付き，ある定まった配列をなしている．原子や分子の配列の側面から固体は大きく2種類に分けることができる．一つは原子や分子の配列に長範囲秩序や並進対称性が存在する固体で，これらは**結晶**(crystal)とよばれる．結晶性固体は結合の種類に応じて，金属，イオン結晶，共有結合結晶，分子結晶などに分類され，導体，半導体，絶縁体，誘電体，磁性体，発光・光学材料など性質や用途も多岐にわたる．もう一つは長範囲の原子や分子の並び方が無秩序(不規則)であり，並進対称性をもたない固体で，非晶質固体，アモルファス固体，無定形固体などと称される．こちらの典型的な例は実用的な材料として身のまわりに多く存在するガラスである．プラスチックなどの有機高分子物質にも非晶質となるものは多数ある．非晶質固体については，2章と3章で熱力学や合成方法などについてふれる．この章では結晶における原子，イオン，および分子の配列と化学結合や分子間力に関する基礎的な事項を説明する．

1・1　結晶構造の一般的な特徴

　結晶構造を考察するにあたり，固体における化学結合などの本質の議論は先送りして，本節では結晶構造に見られる原子や分子の配列の特徴を整理しておこう．

1・1・1　結晶の周期構造

　原子や分子の配列の並進対称性あるいは周期構造が結晶構造の大きな特徴である．**並進対称性**(translational symmetry)とは，ある原子や分子の位置から別の位置

まで一定距離だけ進んだとき(このプロセスを並進操作という)，もとの原子や分子と等価な環境をもつ同じ種類の原子や分子が存在するという性質である．簡単な例として2次元の結晶を考察しよう．図1・1のように，青丸と白丸で表される2種類の原子(後述するイオン結晶では，これらは陽イオンと陰イオンであると考えてもよい．また，分子結晶ではこれらは種類の異なる分子であるとみなせる)が規則正しく並んで2次元の結晶をつくると仮定する．最隣接の青丸の原子(分子)を結ぶと図の実線で描いたような平行四辺形ができあがり，必ずその中心に白丸の原子(分子)が1個存在する．この平行四辺形が繰返し並ぶことで，2次元空間(平面)がすき間なく埋め尽くされる．これは結晶の周期構造を反映したものである．平行四辺形の横の辺の長さを a，縦の辺の長さを b としたとき，太線の平行四辺形の左下の頂点にある青丸の原子(分子)から，横に $3a$，縦に $2b$ だけ進んだところにも青丸の原子(分子)があって，この原子(分子)は二重線の平行四辺形の左隅の頂点を占めるという点では，始めの青丸の原子(分子)と等価である．これは図1・1の構造が並進対称性をもつことを意味する．

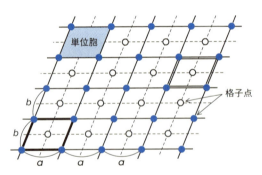

図1・1 2種類の原子または分子(青丸と白丸)からなる2次元の結晶格子

実在する多くの結晶では，3次元空間における周期構造が存在し，並進対称性が満たされる．図1・1のように構造の対称性を意識しながら原子や分子を配列した結晶構造を**結晶格子**(crystal lattice)とよび，このような観点から見た各原子や分子を**格子点**(lattice point)という．また，図1・1で具体的に示した四つの青丸の原子(分子)を結んでできる平行四辺形のような周期構造の繰返し単位を**単位胞**または**単位格子**(unit cell)とよんでいる．

1・1・2 最密充填構造

3次元空間における原子や分子の周期的配列は何通りも存在する．ここでは，原子や近似的に球とみなせる分子(たとえばフラーレン分子)が最も密に並ぶような方法を考えよう．このような配列を**最密充填**(closest packing)という．原子や分子を力が加えられても変形しない剛体球と考え，大きさはそろっていると仮定する．これを3次元的に積み重ねるとき，以下の方法で最密充填を達成できる．最初に平面上に剛体球をできるだけ密に並べる．図1・2(a)に示すように，一つの球のまわりを6個の球が囲むような構造が繰返される．つぎに，この層の上に同じ球を並べていく．その際，第1層内の互いに隣接する3個の球がつくる正三角形の中心の位置にくぼみが存在し，第2層目の球はこのくぼみに収まって安定化する．第2層の球の配列も正六角形の対称性をもつ(図1・2b)．一方，第3層目も第1層，第2層と同じような並び方になるが，第1層目の球の位置に対する第3層目の球の相対的な位置は2通りある．一つの方法は，第3層目の球が第1層目の球の真上に位置するような並べ方である．この場合の配列を図1・2(c)に示す．もう一つの方法は，第3層目の球が第1層目の球の真上にない場合で，このときの配列は図1・2(d)のようになる．前者の原子配列(図1・2c)を**六方最密充填**(hexagonal closest packing)，

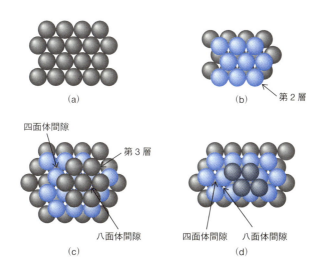

図1・2 **原子(分子)を剛体球と仮定したときの最密充填構造** (a)第1層の配列，(b)第2層の配列，(c)六方最密充填構造，(d)立方最密充填構造．(c)と(d)では第3層における原子(分子)の位置が異なる

後者(図1・2d)を**立方最密充填**(cubic closest packing)という．この2種類の配列を真横から眺めたものが図1・3であり，図1・3(a)が六方最密充填，(b)が立方最密充填であって，球の相対的な位置に基づいて各層をA, B, Cのようにアルファベットで区別すると，六方最密充填では層の重なり方がABABAB…の繰返しであり，立方最密充填ではABCABC…の繰返しとなる．図1・2(c)からわかるように，六方最密充填では層に垂直な6回回転軸(1・1・5節参照)が存在するため，このような名称が付いている．一方，立方最密充填構造の各層が立方体の対角線方向と垂直になるように描き直したものが図1・4(a)で，この構造は図1・4(b)のように面心立方格子に等しい(1・1・3節，図1・6を参照)．すなわち，図1・2(d)や図1・3(b)の球の配列は眺める方向を変えると立方体と同じ対称性をもつため，立方最密充填とよばれる．たとえばフラーレンは，結晶化するとフラーレン分子が面心立方格子をつくる．フラーレンについては9・3・3節も参照のこと．

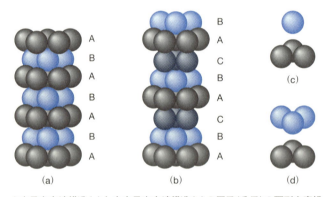

図1・3 六方最密充填構造(a)と立方最密充填構造(b)の原子(分子)の配列を真横から眺めた図，および最密充填構造における四面体間隙(c)と八面体間隙(d)　ただし，(c)と(d)においては，わかりやすくするために，層と層の間の距離は誇張されている．層の繰返しは，六方最密充填構造ではABABAB…，立方最密充填構造ではABCABC…となる

最密充填構造では原子や分子が占めていない空間が生じる．このような空間には，異なる種類の原子やイオンが入り込むことができる．この空間は2種類あり，二つの最密充填層A, Bを考えた場合，一つは4個の原子(分子)が取囲んで正四面体の構造をつくっているもの，もう一つは6個の原子(分子)が取囲んで正八面体の構造となっているものである．前者の空間の位置を**四面体間隙**(tetrahedral hole)または**四面体位置**(tetrahedral site)，後者を**八面体間隙**(octahedral hole)または**八面**

体位置(octahedral site)とよぶ．図1・2(c)と図1・2(d)の構造においてそれぞれの位置を示した．また，図1・3(a),(b)と対応させてこれらの位置を模式的に描くと図1・3(c),(d)のようになる．一方，立方最密充填構造を面心立方格子の単位胞に置き換えて，八面体間隙と四面体間隙の位置の一部を示したものが図1・5である．

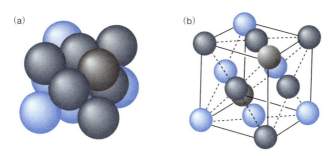

図1・4　立方最密充填構造と面心立方格子の関係　(a) 図1・3とは別の方向から見た図，(b) (a)と等価な図．これは面心立方格子(図1・6参照)である．ただし(b)では見やすくするために球と球の間隔を(a)よりも長く描いてある

図1・5を用いて単位胞に含まれる原子(分子)，八面体間隙，および四面体間隙の数を確認しておこう．原子(分子)は頂点に8個，面の中心に6個存在し，頂点の原子(分子)は八つの単位胞に含まれるため一つの単位胞に対しては1/8の寄与があり，面心の原子(分子)は二つの単位胞に共有されるので1/2の寄与がある．よって，面心立方格子の単位胞に含まれる原子(分子)の数は $8 \times 1/8 + 6 \times 1/2 = 4$ 個である．八面体間隙は立方体の体心に1個，12個の辺(結晶格子では稜とよばれる)

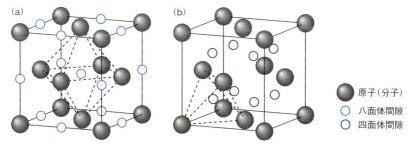

図1・5　面心立方格子における原子(分子)の配列と八面体間隙(a)および四面体間隙(b)の位置

に1個ずつあり，稜の八面体間隙は四つの単位胞に共有されるので，八面体間隙の数は全部で$1 + 12 \times 1/4 = 4$個となる．四面体間隙はすべて単位胞の内部にあり，その総数は8個となる．同じような計算を六方最密充填構造について行うと，原子（分子），八面体間隙，四面体間隙の数は4個，4個，8個となって，立方最密充填と同じ結果を得る．

1・1・3 ブラベ格子

結晶構造の基礎的な特徴についてさらに話を進めよう．19世紀にフランスの物理学者ブラベ（Bravais）は，3次元の結晶構造は空間的な対称性の違いに基づき14種類の結晶格子に分類されることを示した．これらを図1・6に示す．ここに描かれた14種類の結晶格子を**ブラベ格子**（Bravais lattice）あるいは**空間格子**（space lattice）とよぶ．ブラベ格子は，結晶構造の基本単位の形状の違いに応じて，立方格子，正方格子，直方格子，六方格子，菱面体格子，単斜格子，三斜格子の7種類に分かれる．これらの構造は基本的に平行六面体で記述され，図1・6に示した平行六面体の三つの稜の長さの関係，および二つの稜がなす角（全部で三つある）の関係に応じて各格子が定義される．後ほど図1・7で示すように，三つの稜の長さはa，b，cで表され，それぞれの稜を延長した座標軸をa軸，b軸，c軸と書くと，b軸とc軸のなす角がα，c軸とa軸のなす角がβ，a軸とb軸のなす角がγと表現される．これら六つのパラメーターの相互の関係で，それぞれの格子が規定される．この六つのパラメーターを**格子定数**（lattice constant）という．また，結晶の対称性にあわせて選択した座標軸を**結晶軸**（crystallographic axis）といい，稜に沿った三つの座標軸（a軸，b軸，c軸）は結晶軸の一つとなる．結晶構造はこれら7種類のいずれかの空間格子をもつことになり，たとえば立方格子を空間格子としてもつ結晶構造をまとめて立方晶系のように名付ける．同様に正方晶系，直方晶系，六方晶系，単斜晶系，三斜晶系が存在し，六方格子のうちで3回回転軸（1・1・5節参照）をもつものと菱面体格子とは，あわせて三方晶系と称される．これらを総合して，**結晶系**（crystal system）または**晶系**とよぶ．各々の結晶系と格子定数の関係を表1・1にまとめた．

また，図1・6に示したように，たとえば立方格子では単純立方格子，体心立方格子，面心立方格子の3種類の異なる格子が存在する．単純立方格子では立方体の頂点にのみ原子が存在するのに対し，体心立方格子では単純立方格子の重心（体心）にもう一つの単純立方格子の頂点の原子が置かれ，面心立方格子では単純立方格子

1・1 結晶構造の一般的な特徴

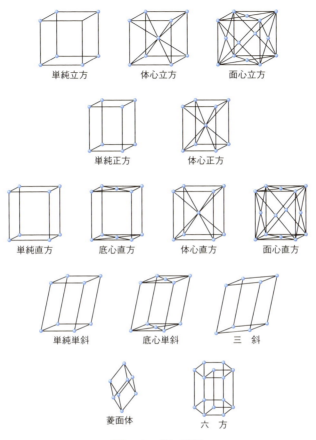

図 1・6 ブラベ格子

表 1・1 ブラベ格子における結晶系と格子定数の関係

結晶系	単位胞の稜の長さ	結晶軸のなす角
三斜晶	$a \neq b \neq c$	$\alpha \neq \beta \neq \gamma$
単斜晶	$a \neq b \neq c$	$\alpha = \gamma = 90° \neq \beta$
直方晶	$a \neq b \neq c$	$\alpha = \beta = \gamma = 90°$
正方晶	$a = b \neq c$	$\alpha = \beta = \gamma = 90°$
三方晶 (菱面体格子)	$a = b = c$	$\alpha = \beta = \gamma \neq 90°$
六方晶	$a = b \neq c$	$\alpha = \beta = 90°,\ \gamma = 120°$
立方晶	$a = b = c$	$\alpha = \beta = \gamma = 90°$

の各面の中心に別の三つの単純立方格子の頂点の原子が存在している．体心立方格子や面心立方格子のように複数の単純立方格子の組合わせでできる格子は**複合格子**(compound lattice)とよばれる．正方格子や直方格子にも複合格子が存在する．単純格子，体心格子，面心格子はそれぞれ，P, I, F の記号で表される．また，底心格子のうち，(100)面の中心に格子点があるものを A, (010)面の中心に格子点があるものを B, (001)面の場合を C と表す．(100)などの表現については，つぎに説明する．

1・1・4 格子面とミラー指数

結晶構造では原子や分子を含んだ平面を切り出すことができ，結晶構造の並進対称性から，等価な面が互いに平行に周期的に並ぶ．このような面を**格子面**(lattice plane)といい，格子面同士の一定間隔を**格子面間隔**(spacing of lattice planes)または**面間隔**とよぶ．格子面は簡単な幾何学に基づいて規定される．図1・7のように単位胞の三つの稜の長さ，すなわち，格子定数が a, b, c である結晶格子を考える．図中の $\boldsymbol{a}, \boldsymbol{b}, \boldsymbol{c}$ は単位胞となる平行六面体を構成するベクトルであり，"基底ベクトル"とよばれる．図1・7において一つの格子面がそれぞれの稜方向の結晶軸と $(pa, 0, 0), (0, qb, 0), (0, 0, rc)$ で交差するとき，p, q, r の逆数 $1/p, 1/q, 1/r$ の比を簡単な整数で表したものが h, k, l であれば，この格子面を (hkl) のように表現する．この表記方法を**ミラー指数**(Miller indices)という．格子面が結晶軸と交差する点が負の領域にあるときには，その軸に対応する指数の上に−の記号を付けて，$(\bar{h}\bar{k}l)$ のように表す．具体例として，図1・8に立方格子におけるいくつかの格子面と，対応するミラー指数を示す．立方格子の格子定数を a とすると，たとえば図1・8(a)の格子面は各結晶軸と交わる点が $(a, 0, 0), (0, \infty, 0), (0, 0, \infty)$ となるので，1, ∞, ∞ の逆数をとって比を考えるとミラー指数は (100) となること

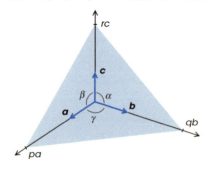

図1・7 **格子定数と格子面** $\boldsymbol{a}, \boldsymbol{b}, \boldsymbol{c}$ は基底ベクトル，$a, b, c, \alpha, \beta, \gamma$ は格子定数である

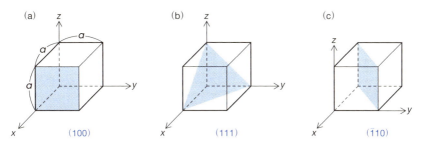

図 1・8 立方格子における格子面とミラー指数による表記

がわかる.また(c)では,格子面はx軸と$(-a, 0, 0)$で,y軸と$(a, 0, 0)$で交わり,z軸に平行であるため,x軸とは負の領域で交わることを考慮して$(\bar{1}10)$と表す.

一方,六方晶ではやや特別な表記を用いる.図1・9(a)に示すように六角柱の底面(一辺がaの正六角形)の中心に原点を置いて互いに120°をなす方向にx軸とy軸をとり,六角柱の高さ(c)方向にz軸をとって,結晶面とx軸,y軸,z軸との切片から上記の場合と同様に指数h, k, lを求めたあと,$j = -(h+k)$の値を用いて,数値の正負も考慮したうえでミラー指数を$(hkjl)$のように表す(値が負であれば,数値の上に - を書く).たとえば図1・9(b)の結晶面であれば,ミラー指数は$(10\bar{1}0)$である.また,図1・9(c)の結晶面のミラー指数は$(1\bar{1}00)$となるが,この面は図1・9(b)の結晶面と等価であり,二つのミラー指数は互いに前三つの数値を入れ替えたものとなっている.六角柱の六つの側面にあたる互いに等価な結晶面は,$(10\bar{1}0)$,$(1\bar{1}00)$,$(0\bar{1}10)$,$(\bar{1}010)$,$(\bar{1}100)$,$(01\bar{1}0)$と表すことができ,三つの数値0,1,-1の順列ですべてを表現できる.

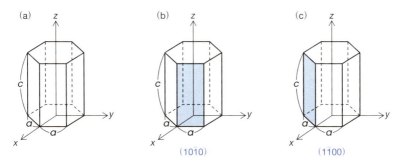

図 1・9 六方晶の結晶面とミラー指数 (a) 結晶面を表現するときの座標軸のとり方,(b) 結晶面$(10\bar{1}0)$,(c) 結晶面$(1\bar{1}00)$.これは(b)の結晶面と等価である

1・1・5 結晶構造と対称性

結晶構造における原子や分子の配列の規則性はさまざまな**対称性**(symmetry)に反映される．結晶構造に限らず，分子の構造の対称性を考察するうえで現れる**対称操作**(symmetry operation)には，回転，鏡映，反転，回映，回反などがある(図1・10)．**回転**(rotation)とはある軸のまわりで一定の角度だけ円周に沿って移動させる操作で，基本となる軸は回転軸とよばれる．ある構造について一つの軸を中心に$2\pi/n$だけ回転させたものがもとの構造と一致するとき，この回転軸をn回回転軸といい，C_nという記号で表す．また，この構造は回転対称性をもつと表現する．**鏡映**(reflection)はある平面に対してその面を鏡とみなして鏡像を得る操作で，鏡の役割を担う平面は鏡映面または対称面といわれる．**反転**(inversion)はある点を中心に行う対称操作で，たとえば原点を中心とする反転操作では，位置(x, y, z)が$(-x, -y, -z)$に移る．この場合の原点は対称中心とよばれる．**回映**(rotatory reflection, improper rotation)は回転鏡映ともよばれ，回転操作のあと回転軸に垂直な面を対称面として鏡映操作を行うものである．さらに**回反**(rotatory inversion)は，ある回転軸のまわりで回転操作を行ったあと，回転軸上の1点を対称中心として反転操作を行う対称操作である．一つの構造は，それがどのような種類の対称性を何種類もつかに応じて分類することができる．このような分類を**点群**(point group)とい

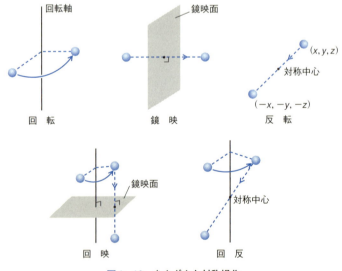

図1・10　さまざまな対称操作

1・1 結晶構造の一般的な特徴 17

う．さまざまな点群の記号と意味を表1・2にまとめる．表1・2のC_{nh}，D_n，D_{nd} などの記号はシェーンフリース(Schönflies)の記号とよばれる．

表1・2 さまざまな対称性とシェーンフリースの記号

対称性を表す記号 （シェーンフリースの記号）	対称要素
C_1	対称要素はない
C_i	一つの対称中心のみ
C_s	一つの鏡映面のみ
C_n	一つの n 回回転軸
S_{2n}	一つの $2n$ 回の回映軸
C_{nh}	回転軸とその軸に垂直な鏡映面
C_{nv}	回転軸とその軸を含む鏡映面
D_n	n 回回転軸と，この主軸に垂直な 2 回回転軸
D_{nh}	D_n の対称性と，主軸に垂直な鏡映面
D_{nd}	D_n の対称性と，主軸を含む n 個の鏡映面
T_d	正四面体の対称性
O_h	正八面体の対称性

結晶構造において可能な点群は全部で 32 種類あって，これを特に**32 結晶点群** (32 crystallographic point group)という．32 結晶点群を結晶系と対応させて表1・3 に示す．表には対称性を表す記号として，シェーンフリースの記号とともに**ヘルマン‑モーガン**(Hermann-Mauguin)**の記号**も載せた．表中の 4，$\overline{4}$，4/mmm，622 などがヘルマン‑モーガンの記号である．これらはシェーンフリースの記号では C_4，S_4，D_{4h}，D_6 と表される．それぞれの記号に対応する結晶の構造と対称操作を図 1・11 に示す．たとえば，4 は正方晶系に属し，4 回回転軸をもつことを意味する．$\overline{4}$ はやはり正方晶系であって，4 回回反軸をもつ．回反を表す意味で数字の上に － の記号を付ける．4/mmm では 4 回回転軸とそれに垂直な一つの鏡映面(図中の m) と，4 回回転軸を含む 2 種類の鏡映面(図中の m' と m'')が存在するので，4 回回転 軸に垂直な鏡映面を 4/m で表し，ほかの 2 種類の鏡映面を後ろに加えて，4/mmm のように表現する．さらに，622 は六方晶系に属し，六方晶であるがゆえの 6 回回 転軸をもつので数字の 6 を先頭に置き，この軸に垂直な 2 種類の 2 回回転軸を表す 意味で，後ろに数字の 2 を二つ付ける．622 のように，2 種類以上の回転軸を含む 構造において，n が最大となる回転軸を**主軸**(principal axis)とよぶ．622 では 6 回 回転軸が主軸である．ヘルマン‑モーガンの記号では数字や記号が回転軸や鏡映面 などの種類を直接反映するという利点がある．

1. 化学結合と結晶構造

表1・3 32結晶点群 結晶系と点群の関係を2種類の表記法（シェーンフリースの記号とヘルマン-モーガンの記号）で示す

結晶系	点群 (シェーンフリース)	点群 (ヘルマン-モーガン)	結晶系	点群 (シェーンフリース)	点群 (ヘルマン-モーガン)
三斜晶系	C_1	1	三方晶系	C_3	3
	C_i	$\bar{1}$		C_{3i}	$\bar{3}$
単斜晶系	C_2	2		D_3	32
	C_s	m		C_{3v}	$3m$
	C_{2h}	$2/m$		D_{3d}	$\bar{3}m$
直方晶系	D_2	222	六方晶系	C_6	6
	C_{2v}	$mm2$		C_{3h}	$\bar{6}$
	C_{2h}	mmm		C_{6h}	$6/m$
正方晶系	C_4	4		D_6	622
	S_4	$\bar{4}$		C_{6v}	$6mm$
	C_{4h}	$4/m$		D_{3h}	$\bar{6}m2$
	D_4	422		D_{6h}	$6/mmm$
	C_{4v}	$4mm$	立方晶系	T	23
	D_{2d}	$\bar{4}2m$		T_h	$m\bar{3}$
	D_{4h}	$4/mmm$		O	432
				T_d	$\bar{4}3m$
				O_h	$m\bar{3}m$

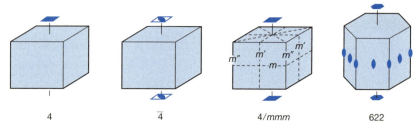

図1・11 結晶構造の対称性とヘルマン-モーガンの記号 図中の記号の意味は以下のとおりである．●:2回回転軸，■:4回回転軸，⬢:6回回転軸，◣:4回反軸，m, m', m'':鏡映面

1・2 結合による結晶の分類

1・1節では，結晶における原子や分子の配列の観点から，結晶構造の特徴的な性質を考察した．結晶のみならず固体において原子や分子を結び付けて構造を形成する力は化学結合および分子間力である．結晶中で働く化学結合にはイオン結合，

共有結合(配位結合)，金属結合，分子間力にはファンデルワールス力，水素結合などがある．以下の節では，これらの化学結合や分子間力により結晶構造が形成される機構を説明し，イオン結晶，共有結合結晶，金属結晶，分子結晶の構造と具体例について述べる．結晶のなかには何種類かの化学結合や分子間力が複合的に働いて構成されるものもある．各々の結合に基づいて形成される物質の代表例を図1・12にまとめた．たとえば塩化ナトリウムNaClは典型的なイオン結晶であり，ダイヤモンドは典型的な共有結合結晶である．ジントル相(1・6・2節参照)のように，イオン結晶と金属結晶の中間的な結晶もある．また，分子間力に基づいて結晶構造を形成するものもある(1・7節参照)．

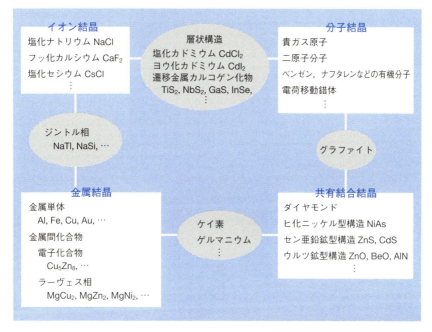

図1・12 化学結合および分子間力による結晶の分類と代表的な物質

1・3 イオン結合とイオン結晶
1・3・1 イオン半径と配位多面体

陽イオンと陰イオンが静電的な力(クーロン力)によって引力を及ぼし合う結合が**イオン結合**(ionic bond)であり，この化学結合によって結晶構造が組立てられてい

るものを**イオン結晶**(ionic crystal)という．金属や金属間化合物および共有結合結晶，分子結晶を除く多くの無機結晶はイオン結合によって成り立っている．

1・1・2節でふれた最密充填構造における四面体間隙と八面体間隙の存在は，イオン結晶や後述する金属結晶の構造を考えるうえで重要になる．イオン結晶では，イオン半径の大きな陰イオンが最密充填構造をとり，四面体間隙や八面体間隙を陽イオンが占める場合が多い．これらの位置の大きさは陰イオンの大きさに依存し，さらに取囲んでいる陰イオンの数によっても変わる．したがって，それぞれの位置を占める陽イオンのイオン半径にも制限が設けられる．間隙の大きさと比較して，陽イオンのイオン半径が大きすぎても小さすぎても構造は不安定である．八面体間隙の場合，図1・13(a)に示すように，6個の陰イオンのうち4個が正方形の形に並び，陰イオンに囲まれたすき間に陽イオンが入る．陽イオンが八面体間隙にちょうど収まるときの陽イオンのイオン半径をr_c，陰イオンのイオン半径をr_aとおくと，簡単な計算から，

$$\frac{r_c}{r_a} = \sqrt{2} - 1 = 0.414 \tag{1・1}$$

が得られる．陰イオンに対する陽イオンのイオン半径の比がこの値より小さいと陰イオン同士のクーロン力に基づく斥力(反発力)が支配的となって構造は不安定になる．逆に陽イオンが大きくなると，陰イオンの数を増やしてすき間位置の空間を大きくする方が安定である．たとえば，図1・13(b)に示すように6配位と8配位で安定している陽イオンの大きさを比較すると，後者の方が大きい．このような幾何学的な要請に基づいて，陽イオンと陰イオンのイオン半径の比から予想される構造

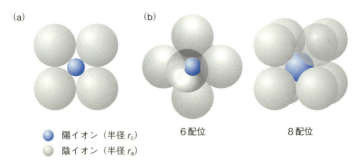

図1・13　イオン半径と配位多面体　(a) 陰イオンがつくる八面体間隙と，その位置にちょうど収まる陽イオンの関係．(b) 陽イオンが大きくなると配位数が増える．図は6配位(八面体配位)と8配位の場合を表している

1・3 イオン結合とイオン結晶

表1・4 イオン結晶における陰イオンに対する陽イオンの
イオン半径の比r_c/r_aと，予想される配位数および配位
多面体の構造

r_c/r_a	配位数	配位多面体の構造
0～0.155	2	直　線
0.155～0.225	3	正三角形
0.225～0.414	4	正四面体
0.414～0.732	4	平面四角形
0.414～0.732	6	正八面体
0.732～	8	立方体

を表1・4にまとめた．表中の配位数とは，一つの陽イオンを取囲む陰イオンの数を表す．また，中心に陽イオン(あるいは陰イオン)が存在してそれを複数の陰イオン(あるいは陽イオン)が取囲んで構造をつくっているものを**配位多面体**(coordinating polyhedron)という．イオン結晶の構造はこのような配位多面体が互いに頂点や稜を共有して無限に連結したものとみなすこともできる．

1・3・2　マーデルング定数と格子エネルギー

イオン結晶においてイオン間の結合に寄与する力は前述のとおりクーロン力である．電気素量をeとして陽イオンと陰イオンの電荷がそれぞれ$Z_c e$，$Z_a e$で与えられるとき(ただし，$Z_c > 0$，$Z_a < 0$)，これらが1個ずつ距離rだけ離れて存在していれば，クーロン力に基づくポテンシャルエネルギーU_aは，

$$U_a = \frac{Z_c Z_a e^2}{4\pi\varepsilon_0 r} \tag{1・2}$$

と表される．ここでε_0は真空の誘電率である．誘電率については7・1節を参照されたい．

一方，陽イオンと陰イオンが接近すると，それぞれのイオンの原子核同士が近づくとともに電子雲が互いに重なり，電子雲や原子核同士の斥力の影響が大きくなる．この力に基づくポテンシャルエネルギーは経験的に，

$$U_r = \frac{be^2}{r^n} \tag{1・3}$$

と書かれる．bとnは定数であり，nは**ボルン指数**(Born exponent)とよばれる．ボルン指数は，Heと同じ電子配置のイオン(たとえばLi^+)に対して5，Neの電子配置(F^-やMg^{2+})に対して7，ArとCu^+に対して9，Krと電子配置が同じイオン

およびAg$^+$に対して10などと決められている．一対のイオン間のポテンシャルエネルギーはU_aとU_rの和として与えられ，結果としてイオン間距離とポテンシャルエネルギーの関係は定性的に図1・14のようになる．すなわち，ポテンシャルエネルギーが最小となって系が安定化する平衡イオン間距離が存在する．

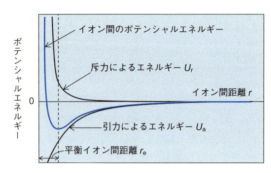

図1・14　一対の陽イオンと陰イオンの間に働くポテンシャルエネルギー

結晶中ではイオンは無数に存在する．(1・2)式に対応するクーロン力のみを考えた場合，一つの陽イオンに注目すると，これは複数の陰イオンから引力を受け，複数の陽イオンから斥力を受ける．したがって，これらすべての相互作用を足し合わせることによって，(1・2)式のようなポテンシャルエネルギーの表現が得られる．例としてNaCl結晶を取上げよう．1・5・1節でも説明するが，この結晶では塩化物イオンが立方最密充填構造(面心立方格子)となり，すべての八面体間隙をナトリウムイオンが占める．図1・15に示した構造において一つのNa$^+$に着目すると，最も近い場所には等価な6個のCl$^-$が存在する．最近接のNa$^+$とCl$^-$のイオン間

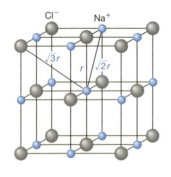

図1・15　**塩化ナトリウム型構造**　最近接のNa$^+$とCl$^-$の距離をrとすると，中央のNa$^+$から見てつぎに近い位置にあるNa$^+$までの距離が$\sqrt{2}r$，そのつぎに近い位置にあるCl$^-$までの距離が$\sqrt{3}r$となる

距離を r とおくと，考えている Na^+ からつぎに近いイオンは距離 $\sqrt{2}r$ の位置に存在する 12 個の Na^+ であり，そのつぎに近いイオンは $\sqrt{3}r$ だけ離れた距離にある 8 個の Cl^- である．よって，Na^+ が受けるクーロン力によるポテンシャルエネルギーは，

$$U_a(NaCl) = -\frac{e^2}{4\pi\varepsilon_0 r}\left(6 - \frac{12}{\sqrt{2}} + \frac{8}{\sqrt{3}} - \frac{6}{2} + \cdots\right) \tag{1・4}$$

のように無限に続く級数で表現される．(1・4)式の級数は 1.747558… という値に収束する．このような計算はさまざまな結晶構造に対して可能であり，そのつど現れる級数を M とおいて，(1・2)式を，

$$U_a = \frac{M Z_c Z_a e^2}{4\pi\varepsilon_0 r} \tag{1・5}$$

と書き直すことができる．ここで，M は**マーデルング定数**(Madelung constant)とよばれ，表1・5に示すように種々の結晶構造(1・5節参照)に対してその値が計算されている(コラム参照)．(1・3)式についても同じような操作が可能であるが，ここでは単純にイオンについて総和をとったものを，B を定数として，

$$U_r = \frac{B e^2}{r^n} \tag{1・6}$$

のようにおくことにしよう．これから，1 mol のイオン結晶におけるイオン間のポテンシャルエネルギーは，アボガドロ定数を N_A として，

$$U = \frac{N_A M Z_c Z_a e^2}{4\pi\varepsilon_0 r} + \frac{N_A B e^2}{r^n} \tag{1・7}$$

と書くことができる．エネルギーの最小値は，

$$\frac{dU}{dr} = 0 \tag{1・8}$$

表1・5 さまざまな結晶構造に対するマーデルング定数

結晶構造	マーデルング定数
塩化ナトリウム型	1.74756
塩化セシウム型	1.76267
セン亜鉛鉱型	1.63806
ウルツ鉱型	1.64132
ホタル石型	2.51939
ルチル型	2.408
コランダム型	4.1719

マーデルング定数の計算

1·3·2 節で述べたとおり，塩化ナトリウム型構造に対するマーデルング定数は，

$$M = +\frac{6}{\sqrt{1}} - \frac{12}{\sqrt{2}} + \frac{8}{\sqrt{3}} - \frac{6}{\sqrt{4}} + \frac{24}{\sqrt{5}} - \frac{24}{\sqrt{6}} + \cdots$$

のような無限級数の和となる．この和は一定の値に収束することは知られているが，その計算はそれほど容易ではない．たとえば第 346,000 項目までの和は -5.277831078，第 346,001 項目まででは 9.736997604 と，収束値である 1.74756 に近づかない．

一方，無限に続く項の和を計算することなく，非常に単純な方法でありながら良い近似でマーデルング定数を導くことができる．本文中の図 1·15 のような NaCl の単位胞のみを考え，空間に存在するイオンの個数をそのまま数えるのではなく，単位胞に含まれる実効的なイオンの個数を用いることにすると，中心にある Na^+ から最も近い位置の Cl^- は 6 個存在するものの，それぞれの単位胞への寄与は 1/2 であるため，<u>マーデルング定数の第 1 項目は $+6/\sqrt{1}$ ではなく，$(+6/\sqrt{1}) \times (1/2)$ と表現されることになる</u>．

同様にして最も近い位置にある Na^+ は稜にあるのでその寄与は 1/4，また，つぎに近い位置の Cl^- は頂点にあるのでその寄与は 1/8 となって，単位胞のみの 3 項で和を計算すると，

$$M = \frac{1}{2}\left(+\frac{6}{\sqrt{1}}\right) + \frac{1}{4}\left(-\frac{12}{\sqrt{2}}\right) + \frac{1}{8}\left(+\frac{8}{\sqrt{3}}\right) = 1.456029926$$

が得られる．さらに図 1 のように単位格子よりも"ひとまわり"大きな格子を考えて同様の計算を行えば，マーデルング定数は，

$$M = +\frac{6}{\sqrt{1}} - \frac{12}{\sqrt{2}} + \frac{8}{\sqrt{3}} + \frac{1}{2}\left(-\frac{6}{\sqrt{4}} + \frac{24}{\sqrt{5}} - \frac{24}{\sqrt{6}}\right) +$$
$$\frac{1}{4}\left(-\frac{12}{\sqrt{8}} + \frac{24}{\sqrt{9}}\right) + \frac{1}{8}\left(-\frac{8}{\sqrt{12}}\right) = 1.751769133$$

となる．この値は表 1·5 に与えられている 1.74756 にかなり近い．

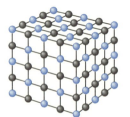

図 1 **NaCl 結晶の構造**　単位胞より"ひとまわり"大きな格子

の条件から求めることができ，結果のみ記すと，

$$U_0 = \frac{N_A M Z_c Z_a e^2}{4\pi\varepsilon_0 r_e}\left(1 - \frac{1}{n}\right) \tag{1・9}$$

となる．ここで r_e は(1・8)式を満たす r の値で，平衡イオン間距離(図1・14参照)に相当する．(1・9)式の U_0 は，系がイオン結晶を形成して安定化することに対応するエネルギーであって，これに負の符号を付けた $-U_0$ は格子エネルギー(後述)とよばれる．NaCl では $Z_c = 1$，$Z_a = -1$ であり，ボルン指数は Ne と Ar の平均をとって $n = 8$ となる．さらに，上記のとおり $M = 1.74756$ であり，NaCl の格子定数から $r_e = 0.2814$ nm となるので，格子エネルギーの値は，$-U_0 = 755$ kJ mol^{-1} と計算できる．(1・9)式は**ボルン-ランデ**(Born-Lande)**の式**とよばれる．

1・3・3 ボルン-ハーバーサイクル

格子エネルギー(lattice energy)は，0 K において，結晶格子を互いに無限大の距離だけ離れた気体状のイオンに分解するときに必要なエネルギーである．上で例にあげた NaCl では，

$$\text{NaCl(s)} \longrightarrow \text{Na}^+(\text{g}) + \text{Cl}^-(\text{g}) \tag{1・10}$$

の反応において吸収されるエネルギーが格子エネルギーにあたる．格子エネルギーを見積もる方法として，ナトリウムと塩素の関係するさまざまな反応の熱化学データとヘスの法則を用いるものがある．図1・16に示すような熱化学サイクルを考えよう．これは，**ボルン-ハーバーサイクル**(Born-Haber cycle)とよばれる．サイク

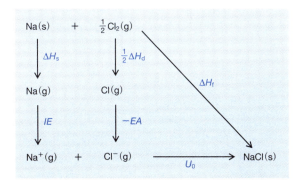

図1・16 **NaCl に対するボルン-ハーバーサイクル** 格子エネルギーは $-U_0$ に相当し，正の値をとる

ルのそれぞれの過程におけるエネルギー変化は，NaCl(s)の生成エンタルピー ΔH_f，Na(s)の昇華熱 ΔH_s，Cl_2 の解離エネルギー ΔH_d，Na の第1イオン化エネルギー IE，Cl の電子親和力 EA であり，これらの関係は，

$$\Delta H_\mathrm{f} = \Delta H_\mathrm{s} + \frac{1}{2}\Delta H_\mathrm{d} + IE - EA + U_0 \qquad (1 \cdot 11)$$

で与えられる．厳密にいえば，各種エンタルピーは 298 K での値であり，第1イオン化エネルギー，電子親和力，格子エネルギーは 0 K での値であるが，温度の違いによる値の差はそれほど大きくない．生成エンタルピー，昇華熱などの実測値がわかれば，それから(1・11)式に基づいて格子エネルギーを計算することができる．NaCl では，$-U_0 = 770$ kJ mol^{-1} と見積もられる．この値はボルン-ランデの式を用いて計算した値と良い一致を示している．

1・4 共有結合と共有結合結晶
1・4・1 原子価結合法

古典的な共有結合の描像は，結合にあずかる原子が1個ずつ電子を出し合って，電子2個からなる化学結合を形成するというものであるが，量子力学の応用によって，より定量的な解釈が可能となる．量子力学の共有結合への最初の適用例は，ハイトラー(Heitler)とロンドン(London)が水素分子に対して用いた**原子価結合法**(valence-bond method，略して VB 法)である．この方法では，二つの水素の原子核に電子が1個ずつ局在化している状態(これを原子価状態という)から始めて，それらの電子の交換(電子の非局在化)で結合が生じると考える．図1・17に示すように水素分子が二つの水素の原子核 A，B と二つの電子 1，2 からなると仮定し，原子核 A の近くに電子 1 が存在するときの 1s 電子の原子軌道関数を $\chi_\mathrm{A}(1)$ とおき，

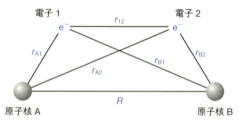

図1・17 原子価結合法による水素分子の共有結合の解釈　水素分子が二つの原子核 A，B と二つの電子 1，2 からなると仮定した場合

原子核 B の近くに電子 2 が存在するときの 1s 電子の原子軌道関数を $\chi_B(2)$ と書くと, 水素分子の一つの電子状態を表す軌道関数は $\chi_A(1)\chi_B(2)$ となる. 2 個の電子は互いに区別できないため, これらが入れ替わった状態である $\chi_A(2)\chi_B(1)$ も同等に評価する必要がある. よって, 水素分子の軌道関数はこれらの軌道関数の一次結合として,

$$\phi = N_\pm[\chi_A(1)\chi_B(2) \pm \chi_A(2)\chi_B(1)] \qquad (1 \cdot 12)$$

と表され, 電子の波動関数は反対称である(二つの電子の交換によって符号が変わる)という要請に基づいて, スピンを考慮した波動関数が計算される. ここで $N_\pm$ は規格化定数とよばれ, 二つの電子それぞれが存在する空間の微小な体積を $d\tau_1$, $d\tau_2$ とすると,

$$\iint \phi^* \phi \, d\tau_1 \, d\tau_2 = 1 \qquad (1 \cdot 13)$$

で与えられる. ϕ^* は ϕ の複素共役である. $(1 \cdot 13)$ 式は, 空間のどこかに必ず電子が存在する(電子が存在する確率は 1 である)ことを意味する. 結果として, 2 個の電子のスピンが反平行となる状態と 2 個の電子のスピンが平行となる状態に対応する波動関数とエネルギー(固有値)が得られる. 前者は一重項状態, 後者は三重項状態とよばれる($10 \cdot 1 \cdot 4$ 節も参照のこと). 核間距離 R の変化にともなう一重項状態のエネルギーの変化には極小が現れ, このときの R(平衡核間距離)において水素分子は安定化する.

1・4・2 分 子 軌 道 法

共有結合を記述するもう一つの理論に**分子軌道法**(molecular orbital method, 略して MO 法)がある. 再び水素分子を例にとろう. 分子軌道法の考え方では, 二つの水素の原子核を定まった位置に置き, その近傍での 2 個の電子の運動を解析する. 図 1・17 を利用すると, 1 個の電子が原子核 A の近くにあるときは, この電子の状態は原子 A の原子軌道関数 χ_A で近似できる. 同様に電子が原子核 B の近くに存在する状態は原子 B の原子軌道関数 χ_B で近似的に表される. それぞれの状態にある電子の存在確率を係数 C_A, C_B に反映させて, 水素分子の軌道関数を,

$$\phi = C_A\chi_A + C_B\chi_B \qquad (1 \cdot 14)$$

とおく. この近似方法を **LCAO MO 法**(linear combination of atomic orbital MO)という. 波動関数の具体的な形と固有値であるエネルギーは変分法を用いて計算できる. 結果のみ書くと, 固有関数は,

$$\phi_+ = \frac{1}{\sqrt{2+2S^2}}(\chi_A + \chi_B) \tag{1・15}$$

$$\phi_- = \frac{1}{\sqrt{2-2S^2}}(\chi_A - \chi_B) \tag{1・16}$$

と表現される．ここで S は，$d\tau$ を1個の電子に対する微小な体積として，

$$S = \int \chi_A \chi_B \, d\tau \tag{1・17}$$

と表され，重なり積分とよばれる．二つの固有関数のうち低いエネルギー準位に対応するのは，(1・15)式の ϕ_+ である．水素分子では χ_A および χ_B は 1s 軌道であるので，ϕ_+ は二つの 1s 軌道の位相が同じであるような軌道，ϕ_- は位相の異なる軌道を表す．前者は結合性軌道，後者は反結合性軌道とよばれる．二つの軌道とエネルギー準位の模式図を図 1・18 に示す．水素分子の二つの電子は結合性軌道に入り，系は安定化する．

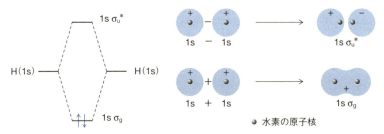

図1・18 **水素分子のエネルギー準位（左図）と分子軌道の模式図（右図）** 1s σ_g は σ 結合の結合性軌道，1s σ_u^* は σ 結合の反結合性軌道を表す．$+$，$-$ は波動関数の位相で，結合性軌道は反転対称性があるので gerade（ゲラーデ），反結合性軌道は反転対称性がないので ungerade（ウンゲラーデ）と表現する．σ_g, σ_u^* の g と u はこれらの頭文字である

1・4・3 混成軌道と共有結合結晶

化学結合にあずかる原子の軌道が，同程度のエネルギーをもつ複数の軌道から形成される場合がある．たとえば炭素原子では基底状態の最外殻電子配置が $2s^2 2p^2$ であるが，結合をつくる際に 2s 軌道の1個の電子が 2p 軌道に励起され，2s, $2p_x$, $2p_y$, $2p_z$ から新たに四つの等価な原子軌道がつくられて，結合に寄与する電子はそれぞれの軌道に1個ずつ配置される．これは原子価状態（1・4・1節）の一種である．このようにして形成される軌道を**混成軌道**（hybrid orbital）という．いまの例では，

新たな軌道は **sp³ 混成軌道** とよばれる．四つの等価な軌道は炭素原子から正四面体の頂点の方向に向かっており，sp³ 混成軌道によって多くの有機化合物やダイヤモンドなどにおける炭素原子を中心とした正四面体構造が説明される．図 1・19(a) に示すように，ダイヤモンドではすべての炭素原子が 4 個の炭素原子に取囲まれる形で結晶構造をつくる．この構造は **ダイヤモンド型構造** (diamond structure) とよばれる．ダイヤモンド型構造をとる結晶には，炭化ケイ素 (SiC)，ケイ素，ゲルマニウムなどがあるが，ダイヤモンドが典型的な共有結合結晶であることに対して，ケイ素とゲルマニウムでは共有結合に加えていくぶん金属結合が寄与する．ダイヤモンドは電気絶縁体であるが，同族のケイ素，ゲルマニウムは半導体としての性質を示す．

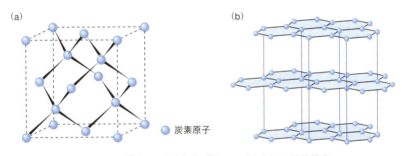

図 1・19　ダイヤモンド(a) とグラファイト(b) の結晶構造

炭素原子が 2s 軌道と二つの 2p 軌道から **sp² 混成軌道** をつくる場合もある．三つの等価な軌道は炭素原子を中心とする正三角形の頂点の方向を向く．この結合様式は **グラファイト** (graphite) で見られる．グラファイトでは炭素原子が互いに sp² 混成軌道により結合して，炭素 6 員環がすき間なく平面を埋め尽くした層を形成し，図 1・19(b) に示したようにこの層が何重にも重なった結晶構造を形成する．層と層はファンデルワールス力 (1・7・1 節参照) によって結合している．ダイヤモンドとは異なり，グラファイトは電気伝導率が高いため (6・4・2 節参照)，電極材料などの用途がある．

ダイヤモンドとグラファイトは化学式が同じであるが構造の異なる結晶である．このような現象，あるいはこの現象を示す物質を **多形** (polymorphism) とよぶ．上記の炭化ケイ素にも，α-SiC (六方および菱面体) と β-SiC (立方) の多形が存在する．このような現象は多くの結晶で見られる．

1・5 イオン結晶と共有結合結晶の構造

イオン結合と共有結合に関する説明を一通り終えたところで，代表的なイオン結晶と共有結合結晶の結晶構造を紹介しよう．ここでは構造が単純な結晶のみを取上げる．結晶によっては構造に基づいた面白い物性を示すものが少なからず存在する．たとえばイオン結晶に見られるペロブスカイト型構造やスピネル型構造，金属結晶のA15型構造(9・3・1節参照)などがそうであり，これらは誘電体，磁性体，超伝導体などとして興味深い性質をもつと同時に実用的にも重要な機能を有する．

1・5・1 陰イオンの最密充塡に基づく構造

陰イオンが立方最密充塡構造あるいは六方最密充塡構造をとり，陰イオンよりイオン半径の小さい陽イオンが八面体間隙あるいは四面体間隙を占めるような結晶構造が多数存在する．このような構造をもつ結晶の代表例を以下に示す．

a. 塩化ナトリウム型構造

塩化ナトリウム型構造(sodium chloride structure)は岩塩型構造ともよばれ，NaClで見られる．結晶構造はすでに図1・15に示した．陰イオンである塩化物イオンが立方最密充塡構造をとり，すべての八面体間隙を陽イオンであるナトリウムイオンが占める．したがって，すべての陽イオンは6個の陰イオンに囲まれ，逆に陰イオンは6個の陽イオンに囲まれる．1・1・2節で述べたように立方最密充塡構造における原子(イオン)の数と八面体間隙の数は等しいので，この結晶では陽イオンと陰イオンの数が等しい．塩化ナトリウム型構造をもつ化合物は，Csのようなイオン半径の大きい元素を除くアルカリ金属ハロゲン化物，アルカリ土類金属酸化物，+2価の遷移元素の酸化物，アルカリ土類金属カルコゲン化物，銀のハロゲン化物などである．

b. ヒ化ニッケル型構造

ヒ化ニッケル型構造(nickel arsenide structure)はNiAsに見られる構造である．Asが六方最密充塡構造であり，Niがすべての八面体間隙を占める．陰イオンの最密充塡の仕方を除けば，この構造は塩化ナトリウム型構造と似ている．しかし，塩化ナトリウム型構造をもつ多くの結晶がイオン結晶であることに対して，NiAsは共有結合結晶と見るべきである．図1・20に結晶構造を示す．NiはAsのつくる八面体間隙を占めるが，Asは6個のNiのつくる三角柱(三角プリズムとよばれる)の中に位置する．

1・5 イオン結晶と共有結合結晶の構造   31

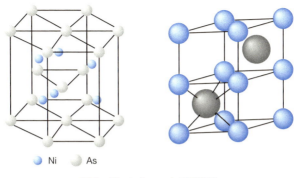

図1・20　ヒ化ニッケル型構造

c. 逆ホタル石型構造

逆ホタル(蛍)石型構造(antifluorite structure)は，塩化ナトリウム型構造と同様に陰イオンが立方最密充填構造をとり，陽イオンがすべての四面体間隙を占める構造である．ホタル石型構造(1・5・2節参照)に類似した構造であるので，この名称がある．ホタル石型構造において陽イオンと陰イオンの位置が完全に入れ替わった構造が逆ホタル石型構造である．立方最密充填の陰イオンの数は四面体間隙の数のちょうど半分であるため，この構造をもつ結晶では陰イオンの数が陽イオンの半分となる．Na$_2$O などアルカリ金属酸化物が代表例である．

d. セン亜鉛鉱型構造

塩化ナトリウム型構造と同様に陰イオンが立方最密充填構造をとり，四面体間隙の半分の位置を規則的に陽イオンが占める構造が**セン(閃)亜鉛鉱型構造**(zinc blend structure)である．よって，逆ホタル石型構造から規則正しく半分の数の陽イオンを除去した構造であり，陽イオンも面心立方格子を組んで配列する．図1・21(a)に結晶構造を示す．逆ホタル石型構造で述べた理由から，この構造をもつ結晶では陽イオンと陰イオンの数が等しい．セン亜鉛鉱型構造におけるすべてのイオンの位置を炭素原子が占めたものが，図1・19に示したダイヤモンドである．セン亜鉛鉱型構造は，ZnS，CdS，CuCl などに見られる．この構造をもつ結晶の多くは，イオン結晶よりも共有結合結晶として特徴づけられる．

e. ウルツ鉱型構造

ウルツ鉱型構造(wurtzite structure)は前述のセン亜鉛鉱型構造と対比させて考えるべきである．セン亜鉛鉱型構造では陰イオンが立方最密充填構造をとり，四面体

間隙の半分を規則正しく陽イオンが占めるが，ウルツ鉱型構造では陰イオンは六方最密充填構造となり，セン亜鉛鉱型構造と同様に四面体間隙の半分が陽イオンによって規則的に占められる．結晶構造を図1・21(b)に示す．ウルツ鉱型構造をもつ結晶は，ZnSの高温相，ZnO，BeO，AlNなどである．セン亜鉛鉱型構造の結晶と同様，これらも共有結合結晶としての性質が強く見られる．

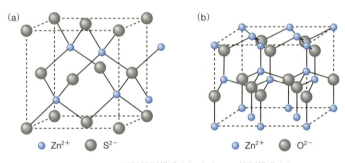

図1・21　セン亜鉛鉱型構造(a)とウルツ鉱型構造(b)

f. コランダム型構造

酸化アルミニウム(アルミナ，Al_2O_3)結晶にはいくつかの多形が存在する．常温・常圧で最も安定な相は$\alpha\text{-}Al_2O_3$であり，この結晶を主成分として含む鉱物がコランダムと名付けられているため，$\alpha\text{-}Al_2O_3$の結晶構造は**コランダム型構造**(corundum structure)とよばれる．図1・22に結晶構造を示す．先に述べたヒ化ニッケル型構造やウルツ鉱型構造と同じく，陰イオンは六方最密充填構造をつくり，八面体隙間の2/3が3価の陽イオンによって占められる．つまり，陽イオンと陰イオンの数の比は2:3となる．占有の仕方は図1・22に示すように規則的で，c面内で1次元方向に見れば，隣合う二つの八面体間隙が占められるとその隣は空格子点(2・4・2

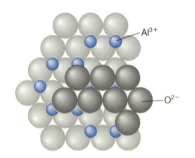

図1・22　コランダム型構造

節参照)となる.この結晶構造は,α-Fe$_2$O$_3$, Cr$_2$O$_3$ などで観察される.

g. ルチル型構造

ルチル型構造(rutile structure)は TiO$_2$ の多形の一つに見られる構造である.TiO$_2$ にはルチル,アナターゼ,ブルッカイトとよばれる多形が存在する.ルチル型構造は正方晶系であり,陰イオンのひずんだ六方最密充填に基づいてつくられている.TiO$_2$ の構造を図 1・23 に示す.直方体の格子の頂点と体心に Ti^{4+} が存在し,6 個の酸化物イオンが Ti^{4+} を取囲む.体心の位置にある Ti^{4+} に配位する 6 個の酸化物イオンのうち,2 個は上側の底面,2 個は下側の底面にあって,残りの 2 個は内部に含まれる.また,酸化物イオンは 3 個の Ti^{4+} に取囲まれ,平面三角形(正三角形)の配位構造が形成される.ルチル型構造をとる結晶には,TiO$_2$ のほか,SnO$_2$, β-MnO$_2$, NbO$_2$, MgF$_2$, MnF$_2$, CoF$_2$, ZnF$_2$ などがある.

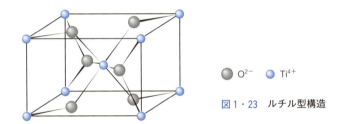

図 1・23 ルチル型構造

1・5・2 陰イオンの単純立方格子に基づく構造

a. 塩化セシウム型構造

図 1・24 に示すように**塩化セシウム型構造**(caesium chloride structure)では陰イオンが単純立方格子をつくり,体心の位置を陽イオンが占める.陽イオンのイオン半径が大きいため,配位数も 8 と大きくなる.陰イオンを取囲む陽イオンの数も 8 である.この構造は,CsCl, CsBr, CsI のほか,RbCl と RbBr の高温高圧相でも

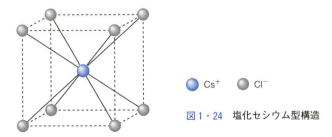

図 1・24 塩化セシウム型構造

b. ホタル石型構造

ホタル（蛍）石は鉱物の一種で，CaF_2 が主成分である．このため CaF_2 結晶がもつ構造を**ホタル石型構造**(fluorite structure)とよぶ．図 1・25 に示すように，陰イオンが単純立方格子をつくり陽イオンがその体心の位置を占めるという点では塩化セシウム型構造と似ているが，存在する体心の位置のうち半分のみが陽イオンによって規則的に占められている．ホタル石型構造の陽イオンと陰イオンの位置を入れ替えた構造が，1・5・1 節で説明した逆ホタル石型構造である．ホタル石型構造は，CaF_2 のほか，CeO_2，UO_2 などで見られ，いずれも陰イオンと比較して陽イオンのイオン半径が大きいという特徴をもつ．

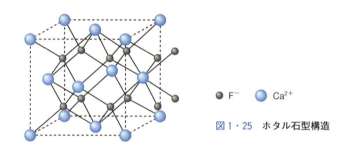

● F^- ● Ca^{2+}

図 1・25　ホタル石型構造

1・5・3　複数の種類の陽イオンを含む代表的な結晶構造

複数の種類の陽イオンを含むイオン結晶のうち，とりわけスピネル型構造，ペロブスカイト型構造，ガーネット型構造，ニオブ酸リチウム型構造をもつ酸化物には，電気伝導，誘電性，磁性，光物性の点で興味深い性質や実用的に重要な機能を示すものが豊富に存在する．ここではこれらの結晶構造を中心に解説する．

a. スピネル型構造

スピネルは $MgAl_2O_4$ を主成分とする鉱物の名称であり，尖晶石ともよばれる．このため，$MgAl_2O_4$ 結晶の構造を**スピネル型構造**(spinel structure)という．$MgAl_2O_4$ 結晶では酸化物イオンが立方最密充填構造をとり，四面体間隙を Mg^{2+} が，八面体間隙を Al^{3+} が規則正しく占有する．構造は複雑であるが，単位胞を 8 分の 1 の大きさの立方体に分けると，陽イオンの配列の規則性を理解しやすい．図 1・26 に示すように，四面体間隙の Mg^{2+} が存在する立方体と八面体間隙の Al^{3+} が存在する立方体とが交互に繰返す構造となる．また，単位胞の一つの面に水平な層では，図

1・5 イオン結晶と共有結合結晶の構造　　　35

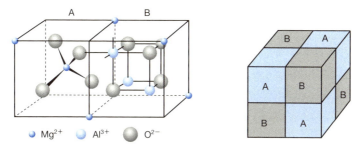

図1・26　スピネル型構造

1・27(a)のようにイオンが並ぶ．この層には酸化物イオンと Al^{3+} があって，Al^{3+} を中心とする八面体が稜を共有しながら層の対角線方向に鎖状構造をつくり，この構造が Mg^{2+} の四面体によって互いに結び付けられている．Mg^{2+} はこの層より上側と下側にあり，上下の位置が八面体の鎖に沿って互い違いに繰返される．この層に隣接した別の層の構造は図1・27(b)のようになり，Al^{3+} の八面体が鎖状に配列する方向が図1・27(a)の場合と異なっている．このような層が4層繰返されてスピネル型構造の単位胞ができる．

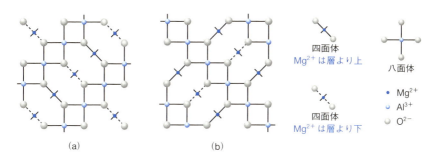

図1・27　スピネル型構造におけるイオンの配列

一般に，スピネル型構造をとる酸化物は AB_2O_4 という化学式で表現することができる．ここで，A は四面体間隙の陽イオン，B は八面体間隙の陽イオンを表す．一方，スピネル型酸化物は2価の陽イオンと3価の陽イオンを1:2の物質量の比で含む．成分となる2価の陽イオンとしては Mg^{2+} のほか Mn^{2+}，Fe^{2+}，Co^{2+}，Ni^{2+}，Cu^{2+}，Zn^{2+}，Cd^{2+} などが，また，3価の陽イオンとしては Al^{3+} のほか，Cr^{3+}，Fe^{3+}，Ga^{3+} などが知られている．上記の $MgAl_2O_4$ のように，すべての2価

の陽イオンが四面体間隙を占め，すべての3価の陽イオンが八面体間隙に存在するような構造は，**正スピネル型構造**(normal spinel structure)とよばれる．一方，3価の陽イオンの半分が四面体間隙を占め，残りの3価の陽イオンとすべての2価の陽イオンが八面体間隙に入るような構造も知られている．これは，**逆スピネル型構造**(inverse spinel structure)とよばれる．正スピネル型構造は，$MgAl_2O_4$ のほか，$FeCr_2O_4$, $ZnFe_2O_4$ などで見られる．一方，$NiFe_2O_4$, $Fe_3O_4(Fe^{2+}Fe_2^{3+}O_4)$ などは逆スピネル型構造をとる．実際には，2価と3価の陽イオンの分布が両者の中間的な状態となる場合も多い．また，$\gamma\text{-}Fe_2O_3$, $LiFe_5O_8$, $LiTi_2O_4$ のように，必ずしも2価と3価の陽イオンを1:2で含まないような酸化物でもスピネル型構造が観察される．

b. ペロブスカイト型構造

ペロブスカイト型構造(perovskite structure)は $CaTiO_3$ に見られる結晶構造で，$CaTiO_3$ が主成分である鉱物のペロブスキー石（ペロブスカイト）に基づいて名付けられている．酸化物では ABO_3（A, B は陽イオン）の化学式をもつが，一つの陽イオンのイオン半径が大きく酸化物イオンと同程度となる．通常，$CaTiO_3$ における Ca^{2+} のようにイオン半径の大きい陽イオンを A イオン，Ti^{4+} のようにイオン半径の小さい陽イオンを B イオンとおく．図 1・28(a) に示すように，イオン半径の大きな A イオンが酸化物イオンとともに面心立方格子を形成し，酸化物イオンの八面体間隙を B イオンが占める．別の見方をすると，図 1・28(b) のように，B イオンが立方体の頂点を占め，酸化物イオンが稜の中点にあって，体心の位置に A イオンが存在する．つまり，A イオンは 12 個の酸化物イオンに囲まれ，B イオンに

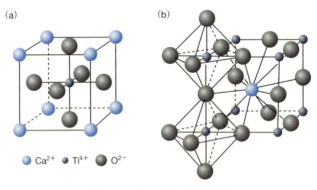

図 1・28 ペロブスカイト型構造

は6個の酸化物イオンが配位している．ペロブスカイト型構造は，$CaTiO_3$ のほか，$BaTiO_3$, $SrTiO_3$, $PbTiO_3$, $PbZrO_3$, $NaNbO_3$, $KNbO_3$, $YAlO_3$, $LaAlO_3$, $LaMnO_3$ のような酸化物，$KMgF_3$, $KNiF_3$ のようなフッ化物で見られる構造であるが，厳密にいえば，$CaTiO_3$ を含め室温ではひずみが生じて立方晶とはならない結晶が多い．たとえば $CaTiO_3$ は直方晶，$BaTiO_3$ は正方晶である．ただ，これらの結晶も高温では立方晶に相転移 (2・1・2節) する．

c. ガーネット型構造

ガーネット（柘榴石）は $Mg_3Al_2Si_3O_{12}$, $Ca_3Al_2Si_3O_{12}$, $Ca_3Cr_2Si_3O_{12}$, $Mn_3Al_2Si_3O_{12}$, $Fe_3Al_2Si_3O_{12}$ などを主成分として含む一連の鉱物の総称であり，これらの酸化物に共通する結晶構造を**ガーネット型構造** (garnet structure) とよぶ．構造は図1・29に示すように複雑であり，$Ca_3Al_2Si_3O_{12}$ では，Ca^{2+}，Al^{3+}，Si^{4+} がそれぞれ十二面体間隙，八面体間隙，四面体間隙を占める．また，$R_3Al_5O_{12}$，$R_3Fe_5O_{12}$，$R_3Ga_5O_{12}$（ここで，R は3価の希土類イオンあるいは Bi^{3+}）の化学式で表される酸化物もガーネット型構造をとる．これらの化合物ではイオン半径の大きな希土類イオンあるいは Bi^{3+} が十二面体間隙を占め，イオン半径の小さい Al^{3+}，Fe^{3+}，Ga^{3+} が八面体間隙と四面体間隙の両方の位置を占有する．

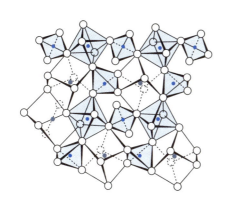

● 陽イオン　○ 陰イオン

図1・29　ガーネット型構造
図の薄い青色の部分は，四面体間隙と八面体間隙を表す

d. イルメナイト型構造とニオブ酸リチウム型構造

イルメナイト型構造 (ilmenite structure) はコランダム型構造から派生した構造である．鉱物のイルメナイトは $FeTiO_3$ を主成分とするため，$FeTiO_3$ 結晶のもつ構造をイルメナイト型構造と名付けている．この結晶では，コランダム型構造と同様，酸化物イオンは六方最密充填構造をとり，八面体間隙の3分の2が陽イオンで占め

られる．コランダム型構造において六方最密充填構造の各層と陽イオンが存在する位置を真横から見ると図1・30(a)のようになる．A, Bの記号は図1・3で用いた最密充填の各層を区別する記号と同じである．一方，同じような図をイルメナイト型構造について描くと図1・30(b)のようになる．すなわち，各層の間に入る陽イオンの配列の仕方は同じであるが，イルメナイト型構造では2種類の陽イオンが存在し，一つの層間は1種類の陽イオンで占められる．イルメナイト型構造は，$FeTiO_3$ のほか，$MgTiO_3$, $MnTiO_3$, $CoTiO_3$, $NiTiO_3$, $CdTiO_3$ などで見られる．

一方，$LiNbO_3$ はイルメナイト型構造に類似の結晶構造をもつが，図1・30(c)のように陽イオンの配列がイルメナイト型構造とは異なる．この構造は**ニオブ酸リチウム型構造**(lithium niobate structure)ともよばれ，$LiNbO_3$ のほか $LiTaO_3$ で見られる．また，高圧合成(3・2・3節)で得られる $FeTiO_3$ や $ScFeO_3$ の準安定相もこの構造をとる．

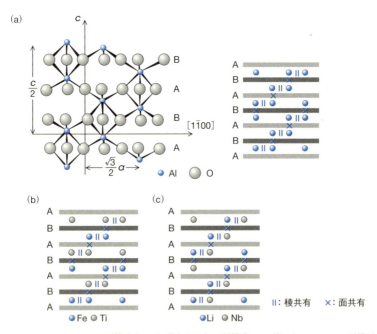

図1・30 イルメナイト型構造とニオブ酸リチウム型構造 いずれもコランダム型構造から派生した結晶構造である．(a)コランダム型構造(α-Al_2O_3), [1$\bar{1}$00]は(1$\bar{1}$00)面に垂直な方向を表す, (b)イルメナイト型構造($FeTiO_3$), (c)イルメナイト類似の $LiNbO_3$ の構造(ニオブ酸リチウム型構造)

1・6 金属結合と金属結晶
1・6・1 金 属 結 合

金属結晶では,金属原子の最外殻電子が原子核による束縛を逃れて結晶格子内を動き回る.この電子は**自由電子**(free electron)とよばれ,電場の存在下で速やかに移動できるため,金属では電気伝導率が高くなる.**金属結合**(metallic bond)は自由電子が広い範囲に非局在化することによってもたらされる.この状況は1・4・2節で述べた分子軌道法の延長で考えることができる.例として,リチウムを取上げよう.最外殻電子は2s軌道に存在する1個の電子で,これが結合に寄与する.いま,Li_2分子というものを想定し,その分子軌道を考えると,図1・18に示した水素分子の分子軌道と同様,図1・31(a)のようなエネルギー準位図を描くことができる.基底状態では,2s軌道の電子は対になって結合性軌道に入る.結晶のリチウムでは原子が無数に存在する.たとえば結晶中にN個のリチウム原子(Nはアボガドロ定数程度の大きな数)が存在すれば,N個の2s軌道からN個の結合性軌道とN個の反結合性軌道が形成される.本質的にこれらの軌道はエネルギーの値が接近しており,エネルギー準位は事実上連続的に分布して,図1・31(b)のような帯状の状

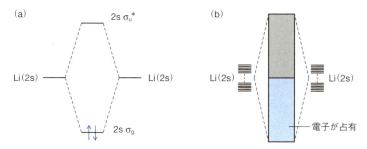

図1・31 Li_2分子の分子軌道(a)とN個のLi原子からなるリチウム結晶のエネルギー準位(b)　結晶ではバンド構造が形成される

態をつくる.このような電子状態は**バンド構造**(band structure)とよばれ,結晶の電子構造の大きな特徴となっている.リチウムではこのバンドの下半分の準位が電子によって占められ,結合が安定化する.つまり,リチウム原子の最外殻電子の波動関数が結晶全体にわたって広がることで,金属結合が形成される.結晶のバンド構造については,6・2節でさらに詳しく述べる.

1・6・2 金属単体と合金の構造

ほとんどの金属単体は, 立方最密充填構造, 六方最密充填構造, 体心立方構造の
いずれかの構造をもつ. いくつかの金属単体に対して室温において観察される構造
をまとめたものが表1・6である.

表1・6 金属単体の結晶構造

結晶構造	金属単体の例
立方最密充填構造	Ca, Al, Ni, Cu, Sr, Rh, Pd, Ag, Pb
六方最密充填構造	Be, Mg, Ti, Zn, Y, Zr, Ru, Cd, La, Tl
体心立方構造	Li, Na, K, V, Cr, Fe, Nb, Mo, Cs, Ba, W

合金(alloy)は2種類以上の金属元素, あるいは金属元素と非金属元素から構成
され, 固溶体(2・2節参照)と金属間化合物がある. 本来周期表の元素の多くは単
体で金属あるいは半金属(6・4・2節参照)であり, 元素の種類や組合わせが多数考
えられるため, 莫大な数の合金が存在する. **金属間化合物**(intermetallic compound)
は構成元素が一定の比率で結合したもので, 金属単体と同様, 立方最密充填構造,
六方最密充填構造, 体心立方構造の結晶が多く見られる. そのほか, 特徴的な金属
間化合物の構造は以下のようなものである.

a. 電子化合物

主に貴金属元素(Cu, Ag, Au)と2族, 12族, 13族, または14族とから形成さ
れる金属間化合物では, 結晶構造が同じであれば, 価電子の総数を構成原子の総数
で除した値が一定となる場合が多い. このような現象を**ヒューム-ロザリー**(Hume-
Rothery)**則**といい, この規則に従う金属間化合物を**電子化合物**(electron
compound)または**ヒューム-ロザリー相**とよぶ. 価電子の数と原子の数の比として,
3/2(= 21/14), 21/13, 7/4(= 21/12)の三つの場合が知られており, それぞれに対
応する化合物は, β相, γ相, ε相とよばれる. β相は塩化セシウム型構造, γ相は
図1・32に示したγ-黄銅(Cu_5Zn_8)型構造とよばれる構造をとる. ε相は六方最密充
填構造である.

b. ラーヴェス相

ラーヴェス相(Laves phase)は2種類の金属原子からなる化合物で, AB_2という
組成をもつ. 原子Aと原子Bの半径の比は, ほぼ$\sqrt{3/2}:1$となる. 3種類の構造
が知られており, それぞれ, $MgCu_2$型構造, $MgZn_2$型構造, $MgNi_2$型構造とよば

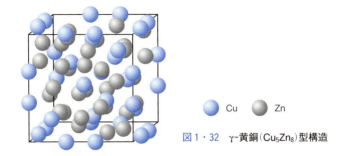

図 1・32 γ-黄銅 (Cu₅Zn₈) 型構造

れる．MgCu₂ 型構造では Mg 原子がダイヤモンド型構造を形成し，4 個の Cu 原子からなる正四面体が格子のすき間の位置に入る（図 1・33a）．MgZn₂ 型構造では Mg 原子がウルツ鉱型構造と同じ配列をして，4 個の Zn からなる正四面体がすき間の位置を占める（図 1・33b）．MgNi₂ 型構造は両者の中間的な構造となる．

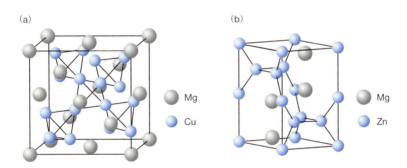

図 1・33 ラーヴェス相の結晶構造 （a）MgCu₂ 型構造，（b）MgZn₂ 型構造

c. ジントル相

アルカリ金属またはアルカリ土類金属のような電気的に陽性の元素が，13 族，14 族，15 族の元素と結合して生成する金属間化合物を**ジントル相**（Zintl phase）と総称する．化学結合の特徴から，イオン結晶と金属結晶の中間的な性質を示す．代表的な化合物である NaTl では Na⁺ の生成によって Tl 原子は 1 個の電子を受け入れて 14 族と同じ電子配置となり，14 族の炭素やケイ素と同様にダイヤモンド型構造を形成して，Na はすき間の位置を占める．NaTl 結晶の構造を図 1・34 に示す．

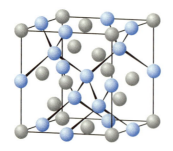

図1・34　ジントル相の一つである NaTl の結晶構造

1・6・3　準　結　晶

　結晶構造が並進対称性や長範囲秩序をもつためには単位胞の対称性が自ずと限られる．簡単のために2次元の結晶構造を考えると，格子点の配列がこのような対称性を満たすためには，周期構造の単位が三角形，四角形，あるいは六角形の対称性をもたなければならない．これに対して5回対称性は結晶構造には存在できない．これは図1・35に示すように正五角形を並べて平面を埋め尽くすことができないことからも理解できる．このことは長らく固体物理学や固体化学における常識と考えられていたが，1984年の終わりに報告された Al_6Mn 合金(融液を急冷して作製されたもの)はこの常識を覆す物質であり，構造に5回対称性が存在する．このような物質は**準結晶**(quasicrystal)とよばれ，その後，Al-Fe-Cu 系や Al-Co-Ni 系などの合金でも見いだされた．図1・36は Al-Co-Ni 系の準結晶に含まれる構造を模式的に示したものである．正五角形および正十角形の形状に原子が並んでいる様子がわ

図1・35　2次元結晶と5回対称性　正五角形では平面を完全に埋め尽くすことはできない

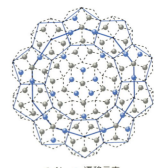

図1・36　Al-Co-Ni 系準結晶に含まれる構造単位　原子の配列が正五角形および正十角形となっている

かる．

　準結晶は電子回折(4・2節参照)において明確な周期構造を示していながら，結晶の並進対称性とは矛盾する5回対称性をもつ構造となっている．準結晶のつくる格子は結晶格子に対応させて**準格子**(quasi-lattice)とよばれる．準結晶の構造のモデルとなるものが**ペンローズ格子**(Penrose lattice)である．その一例を図1・37に示す．ここでは2種類の菱形が使われており，格子の至るところに5回対称性をもつ構造が観察される(たとえば青色の太線の部分)．

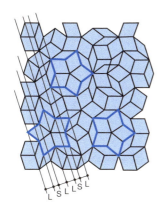

図1・37　ペンローズ格子の例　格子点を結ぶ直線の間隔はLとSの2種類で，その配列はフィボナッチ数列(コラム参照)となる

1・7　分子に基づく結晶

　これまで述べてきた結晶は原子やイオンが単位となって結晶構造をつくるものであったが，この節では分子が構造単位となって形成される結晶について述べる．このような結晶において原子から分子を構成する力は主に共有結合であるが，分子間に働いて分子を凝集させる力は，ファンデルワールス力，水素結合，電荷移動力などである．これらの分子間力などによって分子が凝集してできた結晶を**分子結晶**(molecular crystal)という．

1・7・1　分散力と分子結晶

a. 双極子相互作用とファンデルワールス力

　図1・38(a)のように絶対値が等しく符号の異なる点電荷が一定の距離だけ離れて対をなしているものを**電気双極子**(electric dipole)といい，電荷が$\pm q$(ただし，$q>0$)であり，点電荷間の距離がdであれば，負電荷から正電荷に向かうベクトル

準結晶の構造とフィボナッチ数列

　図1・37の準結晶の構造を表すペンローズ格子において格子点を結ぶ直線を引くと，直線の間隔は長いもの(L)と短いもの(S)の2種類のみになり，その配列は，

LSLLSLSLLSLLS…

のように続く．これは"フィボナッチ数列"とよばれるものに等しい．フィボナッチ(Fibonacci)は12〜13世紀頃のイタリアの数学者で，この配列は図1に示したウサギの親子の配列でよく説明される．最初に親ウサギがいて，1年後に仔ウサ

図1　フィボナッチ数列の説明によく用いられる親ウサギと仔ウサギの配列

ギを生む．仔ウサギは1年後に親ウサギに成長する．親ウサギは何年経っても生き続け，毎年仔ウサギを生む．たとえば5年目の配列は，4年目の配列のうしろに3年目の配列を並べると得られる．このような「規則」のもとでウサギが並ぶとフィボナッチ数列ができる．すなわち，上の例と対応させると，親ウサギがL，仔ウサギがSである．ペンローズ格子ではLとSの比が，

$$\frac{L}{S} = \frac{1+\sqrt{5}}{2}$$

で，いわゆる黄金比となっていることも大きな特徴である．準結晶の構造を与えるモデルとしてペンローズ格子の3次元版が考案されている．準結晶の準周期構造にはフィボナッチ数列を与える規則が隠れている．

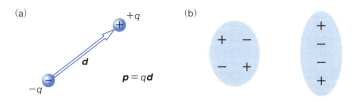

図 1・38 **電気双極子**(a) と**電気四重極**(b)　$p = qd$ は電気双極子モーメントを表す

を d として，
$$p = qd \tag{1・18}$$
によって**電気双極子モーメント**(electric dipole moment)p が定義される．電気陰性度の異なる複数の原子から構成される分子内には，電気双極子が存在する．分子の構造上，存在する電気双極子モーメントが完全に打ち消し合わない場合，分子は**永久双極子**(permanent dipole)をもつことになる．このような分子を**極性分子**(polar molecule)という．二つの分子が永久双極子をもち，それぞれの電気双極子モーメントが p_1，p_2 であるとき，これらの分子間には双極子相互作用が働き，そのエネルギーは，
$$U_d = \frac{1}{4\pi\varepsilon_0} \frac{(p_1 \cdot p_2) - 3(p_1 \cdot r)(p_2 \cdot r)/r^2}{r^3} \tag{1・19}$$
で与えられる．ここで r は双極子間の距離のベクトル，r はその大きさである．固体中の電気双極子の挙動については，7・1 節で詳しく説明する．

一方，無極性分子とよばれる永久双極子をもたない分子でも，電子や原子核は常に運動しているため，ある一瞬をとらえると電気双極子が生成している．この電気双極子は他の分子内に電場をつくり，電場によりその分子中に電荷の偏りが生じて電気双極子が形成される．これを**誘起双極子**(induced dipole)という．これらの電気双極子は引力を及ぼし合う．この力を**ファンデルワールス力**(van der Waals force)という．ファンデルワールス力によるポテンシャルエネルギーは，
$$U_v = -\frac{C_6}{r^6} \tag{1・20}$$
で与えられる．ここで r は分子間の距離で，C_6 はファンデルワールス定数とよばれる．分子間の相互作用に基づくポテンシャルエネルギーには，電気双極子のみならず，電気四重極が関係する相互作用の寄与もあり，(1・20)式に加えて $-C_8/r^8$，

$-C_{10}/r^{10}$ のような項が存在する．ここで，電気四重極とは，図 1・38(b) のように大きさが同じで互いに逆向きの二つの電気双極子がきわめて接近した状態である．このような電気双極子および電気四重極の相互作用によって分子間に引力をもたらす力を**分散力**(dispersion force) という．

b. 分子結晶

(1・20) 式のファンデルワールス力などで分子が凝集した結晶の代表的な例としては，永久双極子をもたない分子，たとえばネオン，アルゴンなどの貴ガス，H_2, O_2 などの等核 2 原子分子，ベンゼン，ナフタレン，アントラセンなどの有機分子から生じる結晶などがある．ネオン，アルゴン，クリプトン，キセノンの結晶ではこれらの原子が立方最密充填構造となる．H_2 の結晶は六方最密充填構造である．また，O_2 は温度によって結晶構造が異なり，23.7 K 以下で単斜晶系，23.7 K から 43.8 K の間で三方晶系，43.8 K 以上で立方晶系となる．ナフタレンやアントラセンでは，これらの分子がその形状に応じた充填構造をしている．アントラセンの結晶構造を図 1・39 に示す．これはアントラセン分子の長軸が c 軸に沿って並んだ単斜晶系の結晶である．また，π 電子が電気伝導に寄与する有機半導体となっている．有機化合物の電気伝導については 6・4・5 節で述べる．

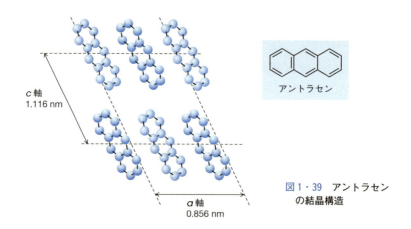

図 1・39 アントラセンの結晶構造

1・7・2 水素結合と分子結晶

分子中で正電荷をもつように分極 (7・1 節参照) した水素原子が，分子内あるいは他の分子に存在する電気陰性度の大きい原子やイオンと静電的な力を及ぼし合っ

て生成する結合を**水素結合**(hydrogen bond)という．分子間に水素結合が働いて結晶構造を形成する物質には，氷(H_2O)，シュウ酸，ナイロン 66 などがある．ナイロン 66 では，図 1・40 に示すように N−H 基と C=O 基の間の水素結合によって分子鎖同士が結合する．また，安息香酸のように分子間の水素結合で二量体が生成し，これが規則的に配列して結晶を形成する分子結晶もある．

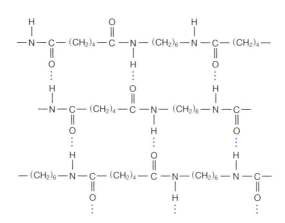

図 1・40　**ナイロン 66 の構造**　…は水素結合を表す

1・7・3　錯体と分子結晶

配位結合(coordinate bond)とは結合にあずかる非共有電子対が一方の原子(イオンあるいは分子)のみから供与される結合のことをいう．このため，配位結合は共有結合の一種とみなされるが，共有結合性の高いものから分子間力と同程度のものまでさまざまである．また，**錯体**(complex)とは配位結合を含む化合物のことをいう．したがって，錯体は電子供与体と電子受容体からなる．遷移金属元素の陽イオンを中心として，そのまわりに陰イオンや中性分子が配位結合した"金属錯体"がよく知られている．ここで，電子を供与する陰イオンや中性分子は**配位子**(ligand)とよばれる．そのほか，2 種類の中性分子が電荷移動力によって結合した"電荷移動錯体"(後述)などがある．

金属錯体からなる分子結晶の例として，シアニド白金錯体 $K_2[Pt(CN_4)]\cdot 3H_2O$ が白金原子間の d 軌道の相互作用により結合し，錯体分子が一次元に並んだ構造をもつ結晶などがある(6・4・4 節参照)．

1・7・4 電荷移動錯体

電子供与体の分子(D)と電子受容体の分子(A)が接近すると，分子 D から分子 A に電子が移動して電荷の偏りが生じ，$D^{\delta+}$ と $A^{\delta-}$ との間に静電相互作用が働き，このことがおもな要因となって結合が安定化する．この相互作用を**電荷移動力**(charge-transfer force)といい，電荷移動力によって結合した分子を**電荷移動錯体**(charge-transfer complex)とよぶ．δ は $0 < \delta \leqq 1$ の間にあって，一般に電子 1 個が完全に移るのではなく，ある確率で電子の移動が生じることで系全体のエネルギーが下がり，同時に電子伝導が起こる．また，磁性，超伝導などの観点から非常に興味深い物性を示すものが多く存在する．具体的な分子の種類，結晶の構造，電子状態，物性などは，5 章，6 章〜9 章において詳しく述べる．

1・7・5 超 分 子

電荷移動錯体では 2 種類の分子間で電子の移動が起こり，それに基づく新たな結合により結晶がつくられ，同時に電子物性にも単独の分子では見られない特性が現れる．このように，複数の分子が非共有結合性の分子間力により結合して複合化された分子を，分子を超えた新しい化学種として**超分子**(supermolecule)とよぶ．この種の分子の複合化された状態は，個々の分子にはない性質を示す．超分子にはさまざまなものがあるが，金属や溶媒などの表面に分子が秩序をもって配列した単分子の薄膜なども，結晶のような規則的な構造をもつ凝集体として広い意味での超分子結晶の範ちゅうに含めることができる．そのほか，結晶性固体ではないが，本書に関連する超分子の例として，結晶と液体の中間状態をとる液晶(2・5・3 節参照)や両親媒性分子が溶液中で自己集合して形成するミセルのような分子集合体などがある．この超分子を鋳型として，特徴的な構造をもつ無機固体も合成されている(3 章 p.115 のコラム参照)．

2

固体状態の熱力学

　よく知られているように，一般に物質には固体，液体，気体の三つの状態が存在する．これらを**物質の三態**(three states of matter)という．なかには固体でありながら構造が液体に近いガラス状態や，液体でありながら分子の配列に規則性がある液晶なども存在する．一つの物質でも温度や圧力が変わると状態は変化する．いい換えると，固体が液体や気体と比較して熱力学的に安定に存在しうる温度や圧力の条件が存在する．また，結晶に見られる格子欠陥や固溶体などの現象は系の自由エネルギーを考察することで理解できる．この章では，温度や圧力にともなう液体から固体への変化，固体における結晶構造の変化，固溶体の生成，格子欠陥の生成などを熱力学に基づいて考察し，巨視的な立場からこれらの現象を解釈する．

2・1　相　の　概　念
2・1・1　相平衡と状態図
　ある一つの系の全域において化学組成が一定で物理的な状態も一様であるとき，この系を**均一系**(homogeneous system)といい，このような系は一つの**相**(phase)からなると表現される．たとえば室温で大気圧下に置かれた水は，どの部分をとっても H_2O という化学式をもち，液体状態であるため，一つの相として存在することになる．このような観点で固体，液体，気体を見たとき，これらは，固相，液相，気相とよばれる．また，氷の塊が浮かんだ水のように，二つ以上の相からなる系を**不均一系**(heterogeneous system)という．

　一つの純粋な物質でも温度や圧力が変われば，相は変化する．たとえば H_2O の

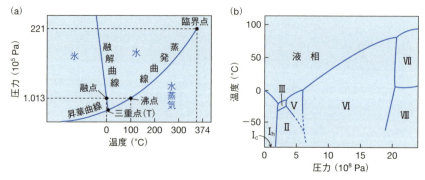

図2・1 H₂O の状態図(a)と氷の状態図(b) 各相の結晶構造はつぎのとおり.
I$_h$: 六方晶, I$_c$: 立方晶, II: 菱面体, III: 正方晶, V: 単斜晶, VI: 正方晶,
VII: 立方晶, VIII: 立方晶

場合,横軸に温度,縦軸に圧力をとって,各々の条件下で安定な相を示すと図2・1(a)のようになる.このような図を**状態図**(phase diagram)または**相図**という.図2・1(a)を見れば,たとえば1気圧(1.01325×10⁵ Pa),50 ℃では液体の水が安定に存在し,1気圧,−10 ℃では氷が安定相であることがわかる.点Tは,固相,液相,気相が共存する状態であって,**三重点**(triple point)とよばれる.H₂Oの系では三重点の温度は 0.01 ℃(273.16 K),圧力は 610.6 Pa である.また,H₂Oの固相である氷には,図2・1(b)に示すように,構造の異なるさまざまな種類の結晶が存在する.これは1・4・3節でふれた多形の一例である.氷の結晶にたくさんの多形が存在するのは,水素結合によるH₂O分子間の結合様式(1・7・2節参照)が多様なためである.

図2・1(a)を見るまでもなく,1気圧において氷の融点あるいは水の凝固点は 0 ℃ であって,この温度では氷と水が互いに平衡状態で共存する.このような状況を**相平衡**(phase equilibrium)という.ある温度 T_1 と圧力 P_1 において二つの相 α と β が互いに相平衡にあるとき,それぞれの相のギブズの自由エネルギー G は互いに等しくなければならないので,

$$G^\alpha(T_1, P_1) = G^\beta(T_1, P_1) \tag{2・1}$$

が成り立つ.αとβは,もちろん,固相と液相でも,固相と気相でもよい.温度と圧力がそれぞれ T_2 と P_2 に変化しても相平衡が成立していれば,

$$G^\alpha(T_2, P_2) = G^\beta(T_2, P_2) \tag{2・2}$$

となり,各相の自由エネルギー変化を考えると,

$$G^\alpha(T_2, P_2) = G^\alpha(T_1, P_1) + dG^\alpha \tag{2・3}$$

$$G^\beta(T_2, P_2) = G^\beta(T_1, P_1) + dG^\beta \tag{2・4}$$

と書けるため，結局，α と β 各相の自由エネルギーの変化分である dG^α と dG^β に対して，

$$dG^\alpha = dG^\beta \tag{2・5}$$

でなければならない．T_1 から T_2 への温度変化を dT，P_1 から P_2 への圧力変化を dP とすれば，熱力学の基本的な関係式から，V を体積，S をエントロピーとして，

$$dG^\alpha = V^\alpha dP - S^\alpha dT = dG^\beta = V^\beta dP - S^\beta dT \tag{2・6}$$

が成り立つので，

$$\frac{dP}{dT} = \frac{S^\alpha - S^\beta}{V^\alpha - V^\beta} = \frac{\Delta S}{\Delta V} \tag{2・7}$$

の関係が得られる．これを**クラウジウス–クラペイロン**（Clausius-Clapeyron）**の式**という．たとえば図 2・1(a) において氷と水の境界線について考えてみよう．この線上のどの領域でも氷と水は相平衡状態にあるから，(2・7) 式が成り立つ．氷から水への変化を考えると，エントロピーは増加し（$\Delta S > 0$），体積は減少するので（$\Delta V < 0$），(2・7) 式より，

$$\frac{dP}{dT} < 0 \tag{2・8}$$

である．実際，図 2・1(a) の氷と水の境界を示す曲線の傾きはすべての領域で負になっている．

2・1・2 相 転 移

1 気圧のもとで室温に置かれた H_2O は液相の水として存在するが，これを冷却すると 0 ℃ において固相の氷に変化する．このように温度や圧力などによって起こる相の変化を**相転移**（phase transition）または**相変化**（phase change）という．一般的な液体と結晶との間の相転移の様子を模式的に図 2・2 に示す．この図では横軸に温度，縦軸に体積をとり，一定圧力下での変化を想定している．液体状態から温度を下げることを考えると，体積は温度の低下にともない減少し，凝固点あるいは融点において液体は不連続な体積変化を経て結晶に相転移する．一般に液体から結晶への相転移に際して体積は減少するが，上で例示した水や，ガリウム，ビスマス，鉄，ゲルマニウムなど一部の金属や半金属のように例外的に体積が増加する場合もある．

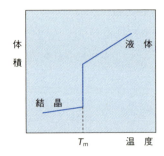

図 2・2 液体と結晶に見られる体積と温度の関係 T_m は融点(凝固点). 体積は T_m で不連続に変化する

体積 V は, ギブズの自由エネルギー G との間に,

$$V = \left(\frac{\partial G}{\partial P}\right)_T \qquad (2\cdot9)$$

の関係をもつ. したがって, 融点(凝固点)ではギブズの自由エネルギーの圧力による1次微分が不連続に変化する. また, 融点では潜熱が発生する. すなわち, 結晶が液体に変わるときには温度が一定のまま吸熱反応が起こり, 逆に液体が結晶に転移する際には発熱が見られる. これは, 融点においてエンタルピーが不連続に変化することを意味する. 融点 T_m におけるエンタルピー変化を ΔH, エントロピー変化を ΔS とすると, ギブズの自由エネルギー変化は,

$$\Delta G = \Delta H - T_m \Delta S \qquad (2\cdot10)$$

となるが, 相転移において $\Delta G = 0$ であるため, 融点では,

$$\Delta S = \frac{\Delta H}{T_m} \qquad (2\cdot11)$$

が成り立ち, エントロピーも不連続に変化することになる. エントロピー S は,

$$S = -\left(\frac{\partial G}{\partial T}\right)_P \qquad (2\cdot12)$$

と表現されるため, 融点ではギブズの自由エネルギーの温度による1次微分も不連続となる. (2・9)式および(2・12)式を用いた考察から, 結晶と液体との間の相転移ではギブズの自由エネルギーの圧力または温度による1次微分が不連続になることがわかる. このような相転移を **1次相転移** (first order phase transition) とよぶ.

一方, 体積を温度で微分した量は熱膨張における**膨張率** (thermal expansion) α に相当する. 熱膨張率の定義は,

$$\alpha = \frac{1}{V}\left(\frac{\partial V}{\partial T}\right)_P \qquad (2\cdot13)$$

であって，(2・9)式より，これはギブズの自由エネルギーを圧力および温度で微分したものに当たる．また，定容熱容量 C_V と定圧熱容量 C_P はそれぞれ，

$$C_V = \left(\frac{\partial U}{\partial T}\right)_V = T\left(\frac{\partial S}{\partial T}\right)_V \tag{2・14}$$

$$C_P = \left(\frac{\partial H}{\partial T}\right)_P = T\left(\frac{\partial S}{\partial T}\right)_P \tag{2・15}$$

で表される．ここで，U は内部エネルギーである．これらと(2・12)式より，熱容量はギブズの自由エネルギーを温度で2階微分したものに相当することがわかる（固体，特に結晶の熱容量については，5・3節で詳しく議論する）．このような自由エネルギーの圧力または温度による2次微分が不連続になる相転移は**2次相転移**(second order phase transition)とよばれる．1次相転移と2次相転移におけるギブズの自由エネルギーとエントロピーの温度依存性を模式的に図2・3に示す．エントロピーは1次相転移の起こる温度で不連続に変化するが，2次相転移ではその変化は連続的である．

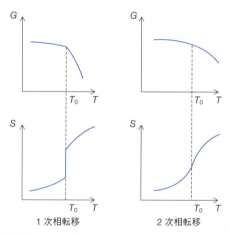

図2・3　1次相転移と2次相転移におけるギブズの自由エネルギー G およびエントロピー S の温度変化　T は温度，T_0 は相転移が起こる温度である

相転移は物質の三態のように原子や分子の空間的な配列に関係する現象ばかりではなく，固体の電子状態や磁気双極子の挙動などにも関連して観察される．たとえば超伝導状態と常伝導状態との間の相転移や，強磁性体から常磁性体への変化などは2次相転移である(8, 9章参照)．

2·1·3 相　律

前節までで取上げた例は，H_2O という 1 種類の物質からなる系であった．実際には H_2O（水）に NaCl が溶解した水溶液など，複数の種類の物質が混ざり合って平衡状態で存在する場合が多くある．このような系における H_2O や NaCl のような独立した化学種を**成分**（component）とよぶ．

複数の成分 i からなる系における相平衡を考えよう．一定の温度と圧力のもとで二つの相 α と β が存在し，それぞれの相における i 成分の数が n_i^α，n_i^β であるとする．この系が相平衡の状態にあれば，ギブズの自由エネルギーは最小となっているから，系の微小な変化は必ず自由エネルギーを増加させるか，あるいは変化させない．すなわち，

$$\delta G \geq 0 \tag{2·16}$$

である．いま，相 α の i 成分の数が δn_i だけ変化したとすれば，相 β の i 成分の数は $-\delta n_i$ だけ変化することになり，ギブズの自由エネルギーの変化は，

$$\delta G = \mu_i^\alpha \delta n_i - \mu_i^\beta \delta n_i = (\mu_i^\alpha - \mu_i^\beta)\delta n_i \tag{2·17}$$

で与えられる．ここで，μ_i^α などはつぎのように定義される**化学ポテンシャル**（chemical potential）である．

$$\mu_i = \left(\frac{\partial G}{\partial n_i}\right)_{T,P,n_{j \neq i}} \tag{2·18}$$

すなわち，温度と圧力が一定で i 成分以外の成分の数が一定のときに，i 成分の微小変化にともなうギブズの自由エネルギーの変化の割合を化学ポテンシャルという．(2·17) 式において $\delta n_i > 0$ であれば $\mu_i^\alpha - \mu_i^\beta \geq 0$ であり，$\delta n_i < 0$ であれば $\mu_i^\alpha - \mu_i^\beta \leq 0$ となるので，相平衡であるためには，

$$\mu_i^\alpha = \mu_i^\beta \tag{2·19}$$

が成り立たなければならない．すなわち，一つの成分について，化学ポテンシャルはどの相においても等しくなる．

より一般的に，p 個の相と c 個の成分からなる系を考えよう．この系において自由に変えうる変数の数を考察する．まず，各相において成分のモル分率の和は 1 に等しい．たとえば相 α における成分 i のモル分率は，

$$X_i^\alpha = \frac{n_i^\alpha}{\sum_i n_i^\alpha} \tag{2·20}$$

であって，

$$\sum_i X_i^\alpha = 1 \tag{2·21}$$

が成り立つ．つまり，$c-1$ 個の成分の数がわかれば残りの一つの成分の数は自動的に得られる．よって，変数の数は $p(c-1)$ 個である．一方，各相の間には(2・19)式の関係があるので，一つの成分について p 個の相の間に $p-1$ 個の関係式が成り立ち，c 個の成分では式の数が $c(p-1)$ 個となって，この分だけ独立な変数の数は減る．さらに，独立変数として温度と圧力の2個の変数を考えることができるので，変えうる独立な変数の数，すなわち自由度の数は，

$$f = p(c-1) - c(p-1) + 2 = c - p + 2 \qquad (2・22)$$

で与えられる．これを**ギブズの相律**(Gibbs phase rule)という．

たとえば，図2・1(a)でこの規則を考えてみよう．状態図において液体の水が安定に存在する領域では，成分の数は1，相の数は1であるので，自由度の数は $f=1-1+2=2$ となる．実際，水の状態(液相)を保ったまま，圧力と温度を独立に変えることができるので，独立変数の数は2である．また，氷と水の2相が共存する領域では，成分の数が1，相の数が2であるため $f=1$ となり，温度が決まれば(2・7)式に従って，圧力は自動的に決定される．この場合，温度または圧力が独立変数であり，自由度の数は1である．

2・2 固 溶 体

2・1節では単成分の状態図のみを考えたが，固相がかかわる多成分系の状態図には，さまざまな興味深い現象が見られる．それが反映される2成分系の状態図は次節で考察するが，本節では典型的な多成分系である固溶体の概念を，具体例をあげながら説明する．

2・2・1 置換型固溶体と侵入型固溶体

2・1・3節でも例として示したように，NaCl などの固体が水のような液体の溶媒に溶解する現象はよく知られている．同様に少量の固体が種類の異なる固体中に均一に溶け込んだ状態を**固溶体**(solid solution)という．固溶体には，大きく分けて，置換型固溶体と侵入型固溶体の2種類が存在する．**置換型固溶体**(substitutional solid solution)では，異種原子やイオンが結晶内の原子やイオンと置換してその位置を占める．一方，外部から固溶する原子やイオンが結晶格子の格子間のすき間の位置を占めて安定化する固溶体を**侵入型固溶体**(interstitial solid solution)という．これらを模式的に図2・4に示す．

たとえば，酸化アルミニウム(α-Al$_2$O$_3$)結晶を考えてみよう．この結晶はコラン

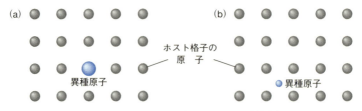

図 2・4　置換型固溶体(a)と侵入型固溶体(b)

ダム型構造をとり(図1・22参照)，Cr_2O_3 も同じ結晶構造をもつため，両者は置換型固溶体をつくることができる．宝石のルビーは単結晶の $\alpha\text{-}Al_2O_3$ に微量の Cr^{3+} が固溶したもので，Cr^{3+} は Al^{3+} と置き換わって八面体間隙を占め，置換型固溶体を形成している．ルビーでは Cr^{3+} が光ルミネセンスを示し，条件が整えばレーザー発振も観察される(10章を参照のこと)．

侵入型固溶体では，金属結晶に水素，ホウ素，炭素，窒素などの小さい原子が固溶して合金となる場合が知られている．遷移金属元素や希土類元素に基づく金属結晶に水素原子が固溶した化合物は，$TiH_{1.73}$，$ZrH_{1.92}$，$LaH_{2.76}$，$PrH_{2.9}$ のように非化学量論組成となることが多い．このような物質は**不定比化合物**(nonstoichiometric compound)あるいは**非化学量論化合物**とよばれる．水素原子は金属原子のつくる結晶格子のすき間の位置に入り込み，金属原子と同様に最外殻電子(1s電子)を自由電子として放出して，H^+ となって存在すると考えられている．遷移金属の水素化物(金属類似水素化物)には"水素吸蔵合金"として実用的に重要な化合物があり，Fe-Ti系，La-Ni系，Mg-Ni系などが有名で，FeTi，$LaNi_3$，$LaNi_5$，La_7Ni_3 といった化合物が知られている(p.64のコラム参照)．たとえば，FeTi合金は水素を吸蔵することで最終的に $FeTiH_2$ の組成の水素化物となる．この場合，吸蔵される水素原子の数は金属原子に等しい．

また，工業的に製造される鉄は侵入型固溶体として炭素を含む．溶鉱炉において磁鉄鉱(マグネタイト，Fe_3O_4)や赤鉄鉱($\alpha\text{-}Fe_2O_3$)のような酸化物とコークスが高温で反応すると，酸化鉄が還元されて金属鉄となる．得られる鉄には3〜4％程度の炭素と微量のケイ素，リン，硫黄などが含まれる．これを銑鉄という．銑鉄中の炭素の割合を2％以下としたものが鋼であり，炭素のみを含む鋼は普通鋼または炭素鋼，他の元素を含む鋼は特殊鋼あるいは合金鋼とよばれる．さらに，2％以上の炭素と，銑鉄より多い割合のケイ素を含有するもの鋳鉄という．鉄の結晶は図2・5に示すように温度に応じて構造が変化し，α鉄，γ鉄，δ鉄とよばれる相が各温

度領域で存在する．α鉄とγ鉄において固溶した炭素原子が占める位置を図2・6に示す．α鉄では，鉄原子が形成する体心立方格子の面心の位置に炭素が存在する．γ鉄では，鉄原子の面心立方格子（立方最密充填構造）の体心の位置を炭素原子が占める．γ鉄は格子定数が大きいため，格子間のすき間の体積も大きく，炭素の固溶量も多くなる．

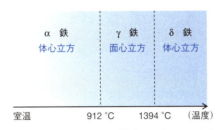

図2・5　鉄の多形と結晶構造の温度による変化

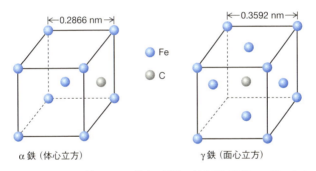

図2・6　α鉄とγ鉄における炭素の固溶　侵入型固溶体の一種である

2・2・2　金属結晶の規則格子と秩序–無秩序転移

置換型固溶体は金属結晶においても一般的に観察されるが，固溶する異種原子の濃度が高くなると，それらが構造中に規則的に配列して新たな結晶格子を形成する場合もある．このような合金を**規則格子**(ordered lattice)という．最密充填構造に基づく規則格子と，体心立方構造をとる規則格子が知られている．2種類の金属原子が規則的に配列して立方最密充填に基づく結晶構造をつくる規則格子を図2・7に示す．図2・7の(a), (b), (c)はそれぞれ，CuAu型構造，Cu_3Au型構造，$TiAl_3$型構造とよばれる．CuAu型構造ではCu原子からなる層とAu原子からなる層が

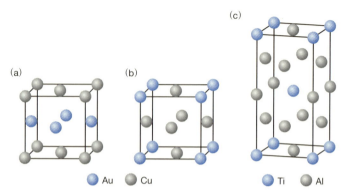

図 2・7　立方最密充填構造に基づく規則格子　(a) CuAu 型構造，(b) Cu$_3$Au 型構造，(c) TiAl$_3$ 型構造

交互に重なっており，単位胞は正方晶となる．また，六方最密充填に基づく金属間化合物の構造として Ni$_3$Sn 型構造と Cu$_3$Ti 型構造が知られている．それぞれの結晶構造を図 2・8 に示す．Ni$_3$Sn 型構造は六方晶で，六方最密充填構造の単位胞に対して c 軸の長さは同じで a 軸の長さが 2 倍になった構造が単位胞である．Cu$_3$Ti 型構造は直方晶である．一方，体心立方格子に基づく結晶構造の一つは，すでに図 1・24 に示した塩化セシウム型構造である．この構造をもつ金属間化合物は，CuZn (β-黄銅)，MgAu，CoAl などである．β-黄銅系の合金は真鍮として実用化されている．他の結晶構造は図 2・9 に示したものであり，図 2・9(a) は BiF$_3$ 型構造，(b) は Cu$_2$AlMn 型構造とよばれる．Cu$_2$AlMn は単体が強磁性となる元素を含まないにもかかわらず，化合物は強磁性を示す．強磁性は Mn の磁気モーメントが伝導電子と磁気的相互作用をする結果現れる．磁性については 8 章を参照されたい．Cu$_2$AlMn

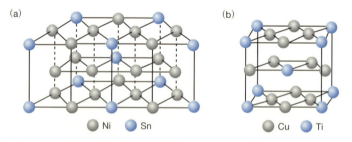

図 2・8　六方最密充填構造に基づく規則格子　(a) Ni$_3$Sn 型構造，(b) Cu$_3$Ti 型構造

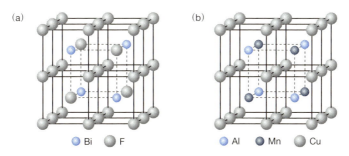

図 2・9 **体心立方格子に基づく規則格子** (a) BiF₃ 型構造, (b) Cu₂AlMn 型構造 (ホイスラー合金)

に基づく合金は"ホイスラー合金"として知られている.

上述の CuZn(β-黄銅)は低温において塩化セシウム型構造となるが, 高温では銅原子と亜鉛原子の配列が無秩序になる. これを**不規則格子**(disordered lattice)という. ギブズの自由エネルギーとエントロピーおよびエンタルピーの関係

$$G = H - TS \qquad (2\cdot23)$$

に基づけば, 高温ではエントロピー項が支配的となるので, エントロピーの高い状態, すなわち, 不規則格子が安定となり, 低温ではエンタルピーを減少させることで規則格子が安定化する. このような秩序状態と無秩序な状態との間の相転移を**秩序-無秩序転移**(order-disorder transition)あるいは**規則-不規則変態**とよぶ. これまでに述べた結晶の融解や液体の凝固のほか, 後述する強磁性体(8 章)や超伝導体(9 章)の相転移など, 秩序-無秩序転移の例は多い.

2・2・3 マルテンサイト変態

2・2・1 節でふれた γ 鉄に, 炭素や金属元素が固溶した合金を**オーステナイト**(austenite)という. 結晶構造は図 2・6 に描かれているように面心立方格子に基づく. 図 2・5 に示した結晶構造の温度変化からわかるように, オーステナイトは高温で安定であり, 高温から平衡状態を保ちながら冷却すると室温での安定相である α 鉄に相転移する. この相は**フェライト**(ferrite)ともよばれる. α 鉄にも炭素原子は固溶できるが, その濃度はオーステナイトよりも低い. よって, 冷却過程で炭素原子は拡散(3・2・1 参照)によりオーステナイトから抜け, 放出された炭素原子は鉄と反応して化合物 Fe₃C を生成する. この相は**セメンタイト**(cementite)ともよばれ, 最終的に室温で得られる合金はフェライトとセメンタイトからなる層状組織を

形成する．この組織を**パーライト**(pearlite)という．また，炭素原子の拡散をともなうオーステナイトからフェライトへの結晶構造の変化のような転移は"拡散変態"とよばれる．

一方，高温からオーステナイトを急冷すると，炭素原子は拡散により結晶の外部に抜けるだけの十分な時間がとれなくなり，α鉄がとる体心立方格子が一軸方向に伸びて体積が増加し，空間的に余裕のできた隙間に炭素原子が留まる．このようにして生成する準安定相は**マルテンサイト**(martensite)とよばれ，オーステナイトからマルテンサイトへの相の変化を**マルテンサイト変態**(martensitic transformation)という．この種の相変化は"無拡散変態"とよばれる．また，FeにMnやCoを添加することにより準安定相としてオーステナイトを室温で生成することができ，この状態に応力を加えてもマルテンサイトが生じることがある．これを"応力誘起マルテンサイト"という．

マルテンサイト変態は実用的な材料として使われている**形状記憶合金**(shape memory alloy，SMA)とも関係している．Fe-Mn-Si系合金や金属間化合物のTiNiなどがマルテンサイト変態を利用した形状記憶合金として知られている．図2・10(a)に示すように，TiNiは1090 ℃以下では塩化セシウム型構造をとるが，それ以上の温度ではTi原子とNi原子の配列が無秩序になる．塩化セシウム型構造が安定相となる温度からこの結晶を冷却すると50～60 ℃においてマルテンサイト変態を起こし，構造は立方晶から単斜晶へ変化する．このとき，図2・10(b)に示すように立方晶の(110)面がひずんで，格子定数が $a = 0.4120$ nm, $b = 0.2889$ nm, $c = 0.4622$ nm, $\beta = 96.8°$ の単斜晶となる．高温で塩化セシウム型構造のTiNiが一定

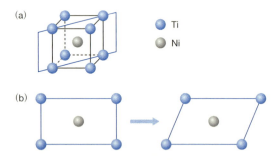

図2・10　TiNiにおけるマルテンサイト変態　(a) 塩化セシウム型構造(1090 ℃以下で安定)のTiNiの単位胞，(b) 立方晶の(110)面がマルテンサイト変態を経て単斜晶に転移した後の格子面

の形状となるように試料を成形し，これをマルテンサイト変態を経て室温まで冷却すると，図 2・11(a) に示すように微視的には単斜晶の**双晶**(twin)が集合した組織となる．ここで双晶とは，同じ晶系の単結晶が粒界を介して互いに異なる方位を向いて接している状態である(単結晶および粒界については 3・1 節参照)．このような組織をもつ合金に外部から力を加えて巨視的な形状を変えると，図 2・11(b) のようにこれは単に双晶の方位を変えるだけとなり，結晶構造に大きなひずみは生じない．したがって，室温において変形を受けた TiNi を 60 ℃ 以上に加熱すると，結晶構造が塩化セシウム型に変わることによって，最初の巨視的な形状に戻る．これが形状記憶合金の原理である．形状記憶合金は，医療における内視鏡ケーブルや損傷した骨の固定，岩石の破砕，大気圏外における太陽電池パネルの展開，熱湯の流量を制御する機能をもつ水栓，衣類，火災報知機などさまざまな応用が図られている．

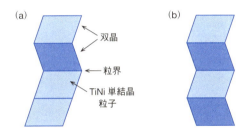

図 2・11　**マルテンサイト変態と双晶**　(a) マルテンサイト変態を起こした後の TiNi 結晶の組織の模式図．双晶が存在する．単結晶，粒界については 3・1 節参照．(b) 巨視的な構造に変形を加えた後の微視的な構造の模式図．双晶の数が異なる

2・3　2 成分系の状態図

ここでは特徴的な挙動を示す 2 成分系の状態図を取上げ，固溶体，共晶，包晶について説明する．

2・3・1　固溶体の生成

固溶体を生成するような 2 種類の固相を対象とした状態図を考えてみよう．α-Al_2O_3 と Cr_2O_3(ともにコランダム型構造)や，MgO と NiO(ともに塩化ナトリウム型構造)のように互いに結晶構造が同じで，結晶を構成する原子やイオンの大きさが似ていれば，比較的広い組成範囲で置換型固溶体が生じる．一般に 2 種類の結晶

がどのような組成で混合されても安定な固溶体を生成するときの状態図は，模式的に図 2・12 のように表される．この状態図において領域は三つに分かれて，それぞれの領域は液相，固溶体，両者の共存状態となる．液相と固溶体の共存領域と液相との境界線を**液相線**(liquidus)，固溶体との境界線を**固相線**(solidus)とよぶ．ギブズの相律(2・1・3 節参照)を適用すると，液相の領域では成分が 2 個，相が 1 個であるため自由度の数は 3 で，圧力，温度，組成を自由に変えられる．固溶体の領域についても同じことがいえるが，液相と固溶体が共存する領域では圧力を除けば自由度の数は 1 であって，温度が決まればそれぞれの組成も決められる．たとえば，2 種類の結晶 A と B を，A のモル分率が X_A となるように混合し，これを温度 T_0 で十分長い時間保持して系が平衡状態に達したとすると(図 2・12 の点 P の状態)，P を通る等温線が液相線と交わる点を Q，固相線と交差する点を R とすれば，それぞれの点に対応する組成(A のモル分率)X_Q と X_R は共存する液相と固溶体の組成を表すことになる．この状態における液相の物質量を n_l，固溶体の物質量を n_s とおけば，A の物質量 n_A は，

$$n_A = n_l X_Q + n_s X_R \tag{2・24}$$

で与えられる．一方，

$$n_A = (n_l + n_s) X_A \tag{2・25}$$

とも表現されるので，(2・24)式と(2・25)式から，

$$\frac{n_s}{n_l} = \frac{X_A - X_Q}{X_R - X_A} = \frac{\mathrm{PQ}}{\mathrm{PR}} \tag{2・26}$$

が成り立つことがわかる．すなわち，共存状態における固溶体と液相の割合は線分 PQ と PR の長さの比に等しい．これを，**てこの規則**(lever rule)という．点 P を支

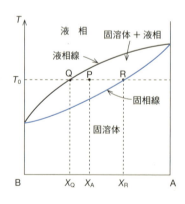

図 2・12　全組成で固溶体が生成するときの状態図

点として点Qと点Rにおもりがぶら下がっている状況を想像していただきたい．この場合，おもりに相当するものが液相と固溶体の組成である．

図2・12のようにすべての組成において固溶体が生成する現象は**全率固溶**(complete solid solubility)とよばれる．それに対して組成の一部に固溶体が現れる現象を**部分固溶**(partial solid solubility)という．部分固溶が見られる系の例としてPb-Sn系合金の状態図を図2・13に示す．この種の合金は，環境上の問題によるPbの規制のため最近では使われなくなったが，かつては低融点であることを利用してはんだとして用いられた．図2・13において固相αはPbにSnが固溶した合金であるが，Snの固溶量は最大で28.1 mol%である．また，固相βはSnに少量のPb(最大で1.3 mol%)が溶けた部分固溶体である．

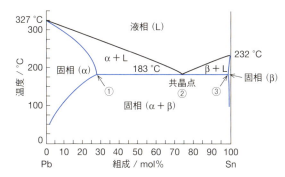

図2・13 **部分固溶の例** Pb-Sn系合金の状態図. ① 28.1 mol% Sn, ② 73.9 mol% Sn, ③ 98.7 mol% Sn. 共晶点については2・3・2節を参照

2・3・2 共　晶

上記の場合とは逆に2種類の結晶が全組成範囲でまったく固溶体をつくらず，また新たな化合物も生成しない場合には，模式的な状態図は図2・14のようになる．状態図は四つの領域に分かれ，それぞれ，液相，固相Aと液相の共存状態，固相Bと液相の共存状態，固相Aと固相Bの共存状態となる．この場合，中間的な組成領域において液相線が固相線と交わって最低の液相温度を与える組成(図中のX_E)が現れる．この点Eに対応する組成をもつ固相の混合物を**共晶**(eutectic mixture)あるいは**共融混合物**とよぶ．また，組成X_Eを共晶組成あるいは共融組成といい，対応する温度T_Eを共晶点または共融点とよぶ．

水素吸蔵合金とその応用

本文でも述べたように,金属や合金には侵入型固溶体を形成するものが多く,なかには格子のすき間に多量の水素原子を含む固溶体もあり,**水素吸蔵合金** (hydrogen-storing alloy) として実用化が図られている.主な応用は電池や排熱の再利用などエネルギーの科学と技術に関係する.化石燃料や核燃料の代替エネルギー源として水素が注目され始めたのはそれほど新しいことではなく,1970 年代半ばには水素エネルギーに関する最初の国際会議が開かれている.実用的な水素吸蔵合金としては,Fe-Ti 系,La-Ni 系,Mg-Ni 系などが知られている.たとえば図1は LaNi$_5$ 結晶の構造と水素(重水素)が占める位置を表している.LaNi$_5$H$_2$ や

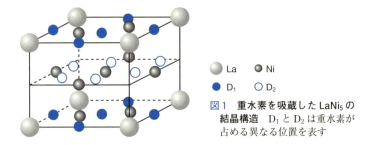

図1 **重水素を吸蔵した LaNi$_5$ の結晶構造** D$_1$ と D$_2$ は重水素が占める異なる位置を表す

LaNi$_5$H$_6$ が知られており,後者では金属原子の数に等しい水素原子が含有されている.水素吸蔵合金を加熱したり低圧下に置いたりすると水素ガスが発生し,逆に低温あるいは高圧にすると可逆的に逆反応が起こり,水素は原子として合金内に入る.つまり,水素ガスが発生する反応は吸熱反応であるので,たとえ水素が漏れ出しても自動的に温度が下がり,水素は再び合金内に取込まれる.

水素吸蔵合金の応用のひとつに**燃料電池** (fuel cell) や**ニッケル水素電池**がある.前者は充電ができない1次電池であり,後者は充電が可能な2次電池であって,いずれの場合にも水素は負極に用いられる.燃料電池は図2のような構造をしており,電解質には水酸化カリウム水溶液などのほか有機高分子や酸化物結晶などの固体電解質も使われる.放電にともなって負極では,

$$H_2 + 2OH^- \longrightarrow 2H_2O + 2e^- \tag{1}$$

の反応が起こり,電子が発生する.正極には酸素が供給され,外部回路を通ってきた電子を受け取り,

$$O_2 + 2H_2O + 4e^- \longrightarrow 4OH^- \tag{2}$$

の反応が起こる.放電の過程で生成するのは H$_2$O のみであるから,非常にクリー

ンなエネルギー源である．

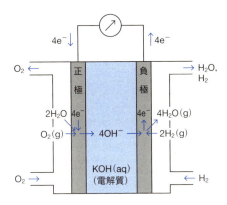

図2 燃料電池の構造と原理

　一方，ニッケル水素電池では負極に水素吸蔵合金，正極に NiOOH，電解液に KOH 水溶液を使用する．放電では水素吸蔵合金から放出された水素が電子を失って水素イオンとなり，OH^- と反応して水を生成し，負極に電子を供給する．負極での反応はつぎのようになる．

$$MH + OH^- \longrightarrow M + H_2O + e^- \quad (3)$$

ここで，MH は水素吸蔵合金を表す．電子は外部回路を流れ，正極では，

$$NiOOH + H_2O + e^- \longrightarrow Ni(OH)_2 + OH^- \quad (4)$$

の反応が起こる．充電ではこれらの逆反応が起こる．この用途に使われる水素吸蔵合金には $LaNi_5$ に代表される AB_5 型 (A は希土類など，B はニッケルのほかアルミニウムなど) の合金や，Ti-Mn 系，Ti-Cr-V 系，Mg-Ni 系などがある．

　水素吸蔵合金の別の応用例である排熱の再利用についてもふれておこう．これは複数の種類の水素吸蔵合金を用いるシステムであり，主としてチタン系の合金などが使われる．水素を吸蔵した合金 M_1 に大量の排熱を与えて温度を上げると水素が発生する．水素を吸蔵していない合金 M_2 が入れられた容器に発生した水素を誘導すると，M_2 はこれを吸収して発熱する．これにより最初の排熱よりも高い温度を得ることが可能である．このシステムを"ヒートポンプ"という．このような段階をいくつか組合わせることにより数百℃の高温を得ることができ，化学製品の製造工程や広い地域の暖房などに利用することができる．また，燃料用の水素ガスの貯蔵と発生のための装置として使うこともできる．排熱と水素エネルギーの利用という点において，環境保全の観点からすぐれたシステムである．

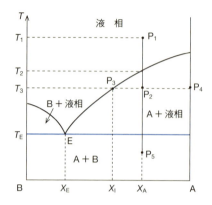

図 2・14 共晶が現れる系の状態図

いま，共晶組成より A の割合が多い組成 X_A をもつ混合物を，温度 T_1 における液体の状態(図中の P_1)からゆっくりと冷却する過程を考えてみよう．温度が下がり T_2 に達すると固相 A が析出し始める．A と B の混合物からなる液体から A が析出するので，当然，液相では B の割合が高くなる．たとえば温度 T_3 では液相の組成は X_l で与えられ，液相と固相 A の物質量をそれぞれ n_l，n_A とすれば，てこの規則から，これらの比は，

$$\frac{n_l}{n_A} = \frac{P_2 P_4}{P_2 P_3} \tag{2・27}$$

で与えられる．さらに温度が下がって共晶点 T_E 以下になると液相はすべて固相に変わり，A と B の混合物となる(点 P_5)．

一方，共晶組成の混合物を液体状態から冷却すると，共晶点において液相はすべて固相に変わる．固相の組成は当然，共晶組成に等しい．この現象は純粋な液体が融点(凝固点)で固体に相転移することに類似している．これは共晶の大きな特徴の一つである．たとえば，共晶を生成する系として，NaF-NaCl 系がある．共晶組成は NaCl が 67 ％の組成であり，共晶点は 680.4 ℃である．このような例は，LiCl-LiI のような他のハロゲン化アルカリの系や，Na_2S-Na_2CO_3 系，MgO-CaO 系，ベンゼン-ナフタレン系などで見られる．

2・3・3 包　晶

これまで 2 成分の全組成領域で新たな化合物が生成しない場合を検討した．ここでは中間的な組成領域に化合物が生じる場合のうち，包晶とよばれる現象が見られる系について述べよう．図 2・15 のような模式的な状態図を考える．二つの結晶 A

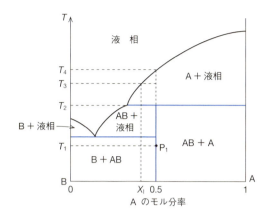

図2・15 包晶が現れる系の状態図

とBは等モルずつ反応して新たな化合物ABを生成すると仮定する．この化合物を温度T_1（図中の点P_1）から昇温する過程を考えると，温度T_2まで化合物ABは固相として安定であり，温度T_2を超えると一部が溶けて液相を生じると同時に固相として結晶Aが析出する．T_2より高温の温度T_3では液相の組成はX_lで与えられ，液相と固相Aのモル比は(2・27)式などと同様，てこの規則で与えられる．さらに温度が上がると温度T_4においてすべて液相に変化し，その組成はABとなる．すなわち，結晶の化合物ABは融点で融解して同組成の液相に変わるのではなく，まず組成の異なる固相と液相に分解したのち，ABという組成の液相に変化する．このような融解の仕方を**分解融解**（incongruent melting）あるいは**非調和融解**とよぶ．また，このような挙動を示す化合物ABを**包晶**（peritectic）という．図2・16に示したように，ABの組成の液相を冷却するとまず固相Aが析出し，さらに温度が下がれば固相Aと液相との反応により固相ABが生成する．このとき，反応は固相Aの表面から起こるので，固相ABが固相Aを包込むような形になる．このため包晶という名称がある．固相Aの表面にAB相が析出するとその後の反応が遅くなり，冷

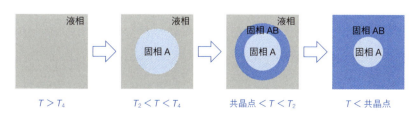

図2・16 包晶の組織が現れる過程の模式的な図

却速度が速い場合には非平衡な状態のまま固化する．その結果，模式的に図に示したような組織が現れる．実際に包晶を含む系として，鉱物の準長石の一種であるリューサイト（$KAlSi_2O_6$）とシリカ（SiO_2）との 2 成分系の状態図を図 2・17 に示す．カリ長石（$KAlSi_3O_8$）は約 1150 ℃ で分解融解してリューサイトと液相の 2 相に分かれる．

一方，状態図が図 2・18 のようであれば，化合物 AB は分解融解せず，温度 T_1

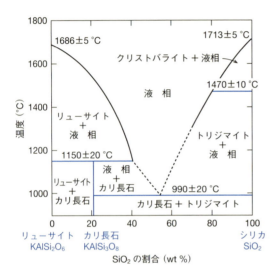

図 2・17 リューサイト-シリカ系の状態図　カリ長石は 1150±20 ℃ で分解融解する

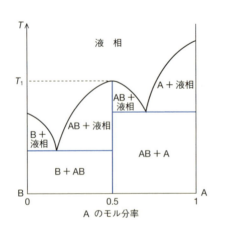

図 2・18 化合物 AB が調和融解する系の状態図

で組成の変化がないまま液相に変わる．このような融解のプロセスは**調和融解**（congruent melting）あるいは**一致融解**とよばれる．たとえば，等モルのアニリンとフェノールからなる結晶の化合物 $C_6H_5OH \cdot C_6H_5NH_2$ は 31 ℃ において調和融解する．アニリンと $C_6H_5OH \cdot C_6H_5NH_2$ およびフェノールと $C_6H_5OH \cdot C_6H_5NH_2$ の間の領域には安定な結晶の化合物は現れず，二つの共晶組成が観察される．

2・4 格 子 欠 陥

2・4・1 欠 陥 の 生 成

2・2節で置換型固溶体の例として α-Al_2O_3 単結晶に微量の Cr_2O_3 が固溶したルビーを取上げた．理想的な α-Al_2O_3 結晶では，図 1・22 に示したとおりに規則正しく Al^{3+} と O^{2-} が配列する．このような結晶を**完全結晶**（perfect crystal）という．α-Al_2O_3 に Cr_2O_3 が固溶した系では，本来 Al^{3+} が存在すべき位置に Cr^{3+} があるという点で完全性が失われている．また，侵入型固溶体では，本来原子が存在しない位置を原子が占めており，やはり結晶構造の不完全性が現れている．このほか，もともと原子が存在するべき位置に原子がない状態や，一つの格子面が抜け落ちている状態なども結晶構造において少なからず観察される．結晶におけるこのような原子の配列の幾何学的な乱雑さを**格子欠陥**（lattice defect）とよぶ．

格子欠陥はエントロピーの効果としてもたらされる．1 章で述べたように，結晶はさまざまな化学結合によって規則的な格子を形成している．たとえばイオン結晶の場合，化学結合はクーロン力に起因し，結晶格子を安定化させる力は格子エネルギーに反映される（1・3・2節参照）．結晶では原子やイオンの規則的な配列の結果エントロピーは低下するが，格子エネルギーによって系のエンタルピーも減少しているため自由エネルギーが低く，熱力学的に安定な相となりえる．一方で欠陥が生成すればエントロピーが増加するので，自由エネルギーの減少に寄与する．（2・23）式からわかるように，特に高温ではエントロピー項が優先する結果，欠陥が生成しやすくなる．

2・4・2 点 欠 陥

原子やイオンの単位で現れる欠陥を**点欠陥**（point defect）という．イオン結晶では 2 種類の代表的な点欠陥が知られている．一つは図 2・19(a)に示すように陽イオンと陰イオンが電気的中性を保ちながら格子点から除かれたものであり，**ショットキー欠陥**（Schottky defect）とよばれる．もう一つの点欠陥は，図 2・19(b)に示す

ように陽イオンあるいは陰イオンが正規の位置から移動して格子間のすき間の位置を占めるものであり,これは**フレンケル欠陥**(Frenkel defect)とよばれる.フレンケル欠陥はホタル石型構造など大きなすき間が存在する構造をもつ結晶において観察されることが多い.いずれの欠陥においても,イオンや原子が除かれて正規の格子点に何も存在しない状態は**原子空孔**あるいは**空格子点**(lattice vacancy)とよばれる.ショットキー欠陥とフレンケル欠陥は金属結晶でも観察される.

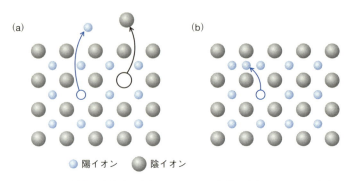

図 2・19 **2 種類の点欠陥** (a) ショットキー欠陥, (b) フレンケル欠陥

ショットキー欠陥の生成過程を熱力学的な立場から考えてみよう.以下の考え方は,フレンケル欠陥にも適用することができる.一般に,ある巨視的な条件下で可能な微視的状態の数を W とおけば,系のエントロピーは,

$$S = k_\mathrm{B} \ln W \tag{2・28}$$

で与えられる.k_B はボルツマン定数であり,(2・28)式は**ボルツマンの式**として知られている.点欠陥のない理想的な完全結晶では $W=1$ であるため,$S=0$ である.いま,NaCl のように陽イオンと陰イオンの電荷の絶対値が等しいイオン結晶を想定し,結晶中の陽イオンと陰イオンの正規の位置が N 個ずつあり,そのうちの n 個の陽イオンと陰イオンが対になって失われていると仮定する.イオンが抜ける状態の数は陽イオン,陰イオンともに N 個から n 個を選ぶ組合わせの数に等しく $_N\mathrm{C}_n$ となるので,ショットキー欠陥生成の状態の数は,

$$W = \left(\frac{N!}{(N-n)!n!} \right)^2 \tag{2・29}$$

で与えられ,欠陥生成にともなうエントロピー変化は,

2・4 格 子 欠 陥

$$\Delta S = k_B \ln \left(\frac{N!}{(N-n)!n!} \right)^2 = 2k_B \ln \left(\frac{N!}{(N-n)!n!} \right) \qquad (2 \cdot 30)$$

と表現される．(2・30)式から $\Delta S > 0$ がわかるので，ショットキー欠陥の生成に
よりエントロピーが増加することになる．(2・30)式はスターリングの式

$$\ln N! \approx N \ln N - N \qquad (2 \cdot 31)$$

を用いて近似することができ，エントロピー変化は，

$$\Delta S = 2k_B[N \ln N - (N-n) \ln (N-n) - n \ln n] \qquad (2 \cdot 32)$$

で与えられる．一方，ショットキー欠陥生成にともなうエンタルピー変化を ΔH と
おくと，ギブズの自由エネルギーの変化 ΔG は，

$$\Delta G = n\Delta H - 2k_B T[N \ln N - (N-n) \ln (N-n) - n \ln n] \quad (2 \cdot 33)$$

と表現される．平衡状態では，

$$\left(\frac{\partial \Delta G}{\partial n} \right)_{T,P} = 0 \qquad (2 \cdot 34)$$

が満たされるから，(2・33)式よりエンタルピー変化は，

$$\Delta H = 2k_B T \ln \left(\frac{N-n}{n} \right) \qquad (2 \cdot 35)$$

となることがわかる．(2・35)式において近似的に $N-n \approx N$ とおけるので，ショッ
トキー欠陥の濃度は，

$$n = N \exp \left(-\frac{\Delta H}{2k_B T} \right) \qquad (2 \cdot 36)$$

で与えられる．(2・36)式は温度が上昇するほど欠陥の濃度が増すことを表してい
る．

結晶中にはさまざまな種類の点欠陥が存在するが，ここでは特徴的なものについ
て少しふれておこう．NaCl 結晶をナトリウムの蒸気中で加熱したり，NaCl や KCl
結晶に X 線などのエネルギーの大きい電磁波を照射したりすると，塩素原子が抜
けた空格子点が生成し，その位置に電子が捕獲される．この欠陥は電子状態に対応
した独特の色を呈する．たとえば NaCl は茶褐色に変化し，KCl では紫色の着色が
観察される．この種の点欠陥は**色中心**(color center)とよばれる．

また，前述のルビーのように異種イオンとして置換固溶した Cr^{3+} がレーザーの
ような新たな機能をもとの結晶(この場合は α-Al_2O_3)に付与する場合もある．この
ような例は多く見られ，ガーネット型構造(図 1・29 参照)をもつ $Y_3Al_5O_{12}$(yttrium

aluminium garnet, YAG と略称)に Nd^{3+} が固溶した結晶(これを $Y_3Al_5O_{12}:Nd^{3+}$ と表す)もレーザーとして広く実用化されている(10・2・2節参照). 同様に, $Y_2O_3:Eu^{3+}$, $Y_2SiO_5:Tb^{3+}$, $ZnS:Mn^{2+}$, $SrS:Ce^{3+}$ などの結晶はいずれも少量添加されるイオンが発光することにより実用的な蛍光体となっている(10・4節参照). また, EuO 結晶に少量の Gd_2O_3 が固溶すると Gd^{3+} が Eu^{2+} の位置を占めるが, 両者の電荷が異なるため Gd^{3+} による置換と同時に電子が格子内にもち込まれる. この電子は金属中の自由電子のように振舞うため, 結晶の電気伝導率は高くなる. さらに, この電子は Eu^{2+} や Gd^{3+} の磁気双極子の向きをそろえながら伝導するため, 高温でも強磁性の状態が安定になる(8・2節参照). ここで示した Cr^{3+}, Mn^{2+}, Nd^{3+}, Gd^{3+} などのように, 結晶格子に少量が固溶してもとの結晶の性質を変える化学種を**不純物中心**(impurity center)という.

これまで述べてきた点欠陥の化学的状態を表す方法として, **クレーガー–ビンク表記**(Kröger-Vink notation)とよばれる表現方法が汎用されている. 具体例を示そう. たとえば少量の Cr^{3+} が Al_2O_3 結晶中の Al^{3+} を置換しているとき, これを $Cr_{Al}^{\times}$ のように表す. ここで「×」の記号は電気的に中性であることを意味する. EuO の Eu^{2+} を Gd^{3+} が置換する場合は, 従来は +2 価の電荷をもったイオンが占めていた位置に +3 価のイオンが入るため, 相対的に +1 価の電荷が生じる. これを $Gd_{Eu}^{\cdot}$ と表す. 「・」は正電荷の意味で, その数で電荷の大きさを表現する. たとえば酸化物イオン O^{2-} の空格子点は $V_O^{\cdot\cdot}$ と表され, 「・・」は +2 価であることを意味する. また, V の記号は原子やイオンが抜けた空格子点(vacancy の頭文字)を表している. よって, NaCl における2種類のショットキー欠陥はそれぞれ, V_{Na}', $V_{Cl}^{\cdot}$ と表される. ここで「′」は負電荷を意味する. フレンケル欠陥では, たとえば Ag^+ が格子間位置を占めた状態は $Ag_i^{\cdot}$ と表される(i は interstitial の頭文字). また, 伝導電子と正孔(6・2・2節)はそれぞれ, e', $h^{\cdot}$ のように表現する.

クレーガー–ビンク表記を用いることにより, 点欠陥が生成する過程を反応式で表すこともできる. たとえば, ZrO_2 に CaO が固溶して Zr^{4+} の一部を Ca^{2+} が占めた結晶は酸化物イオン導電体の一種であるが(6・5節参照), この反応は,

$$CaO \xrightarrow{ZrO_2} Ca_{Zr}'' + O_O^{\times} + V_O^{\cdot\cdot} \qquad (2 \cdot 37)$$

のように表現される. すなわち, Ca^{2+} が Zr^{4+} の一部を置換すると, 添加された Ca^{2+} と等しい物質量の酸化物イオンの空格子点が生じる.

2・4・3 転　位

　格子欠陥には点欠陥のほか，格子面のずれによって生成する**転位**（dislocation）とよばれる欠陥もある．転位は**ディスロケーション**ともよばれる．刃状転位とらせん転位の2種類の転位が知られている．図2・20(a)に示すように，**刃状転位**（edge dislocation）では一部の格子面が抜けており，格子のある部分が他の部分に対して相対的にずれている．**らせん転位**（screw dislocation）では，図2・20(b)に示すよう

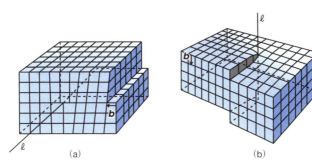

図2・20　2種類の転位（ディスロケーション）　(a)刃状転位，(b)らせん転位．
　　b はバーガースベクトル，ℓ は転位線

に文字どおりらせん状に格子がすべる．転位において格子のすべりの方向を規定するベクトルをバーガースベクトル（図中の b）という．また，転位線（図中の ℓ）という直線を定義してすべりが起こっている場所とそうでない場所との境界を表す．刃状転位では格子のすべる方向と転位線の方向が直交するが，らせん転位ではらせん回転の軸に沿って転位線が存在し，転位線とすべる方向とは平行になる．らせん転位からの結晶成長については3・3・3節を参照されたい．

　図2・21は刃状転位を原子の配列の観点から表したものである．図の中央にある

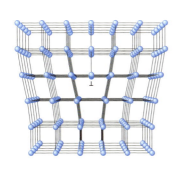

図2・21　**刃状転位における原子配列**
　　図中の⊥の位置において紙面に垂直な方向に転位線が存在する

⊥の記号は，この位置において紙面に垂直な方向に転位線が存在することを表す．図の上部は下部よりも格子面を一つ多く含むことがわかる．

2・5 非晶質固体と液晶
2・5・1 非晶質固体
a. 非晶質固体になる物質

　固体のなかには，結晶を特徴づけるような原子や分子の配列の周期構造や並進対称性が見られない物質が存在する．このような固体は**非晶質固体**(non-crystalline solid)，**アモルファス固体**(amorphous solid)，**無定形固体**などとよばれる．図2・22に，イオン結合が支配する非晶質固体の微視的な構造を模式的に示す．非晶質固体の代表的な例は"ガラス"および"ゲル"である．このほか，非晶質合金や非晶質半導体とよばれる固体もある．窓ガラス，食器，びんなど，身のまわりでよく目にするガラス物質のほとんどは酸化物であり，主成分はシリカ(SiO_2)で，これに10 mol%程度のNa_2OやCaOが成分として加えられている．光通信に用いられる光ファイバーは高純度のシリカガラスを基本に作製される．酸化物以外では，フッ化物や塩化物のようなハロゲン化物，また，硫化物，セレン化物，テルル化物のカルコゲン化物もガラスを形成し，ハロゲン化物ガラス，カルコゲン化物ガラスなどとよばれる．非晶質合金はアモルファス合金ともよばれ，Fe，Co，Niなどの遷移元素とB，C，Si，Pなどメタロイドとの合金，また，Fe，Co，Niなどと希土類元素との組合わせによる合金が知られている．特に強磁性(8・2節参照)の非晶質合金はアモルファス磁性体とよばれている．非晶質半導体(アモルファス半導体)の代

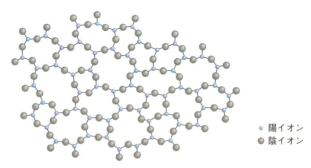

図2・22　イオン結合が支配する非晶質固体の微視的な構造の模式図
　ここでは2次元的な構造が描かれている

表例はアモルファスシリコンで，これは太陽電池(10・3・3節参照)などとしての用途がある．前出のカルコゲン化物ガラスも半導体となるものが多く，非晶質半導体の一種と見ることができる．有機高分子のなかにも非晶質固体を生成するものが多く見られる．発泡ポリスチレンとして広く用いられるポリスチレンや，コンタクトレンズや光ファイバーに応用されるポリメタクリル酸メチルのほか，PETボトルや磁気テープの原料であるポリエチレンテレフタラートなども非晶質固体となる．また，食品として馴染みの深いゼラチンや豆腐はタンパク質がゲル(3・5・2節参照)となったもので，非晶質固体の一種である．非晶質固体の例を化学結合や物質の種類の観点から分類してまとめたものが表2・1である．表におけるNa_2O-CaO-SiO_2, Fe-Bなどの表現は，それぞれの化合物や単体を適当な割合で混合した組成から均質な非晶質固体が得られることを意味する．

表2・1　非晶質固体を生成する物質の例

無機物質	有機物質
イオン結合 　酸化物　SiO_2, B_2O_3, Na_2O-CaO-SiO_2, SiO_2-GeO_2 　ハロゲン化物　BeF_2, $ZnCl_2$, ZrF_4-BaF_2 　オキソ酸　KNO_3-$Ca(NO_3)_2$ 　水酸化物　$Al(OH)_3$, $Fe(OH)_3$ 共有結合 　14族　C, Si, Ge, SiC 　16族(カルコゲン)　Se, Te, As_2S_3, Ge-As-Se 金属結合 　金属-メタロイド　Fe-B, Fe-P, Ni-Pd-P, Co-B-Si 　金属-金属　Mg-Ca, Ca-Ag, Ni-Nb, Cu-Zr, 　　　　　　　　La-Au, Fe-Gd, Co-Gd 水素結合 　$KHSO_4$, H_2O	高分子 　ポリエチレン，ポリプロピレン， 　ポリスチレン， 　ポリメタクリル酸メチル， 　ポリブタジエン， 　ポリエチレンテレフタラート， 　シリコーンゴム，天然ゴム 低分子 　酢酸リチウム，グルコース タンパク質，多糖 　ゼラチン，寒天，豆腐

b. ガ ラ ス 状 態

先に述べたように，非晶質固体の構造上の大きな特徴は原子，イオン，分子の配列が無秩序であり，結晶を特徴づける長範囲秩序や並進対称性が存在しないことである．このような構造が現れる理由を熱力学的な側面から考察しよう．ここでは非晶質固体の代表例であるガラスを取上げる．

2・1・2 節で述べたように，一般的な液体と結晶との間の相転移の領域を含んだ温度と体積の関係は図 2・2 のようになる．液体を冷却して結晶に変える場合を考えると，液体状態で無秩序な配列であった原子や分子が，融点(凝固点)において一定時間内にいっせいに規則的に配列して結晶に変化する．冷却速度がきわめて速い場合，あるいは液体中に存在する構造単位が高分子や図 2・23 に例示したような大きなオキソアニオンであって，その並進運動が緩慢である場合，融点において分子

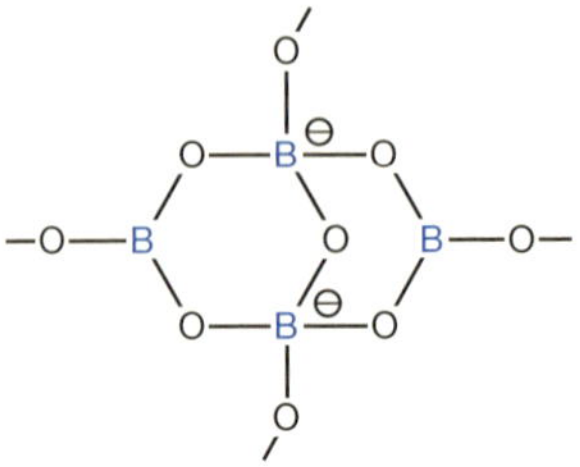

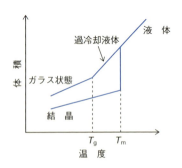

図 2・23 ガラスを形成するオキソアニオンの例 これはホウ酸塩ガラスに見られる構造単位である

が規則的に配列するための時間が十分ではなく，融点以下でも液体状態が存在することになる．これは**過冷却液体**(supercooled liquid)とよばれ，融点以下で安定な結晶より自由エネルギーは高いものの，自由エネルギーが極小値をとる準安定な状態となっている．また，過冷却液体の各温度における準安定な状態は原子や分子が再配列することで達成されており，系は平衡状態にある．図 2・24 に示したように，過冷却液体の温度と体積の関係は液体状態の延長線上にある(図中の T_m は融点)．さらに温度が下がると，熱エネルギーが小さくなるため原子や分子の並進運動が緩慢になり，温度の変化に追随できなくなる．この結果，ある温度以下では，観測時間の範囲内で並進運動は事実上停止して，原子や分子の位置が凍結される．この状

図 2・24 液体-結晶間の相転移と，ガラスの生成を模式的に表した温度と体積の関係　T_m は融点，T_g はガラス転移温度

態を**ガラス**(glass)あるいは**ガラス状態**(vitreous state)とよび，過冷却液体がガラス状態に変化する温度を**ガラス転移温度**(glass transition temperature)あるいは**ガラス転移点**という．図 2・24 における T_g がガラス転移温度である．このようなプロセスから明らかなように，ガラスは観測時間内において流動性をもたず，結晶に類似した物性を示すが，微視的な構造は液体に近い．また，熱力学的には準安定かつ非平衡な状態であると考えられている．つまり，ガラス状態には液体を冷却する速さなど速度論的な因子が含まれ，ガラスの体積やガラス転移温度は，液体の冷却速度や，生成したガラスの加熱の有無などに依存して変化する．ガラスはこのように複雑な系であるため，ガラス転移の本質については未解明な点が残されている．

有機高分子の非晶質固体では，ガラス転移を説明するモデルとしてしばしば**自由体積理論**(free volume theory)が用いられる．液体中で高分子は自由体積とよばれる一定の大きさの空間内で自由に運動していると考える．温度が高ければ自由体積は大きく，高分子は比較的広い範囲で並進運動を行う．この様子を図 2・25(a)に示す．温度が下がると自由体積が小さくなるため，高分子が運動できる空間も限定

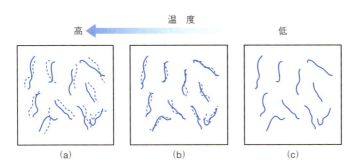

図 2・25　**有機高分子の運動の温度にともなう変化の模式図**　(a)液体(流動状態)，(b)ガラス転移領域，(c)ガラス状態．(a)や(b)では，高分子の位置が時間とともに実線から破線へ変わる

されるようになり，ガラス転移領域では弦が振動するような形で運動を継続する(図 2・25b)．さらに温度が下がると，自由体積は非常に小さくなり，高分子の運動は結晶と同様の振動のみに限られる．これがガラス状態である(図 2・25c)．高分子の微視的な運動の温度変化にともなう変化は高分子固体の弾性的性質とも大いに関係する．これについては 5・6・2 節でふれる．

2・5・2 柔粘性結晶

分子結晶と液体の中間的な状態の一つに，**柔粘性結晶**(plastic crystal)とよばれるものがある．これは結晶を構成する分子の位置は固定されているものの，分子の向きは自由に変わり，分子の配向の秩序が失われている状態で，対称性の良い分子からなる結晶に見られる．たとえば，CCl_4，CBr_4，シクロヘキサン，アダマンタン，フラーレンなどの分子結晶が柔粘性結晶になる．柔粘性結晶が生成する条件として，分子の対称性が良いことのほか，融解エントロピーが小さい，三重点の温度が高い，固相において大きなエントロピー変化をともなう相転移が見られるなどの熱力学的条件が知られている．

近年，イオン結晶でも柔粘性結晶となるものが報告されており，例として，脂肪族第四級アンモニウムイオンのような球状の有機カチオンと各種アニオンの組合わせなどがある．柔粘性結晶では格子欠陥を通じて分子やイオンが自己拡散するため，イオン性柔粘性結晶はそのイオン伝導性から新たな固体電解質としての応用が考えられる．

2・5・3 液　晶

液晶(liquid crystal)は，柔粘性結晶と同様，分子結晶と液体の中間的な状態のひとつである．柔粘性結晶とは異なり異方性の大きな分子からなるため，分子の向きはそろっているが，分子の存在する位置は無秩序である．"異方性"とは，分子や結晶などのある特定の方向の形状や性質が他の方向と比べて異なっている状態をいう．すなわち，液体でありながら分子の配向における秩序を保った状態が液晶である．液晶と柔粘性結晶をあわせて**中間相**(mesophase)という．

液晶における分子の配列の規則性は双極子相互作用やファンデルワールス力などの分子間力による．その分子配列に基づき，ネマチック液晶，スメクチック液晶，コレステリック液晶に分類することができる．これらはいずれも細長い棒状の分子からなる．**ネマチック**(nematic)**液晶**は図2・26(a)のように，棒状分子が一方向に配向して並んだものであり，それ以外の秩序性はない(序章の図2参照)．よって，構造は最も液体に近い．**スメクチック**(smectic)**液晶**では図2・26(b)に示すように，棒状分子が並んで層状構造をつくるという点でネマチック液晶と異なる．層内の分子の配列に秩序があるものや無秩序なもの，また，分子の長軸方向が層の面に対して垂直な場合や傾いている場合など，さまざまな構造をもつ相が現れる．**コレステリック**(cholesteric)**液晶**では図2・26(c)に示すように，棒状の分子は面に平行に並

2・5 非晶質固体と液晶

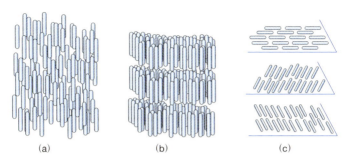

図2・26 棒状分子からなる液晶の模式図 (a)ネマチック液晶, (b)スメクチック液晶, (c)コレステリック液晶

び, 不斉(キラル)要素をもつため分子の長軸の向きは面と面の間で少しずつ異なって, 全体としてはらせん状の構造をつくる. このため, コレステリック液晶は"キラルネマチック液晶"ともよばれる. また, 以上のように棒状分子からなる液晶を**カラミチック**(calamitic)**液晶**という. 一方, このような棒状分子とは異なり, 円盤状の分子からなる液晶もある. これはその形状から**ディスコチック**(discotic)**液晶**とよばれる. 円盤状分子は図2・27(a)のように水平に並ぶ場合, (b)のように斜めに並ぶ場合などがある. ネマチック液晶, スメクチック液晶, コレステリック液晶, ディスコチック液晶を形成する分子の例を表2・2に示した.

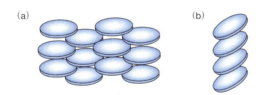

図2・27 円盤状分子から形成されるディスコチック液晶の模式図

上で述べた液晶相は, いずれも温度変化にともなって現れるものである. たとえば, ビフェニル誘導体の一種である

$$HOOC-\text{〈phenyl〉}-\text{〈phenyl〉}-(CH_2)_6OH$$

では, 約240 °Cを境に, それより高温ではネマチック相, 低温ではスメクチック相が現れる. このような液晶を**サーモトロピック**(thermotropic)**液晶**という. これ

2. 固体状態の熱力学

に対して，両親媒性物質と溶媒との多成分系がある濃度範囲で液晶を形成するものを，**リオトロピック**(lyotropic)**液晶またはライオトロピック液晶**とよぶ．両親媒性物質はセッケン，界面活性剤，脂質などの 1 分子内に親水性の部分と疎水性の部分

表 2・2　液晶を形成する分子

ネマチック液晶およびスメクチック液晶を形成する棒状分子

シアノビフェニル誘導体

R: C_nH_{2n+1}, OC_nH_{2n+1}

含フッ素ビフェニル類縁体

アゾメチン(シッフ系)，アゾキシ系，フェニルエステル系
(表 7・5 参照)

コレステリック液晶を形成する分子

コレステロール誘導体

ケイ皮酸エステル誘導体

ディスコチック液晶を形成する分子

ベンゼンの六置換エステル

R: OCOR′

トリフェニレン誘導体

トルクセン誘導体

フタロシアニン誘導体

をもつ分子であり（3章 p.115 のコラム参照），溶媒は水などである．リオトロピック液晶の構造を模式的に図2・28 に示す．

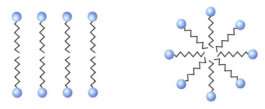

図2・28　リオトロピック液晶（ライオトロピック液晶）の模式図
　　　　●は親水基，〰〰は疎水基を表す

よく知られているとおり，液晶は表示素子（ディスプレイ）などエレクトロニクスには欠かせない材料となっている．これは液晶のユニークな誘電的性質や光学的性質によるものである．これらは7章で述べる．

3

固体の反応と合成

　物質の反応と合成は，構造，物性と並んで化学の中心的課題のひとつである．固体を合成する方法は，固相を反応物とする方法，融液や溶液のような液相から作製する方法，気相を経て固相を得る方法に大別され，合成方法に応じて，単結晶，多結晶，非晶質，バルク（塊状の固体），微粒子，繊維（ファイバー），薄膜など，さまざまな形態の固体が生成する．このような形態の違いは固体の物性にも大きな影響を及ぼすため，実用的に重要な材料の作製や，固体が示す興味深い物性の機構の解明などには，固体を合成する過程が非常に重要になる．たとえば金属や半導体は，微粒子の大きさや薄膜の厚さが数 nm 程度になると，大きな結晶の状態では見られない量子力学的な効果が顕わになった現象を示すようになる．このような現象を利用した新たなデバイスの開発が，エレクトロニクス（電子工学）やフォトニクス（光子工学）の分野で図られている（6 章 p.192 のコラム参照）．本章では，固体の合成に用いられる一般的な方法について，具体的な例もあげながら説明する．

3・1　単結晶と多結晶

　結晶は形態の側面から単結晶と多結晶に大別できる．**単結晶**(single crystal)はダイヤモンドやルビーのような宝石や，半導体産業で実用的に使われているケイ素（シリコン）の結晶のように，固体の一つの塊が一つの結晶からなるものである．一方，**多結晶**(polycrystal)は微細な単結晶が集合し，互いに結合して大きな結晶の塊をつくり上げている．多結晶における微細な単結晶同士の界面を**粒界**(grain boundary)とよぶ．身のまわりに存在する多くの金属やセラミックスの材料が多結

晶の一例である．"セラミックス"とは，狭義には非金属の無機物質からなる多結晶焼結体(3・2・2節参照)であり，陶磁器やセメントなどがこの範ちゅうに入る．単結晶と多結晶の微視的な構造の模式図を図3・1(a)に示す．また，図3・1(b)は窒化ケイ素(Si_3N_4)の多結晶体の電子顕微鏡(4・3節参照)写真である．粒界の存在がはっきりと観察される．

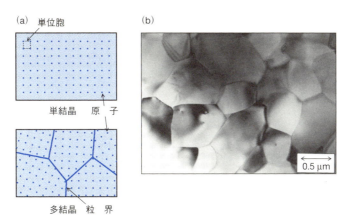

図3・1 **単結晶と多結晶** (a) その模式図, (b) 窒化ケイ素(Si_3N_4)多結晶体の電子顕微鏡写真．写真は京都大学 田中功教授のご好意による

単結晶は固体物質の基礎的な物性の測定，特に，格子面の違いや結晶構造の異方性などに依存して変化する物性の評価には不可欠である．また，理想的には均質な物質であるから，レーザーのような透光性が要求される材料への応用においてすぐれた機能を示す．ただし，一般には合成が困難であったり，合成時間が長いといった短所も有する．一方，多結晶は単結晶と比べて合成が容易である場合が多いが，粒界に欠陥が生成したり，粒界が光を散乱する中心となったりするため，電気伝導率や光の透過率は単結晶と比べると低くなる．反面，粒界の存在により多結晶に特徴的な性質も現れ，サーミスターなどへの応用が実現する(7章，10章を参照のこと)．

単結晶は時間をかけながら融液や溶液から結晶を析出させる方法で合成される場合が多い．一方，多結晶の作製には固相反応をはじめ，さまざまな合成方法が用いられる．これらの具体的な内容は以下の各項で説明する．

3・2 固相反応
3・2・1 原子の拡散と固体の反応

はじめに,固体を反応物として固体物質を合成する方法を述べよう.固体における化学反応を**固相反応**(solid state reaction)という.固体同士が反応して新たな固体を生成する反応は固相反応の一種である.反応の過程を模式的に示したものが図3・2である.ここでは MgO と Al_2O_3 が反応して $MgAl_2O_4$ を生成する反応を例としてあげた.$MgAl_2O_4$ が正スピネル型構造をとるのに対して,反応物の MgO は塩

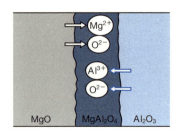

図3・2 固相反応により MgO と Al_2O_3 から $MgAl_2O_4$ が生成する様子

化ナトリウム型構造,Al_2O_3 はコランダム型構造であるから,これらが反応してスピネルを生成するためには Mg^{2+} や Al^{3+} の移動はもちろん,酸化物イオン O^{2-} の再配列も必要となる.MgO と Al_2O_3 のように種類の異なる固体同士が表面で接触して高温に保たれると,原子やイオンの拡散が起こって界面に新たな固相の生成物が生じる.**拡散**(diffusion)とは物質が濃度勾配に応じて移動する現象をいう.すなわち,イオンや原子は固体内を濃度の高い方から低い方へ流れる.いい換えると,化学ポテンシャルの高い状態から低い状態へ化学種の移動が起こる.図3・2に示したように,$MgAl_2O_4$ の合成反応では陽イオンである Mg^{2+} や Al^{3+} の拡散に加えて O^{2-} の拡散も起こりうる.化学種が拡散する方向に沿って x 軸をとり,化学種が単位時間に単位断面積を横切る個数を J,位置の関数となる化学種の濃度を C とすると,J は濃度勾配に比例し,

$$J = -D\frac{\partial C}{\partial x} \quad (3・1)$$

と表される.比例定数 D は拡散係数とよばれる.(3・1)式を**フィック**(Fick)**の第1法則**という.拡散係数が x に依存しなければ,濃度の時間変化は,

$$\frac{\partial C}{\partial t} = D\frac{\partial^2 C}{\partial x^2} \quad (3・2)$$

となる．これを**フィックの第 2 法則**という．(3・2)式の解は，

$$C = \frac{N}{2\sqrt{\pi Dt}} \exp\left(-\frac{x^2}{4Dt}\right) \tag{3・3}$$

で与えられる．ここで N は化学種の個数である．(3・3)式より化学種が拡散する平均距離と時間との関係が得られ，拡散距離の 2 乗の平均値は，

$$\overline{x^2} = 2Dt \tag{3・4}$$

で与えられることになる．したがって，固相反応においてイオンや原子の拡散が反応の律速段階であれば，生成物の割合は時間の平方根に比例する．たとえば，図 3・3 は NiO と Al_2O_3 から $NiAl_2O_4$ が生成する反応を解析したものである．NiO は MgO と同じく塩化ナトリウム型構造，$NiAl_2O_4$ は $MgAl_2O_4$ と同じくスピネル型構造であり，図では横軸に時間，縦軸に生成する $NiAl_2O_4$ 結晶の層の厚さの 2 乗がとられている．両者には(3・4)式から予測される直線関係が見られる．つまり，$NiAl_2O_4$ 結晶の層の厚さは Ni^{2+} や Al^{3+} の拡散距離を反映しており，しかもこの反応が拡散律速であることが理解できる．また，直線の傾きは拡散係数を含み((3・4)式参照)，温度が高いほど拡散係数は大きくなる．

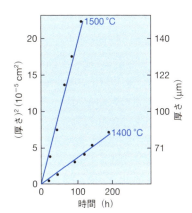

図 3・3 NiO と Al_2O_3 の固相反応によって得られる $NiAl_2O_4$ 層の厚さと反応時間との関係

気体の発生をともなう固体の反応もよく知られている．たとえば金属の水酸化物や炭酸塩を加熱すると，つぎのような熱分解反応が起こる．

$$Mg(OH)_2 \longrightarrow MgO + H_2O \tag{3・5}$$

$$CaCO_3 \longrightarrow CaO + CO_2 \tag{3・6}$$

空気中では，(3・5)式の反応は約 450 K で，(3・6)式の反応は約 800 K で起こる．

よって，H_2O や CO_2 は気体として発生する．たとえば，粒子状の $CaCO_3$ の熱分解では，分解反応はまず粒子の表面(空気との界面)から起こり，表面層として CaO が生成する．反応が進行すると，内部の $CaCO_3$ から発生する CO_2 はこの CaO 層を拡散して空気中に放出されることになる．ここでも拡散過程が反応速度を決める重要な因子となる．

また，金属 M が酸素と反応して酸化物に変わる反応

$$M + mO_2 \longrightarrow MO_{2m} \tag{3・7}$$

では，まず金属固体の表面に酸化物の層が生成し，それが内部に向かって成長する．このとき，反応が進行するためには酸素分子が酸化物層を拡散し，内部の金属の位置に到達して(3・7)式の化学反応を起こす必要がある．したがって，O_2 の拡散係数が小さくなる条件では金属の酸化は抑制される．たとえばステンレス鋼が錆びないのは，この鋼が 12％以上のクロムを成分として含み，表面に酸化クロムの薄い膜を形成することにより O_2 分子や H_2O 分子などの浸入を防ぐためである．このように，熱力学的には金属の状態で存在することが不安定であるような条件下で，金属の酸化などが抑制される状態を**不動態**(passive state)という．

3・2・2 焼　　結

焼結(sintering)は，金属，合金や酸化物の多結晶体を作製する方法として古くから知られている．これは，融点以下の高温において固体粒子を反応させて(物質の移動，すなわち拡散)，粒子間に化学結合を形成し，固体粒子の集合体を一体化して多結晶体とする過程である．図3・4に焼結の過程を模式的に示す．巨視的に見れば，反応物の固体がもつ表面エネルギーがこの反応を促進する力となる．固体の内部とは異なり，固体の表面では原子やイオンの結合が切れて他の相と接しているためエネルギーが高くなっている．逆にいえば，新たな固体の表面をつくるためには外部からエネルギーを加える必要がある．固体や液体が表面をつくることによって得るエネルギーは**表面エネルギー**(surface energy)とよばれ，これを U^σ と書く

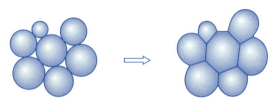

図3・4　**焼結の模式図**　球状粒子が互いに結合して多結晶体になる様子

と，**表面自由エネルギー**(surface free energy) G^σ は，

$$G^\sigma = U^\sigma - TS^\sigma \tag{3・8}$$

で表される．T は温度，S^σ は表面エントロピーである．さらに，表面積を A として，

$$\gamma = \frac{G^\sigma}{A} \tag{3・9}$$

で表される γ を**表面張力**(surface tension)という．固体粒子が完全な球であると仮定してその半径を r とすれば，粒子の表面積 A と体積 V の比は，

$$\frac{A}{V} = \frac{3}{r} \tag{3・10}$$

で表されるため，小さい粒子ほど表面の割合は大きくなり，1 mol あたりの表面自由エネルギーは高くなって，系の自由エネルギーも高くなる．このため，固体粒子同士が反応して大きな固体の塊をつくることで，系の自由エネルギーは減少して安定化する．また，同じ理由で，一般に焼結により多結晶体を作製する場合には体積の小さい微粒子が用いられる．

　合金やセラミックスなどの多結晶体をつくる実際のプロセスでは，はじめに固体の微粒子をよく混合し，これに圧力を加えて成形体とする．加圧により粒子間の接触面積が大きくなり，固体間の反応の進行が促進される．その後，これを高温で一定時間保持すると，粒子間で原子やイオンの拡散が起こり，固体粒子同士が結合して多結晶体となる．固体粒子の集合体を加圧しながら高温で反応させる"加圧焼結"という方法も用いられる．グラファイトや炭化タングステン(WC)などを材質とする成形用の容器に粉末を入れ，加圧しながら高温に保つホットプレス(hot press)や，あらかじめ常圧での加熱で作製した多結晶体を耐圧性の容器に入れ，容器内にアルゴンや窒素のような反応性の乏しい気体を送り込んでその圧力で加圧しながら加熱を行う熱間静水圧プレス(hot isostatic press, HIP)などがよく使われる方法である．

3・2・3　特徴的な固相反応

　ここでは，固相反応を利用して固体を合成する方法として特徴的なものをいくつか紹介する．

a. マイクロ波焼結

　マイクロ波(microwave)は赤外線より波長が長く，ラジオ波より波長の短い電

磁波(すなわち，光)の一種で，振動数はおおよそ数百 MHz〜数十 GHz の範囲にある(4・4節参照)．分子の回転運動の励起や誘電体における配向分極(7・1・2節参照)の共鳴に要するエネルギーはマイクロ波の振動数に相当するため，これらの現象にともなってマイクロ波が吸収され，それが熱に変換されると系の温度が上昇して種々の反応が進行する．調理に用いられる電子レンジは，加熱したい調理品に含まれる水分子の回転に相当するエネルギー準位間でマイクロ波を吸収する遷移が起こり，励起状態からの緩和過程でエネルギーが熱として放出されるため，調理品が加熱される．セラミックスなどのマイクロ波焼結では誘電分極(7・1・1節)によるマイクロ波の共鳴吸収と熱への変換により高温状態が実現し，固相反応が進む．誘電体に吸収されるエネルギーは誘電損失(7・1・2節)に比例し，誘電損失は温度が高くなるほど大きくなるため，いったん発熱が起こると発生する熱はますます増加することになる．このような自己発熱のため，通常の高温下での固相反応と比べると，マイクロ波焼結では急速な加熱が実現するとともに固体試料の一部が選択的に加熱されるため，焼結体の緻密化や均質化が可能となる．

マイクロ波焼結は Al_2O_3，TiO_2，ZnO，$BaTiO_3$，AlN など多くの無機固体の多結晶体を作製する手法として使われている．図 3・5 はマイクロ波焼結ならびに従来の固相反応で作製された多結晶 Al_2O_3 の走査型電子顕微鏡(4・3節参照)写真である．前者では 2.45 GHz のマイクロ波が利用されている．図からわかるように，マイクロ波焼結では多結晶体を構成する粒子が小さく，その結果，この焼結体は高い機械的強度を示す．

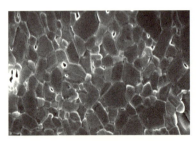 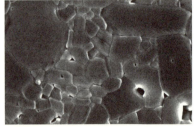

図 3・5　マイクロ波焼結(左図)ならびに従来の固相反応(右図)で作製された多結晶 Al_2O_3 の走査型電子顕微鏡写真　核融合科学研究所　高山定次准教授のご好意による

b. 放電プラズマ焼結

　放電プラズマ焼結(spark plasma sintering, SPS)は，加圧しながら高温に保つこ

とで固相反応を促進するという点では前節で述べたホットプレス法に類似した方法であるが，導電性の容器に入れた反応物に直流パルス電圧を加えてパルス電流を流し，導電性の容器の発熱を利用して反応物を加熱する点でホットプレス法とは異なる．導電性の容器としてグラファイトが用いられることが多い．そのため反応が進む雰囲気が還元性となり，合成の対象となる物質によってはこのことが不利に働くこともあるが，一般にはマイクロ波焼結と同様，急速昇温・冷却が可能で，緻密で均質な組織の焼結体を作製できる．この手法は，最初は金属や合金の焼結法として用いられた．多くの金属単体のほか，たとえば，永久磁石として有名な Sm_2Co_{17}（8・4・1節参照）の合成例がある．また，MgO，Al_2O_3，SiO_2，TiO_2，$Pb(Zr,Ti)O_3$などの酸化物，AlN，TiN，Si_3N_4 のような窒化物，SiC，WC などの炭化物，TiB_2などのホウ化物の合成のほか，ポリイミド樹脂と Al，フェノール樹脂と Cu など有機高分子と金属の接合にも利用されている．このように，放電プラズマ焼結は，合金，酸化物，複合材料，有機高分子など広範囲の固体の焼結反応や接合に利用できる点も特徴の一つである．緻密な焼結体ばかりでなく，多孔質材料の合成例もある．

c. 高 圧 合 成

固相反応の進行には高温が必要であることはすでに述べたが，高温に加えて高圧条件下で固相反応を行うと，大気圧下の反応では得られないさまざまな固相を合成することができる．また，それを常温・常圧下で準安定相として取出すことも可能である．このようにして固体を得る方法を**高圧合成**（high-pressure synthesis）という．反応物はダイヤモンドや WC など硬質材料でつくられたアンビルとよばれる部品を通して機械的に加圧される．一般には数 GPa から数十 GPa の圧力を加えることが可能で，そのような環境下で反応物の固相反応が進む，あるいは，単体や化合物が常圧下では準安定な相（高圧下で安定な相）に転移する．

高圧合成の代表的な例はグラファイトからのダイヤモンドの生成である．また，SiO_2 は常圧下では温度に応じて，α-石英，β-石英，α-トリジマイト，β-トリジマイト，α-クリストバライト，β-クリストバライトと多くの多形をもつが，いずれの結晶でも Si に対する酸素配位数は 4 であるのに対し，高圧下で生じるスティショバイトでは Si に対して酸素 6 配位の状態となる．スピネル型構造をとる酸化物では，常圧では一般に金属イオンが酸化物イオンの面心立方格子において四面体間隙と八面体間隙に 1：2 の割合で存在するが，たとえば $MgFe_2O_4$ では，高圧下ではすべての金属イオンが八面体間隙（6 配位）を占める構造が現れる．

このほか，興味深い構造や性質をもつ化合物の高圧合成が報告されている．た
とえば，$(Ca, Na)_2CuO_2Cl_2$ は最高で臨界温度が 26 K となる超伝導体である．
$Sr_{n-1}Cu_{n+1}O_{2n}$（$n = 3, 5, 7, \cdots$）という組成で表される一連の銅酸化物は CuO_4 平面
構造が一次元的に並んだ特徴的な構造をとり，Cu^{2+} の磁気モーメント間の相互作
用が特異な磁気構造をもたらす（8章のコラム，量子スピン系を参照）．また，ペロ
ブスカイト型構造においてイオン半径の大きな陽イオン（たとえば Ca^{2+} や Ba^{2+}）は
酸化物イオンが 12 配位した二十面体位置を占めるが，その一部を Cu^{2+} や Mn^{3+}
が占め，これらの強いヤーン-テラー効果（6・4・4節，7・3・1節）のため Cu^{2+} や
Mn^{3+} の位置が平面四角形構造となる酸化物が知られており，やはり高圧合成でい
くらかの化合物が作製されている．一般にペロブスカイト型酸化物の組成は ABO_3
と表現され，A はイオン半径の大きな陽イオンに対応するため，ここで述べたよう
な酸化物は $AA'_3B_4O_{12}$（ただし，A' は Cu^{2+}，Mn^{3+}）と表され，Aサイト秩序型ペロ
ブスカイトとよばれる．$LaCu_3Mn_4O_{12}$，$SrCu_3Fe_4O_{12}$ などが報告されている．

d. トポケミカル反応

固体が全体の結晶構造を大きく変えることなく局所的に陽イオンや陰イオンの一
部が抜けたり，外部から挿入されたりする反応を**トポケミカル反応**（topochemical
reaction）という．たとえば，$BaTiO_3$ が CaH_2 と固相状態で反応すると，もとのペ
ロブスカイト型構造を保持したまま酸化物イオンの一部が水素化物イオン H^- に置
き換わり，合成条件に依存して $BaTiO_{2.7}H_{0.3}$，$BaTiO_{2.5}H_{0.5}$ などの組成をもつ化合物
が生成する．$BaTiO_3$ は無色（多結晶体は白色）の結晶であるが，水素化物イオンが
置換した化合物は，組成にもよるが濃い青色を呈する．また，室温において $BaTiO_3$
は正方晶であるが，反応後の化合物は同じペロブスカイト型構造をとるものの立方
晶となる．

$Ca_3Ti_2O_7$ は層状ペロブスカイト型構造をとる結晶の一つであり，図3・6に示す
ように，2層のペロブスカイト型構造と1層の塩化ナトリウム型（岩塩型）構造が c
軸に沿って積層した構造をもつ．図の正八面体は頂点に酸化物イオンが存在し，重
心の位置を Ti^{4+} が占める．また，図中の球は Ca^{2+} を表す．この種の結晶はペロ
ブスカイト層の数が異なるものも知られており，一連の物質は一般に $(ABO)_n(AO)$
という組成で書くことができる．ここで，A と B は金属イオンで，A は B よりイオ
ン半径の大きな陽イオンである．また，n は正の整数で，$Ca_3Ti_2O_7$ の場合，$n = 2$
である．純粋なペロブスカイト型構造は $n = \infty$ に対応する．このような組成をも
つ一連の化合物を，発見者の名を冠して**ルドルスデン-ポッパー相**（Ruddlesden-

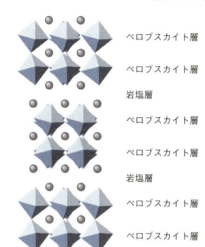

図3・6 ルドルスデン–ポッパー相の一種である $Ca_3Ti_2O_7$ の結晶構造　図中の正八面体構造は TiO_6 を表し，球は Ca^{2+} である．ここでは c 軸に沿ってペロブスカイト層($CaTiO_3$)と岩塩層(CaO)が規則的に繰返された積層構造が見られる

Popper phase)とよぶ．また，$Ca_3Ti_2O_7$ は TiO_2 および Nd_2O_3 と反応し，陽イオン欠陥の生じたペロブスカイト型構造をもつ $(Ca_{0.7}Nd_{0.3})_{0.87}TiO_3$ を生じる．この過程もトポケミカル反応の一種と捉えることができる．

このほか，6・4・2節で述べるグラファイトのインターカレーションやイオン交換などもトポケミカル反応の一つである．また，この種の反応は有機化合物でも見られる．たとえば，1,3-ジエン化合物の一つである(Z,Z)-ムコン酸エチルの結晶に光が照射されると，

のような重合反応が起こるが，このとき，重合後の結晶構造において，重合前のモノマーの配列に関する空間的な対称性が保持されている．

3・3 液相および気相からの結晶の生成

上述の固相からの固相の合成に続いて，ここでは液相や気相から固体を合成する方法について述べる．各論に入るまえに本節では液相や気相から結晶が生成して成長する過程を考察する．

3・3・1 核 生 成

融液を冷却することによって結晶化が起こる過程を考えよう．結晶の前駆体である粒子(原子や分子の規則的な集合体)を**結晶核**(nucleus)という．液体中に結晶核が発生すると，液相と結晶相との界面の形成により，系のエネルギーは上昇する(3・2・2節参照)．一方，液体が結晶に相転移することで系は安定化する．結晶核を半径 r の球と仮定し，単位表面積あたりのギブズの自由エネルギーの増加，すなわち表面張力(厳密には液相と結晶相との境界における**界面張力**(interfacial tension)である)を γ とおき，相転移による単位体積あたりのギブズの自由エネルギーの減少を $\Delta G_V (<0)$ とすると，液相からの結晶核生成にともなうギブズの自由エネルギーの変化は，

$$\Delta G = 4\pi r^2 \gamma + \frac{4}{3}\pi r^3 \Delta G_V \quad (3 \cdot 11)$$

で表される．ΔG の r に対する変化は図 3・7 のようになり，ΔG が極大となる r は，

$$\frac{\partial \Delta G}{\partial r} = 0 \quad (3 \cdot 12)$$

より，

$$r^* = -\frac{2\gamma}{\Delta G_V} \quad (3 \cdot 13)$$

で与えられる．半径が r^* より小さい結晶核は生成しても液体状態に戻るが，r^* より大きい結晶核は結晶として成長した方が安定となる．r^* を**臨界核半径**とよび，半径が r^* である粒子を**臨界核**(critical nucleus)という．臨界核の状態に対応するギブズの自由エネルギー ΔG^* は，

$$\Delta G^* = \frac{16\pi \gamma^3}{3(\Delta G_V)^2} \quad (3 \cdot 14)$$

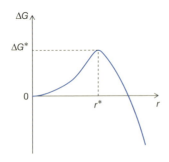

図 3・7　結晶核生成にともなうギブズの自由エネルギーの変化と結晶核の半径との関係　r^* は臨界核半径

で表される．ΔG^* は，液相から結晶核が生成する過程の活性化自由エネルギーに当たる．以上より，結晶核生成の初期過程において系の自由エネルギーは上昇することになる．融液が結晶に相転移する場合に融点以下でも過冷却液体が準安定に存在できるのは，この自由エネルギーの増加があるためである．局所的な温度の上昇により熱エネルギーを得て自由エネルギーの増加分 ΔG^* を超えて成長した結晶核は，さらに自由エネルギーの低い状態である結晶相へと変化する．したがって，ΔG^* が小さいほど臨界核半径を超えた結晶核は生成しやすくなる．臨界核に1個の原子や分子が衝突して新たな結合を形成し，臨界核半径を超える大きさの結晶核ができる速さを結晶核生成速度 I と定義すると，I は，

$$I = \nu n_s n^* \tag{3・15}$$

で与えられる．ここで，n^* は単位体積あたりの臨界核の数，n_s は臨界核のまわりに存在する単位体積あたりの原子や分子の数，ν は臨界核と原子あるいは分子との衝突頻度である．ν は液相中を原子や分子が拡散する過程に依存するから，

$$\nu = \nu_0 \exp\left(-\frac{\Delta G_D}{k_B T}\right) \tag{3・16}$$

のように表される．ここで k_B はボルツマン定数，T は温度，ΔG_D は液相中での原子や分子の拡散に対する活性化自由エネルギーである．よって結晶核生成速度は，

$$I = \nu_0 n_s n_0 \exp\left(-\frac{\Delta G_D}{k_B T}\right) \exp\left(-\frac{\Delta G^*}{k_B T}\right) \tag{3・17}$$

のように書くことができる．ただし，$n^* = n_0 \exp(-\Delta G^*/k_B T)$ で，n_0 は単位体積あたりの原子または分子の数である．

結晶核が気相から生成する場合も同じような考え方が成り立つ．気体の蒸気圧を P とおくと，温度 T における核生成速度は，

$$I = I_0 \gamma^{1/2}\left(\frac{P}{T}\right)^2 \exp\left(-\frac{\Delta G^*}{k_B T}\right) \tag{3・18}$$

で与えられる．この場合，(3・14)式などに現れる ΔG_V は，考えている温度での平衡蒸気圧を P_0 とすると，

$$\Delta G_V = -\frac{k_B T}{v} \ln \frac{P}{P_0} \tag{3・19}$$

のように書かれる．ここで v は結晶において分子1個が占める体積である．これらの過程では，結晶核は液相中あるいは気相中のいたるところから同じ確率で生成すると考えている．このような過程を**均一核生成**(homogeneous nucleation)という．

均一核生成に対して，容器の壁など液相と異なる相と液相との界面から優先的に結晶核が生成する過程を**不均一核生成**(heterogeneous nucleation)という．容器の壁と液相および生成した結晶核の関係を模式的に示すと，図3・8のようになる．前述のとおり，均一核生成の場合，液相から結晶核が生成すると新たな界面が生じることによって系のエネルギーは上昇する．不均一核生成では，核生成の前の段階ですでに液相と容器の壁との界面の存在によって系のエネルギーは高くなっており，適切な形状の結晶核が生成することによって，この界面エネルギーを小さくすることが可能になる．したがって，結晶核生成を妨げる活性化エネルギーは小さくなる．よって核生成速度は大きくなる．均一核生成の場合に(3・14)式で与えられる活性化自由エネルギーは，不均一核生成では次式に置き換えられる．

$$\Delta G_s^* = \Delta G^* \frac{(2+\cos\theta)(1-\cos\theta)^2}{4} \qquad (3\cdot 20)$$

ここで，θは図3・8で定義される接触角である．$0 \leq \theta \leq \pi$の範囲ではθが小さいほどΔG_s^*は小さくなり，$\theta = 0$のとき$\Delta G_s^* = 0$である．また，$\theta = \pi$のときΔG_s^*は最大値ΔG^*をとる．すなわち，

$$\Delta G_s^* \leq \Delta G^* \qquad (3\cdot 21)$$

であって，不均一核生成における活性化自由エネルギーは対応する均一核生成のそれよりも必ず小さくなる．したがって，不均一核生成の結晶核生成速度は均一核生成の場合より大きい．

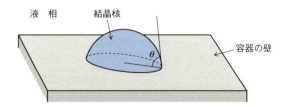

図3・8 **不均一核生成** 容器の壁などにおいて選択的に結晶核が生成する．θは接触角とよばれる

2・5・1節で述べたとおり，ガラスは過冷却液体が非平衡で凍結した状態であり，ガラスをガラス転移温度と融点(あるいは液相温度)との間の温度に保つと，より安定な結晶へ変化する．このとき，ガラスの塊の表面が優先的に結晶化することがよく見られる．また，水を沸騰させる際に突沸を防ぐ目的で沸石を加えると，水蒸気の泡は沸石において集中的に発生する．これらは不均一核生成の例である．

3・3・2　結　晶　成　長

図 3・7 からわかるように，液相や気相から生成した結晶核が臨界核の大きさを超えると，体積が増加するにつれてギブズの自由エネルギーが減少する．つまり，結晶成長が起こる．この過程を微視的に見ると，液相あるいは気相中の原子，分子，イオンが拡散して結晶核の表面に到達し，結晶格子の一部となって取込まれるという現象になる．この際，液相あるいは気相が固相へ変化することにともなう**潜熱**(latent heat)が発生する．潜熱が放出される過程も結晶成長速度を決める要因の一つである．融液からの結晶成長について考えてみよう．ここでは結晶成長の速度を決める各過程，すなわち，原子や分子の拡散，原子や分子と結晶格子との結合，潜熱の拡散がいずれも速やかに起こるような理想的な場合を仮定する．

(3・17)式を導く際にふれたように，液相中での原子や分子の拡散には活性化エネルギーを超える過程が含まれる．また，液体が結晶に相転移するとエントロピーは減少する．これは原子や分子の配列に関する微視的な状態の数が，液相より結晶において小さくなることを意味する．この効果は結晶成長速度を減少させる方向に働く．液相と結晶のエントロピーを S_l, S_c とおけば，それぞれの相における原子（分子）の配列の微視的な状態の数を W_l, W_c として，

$$S_l = k_B \ln W_l \tag{3・22}$$

などと書けるので，$\Delta S = S_l - S_c > 0$ とおいて，

$$\frac{W_c}{W_l} = \exp\left(-\frac{\Delta S}{k_B}\right) \tag{3・23}$$

という因子が結晶成長速度に寄与する．よって，原子や分子が拡散の素過程で移動する距離を a とすると，融液から結晶が成長する速度は，

$$u_f = \nu_0 a \exp\left(-\frac{\Delta G_D}{k_B T}\right) \exp\left(-\frac{\Delta S}{k_B}\right) \tag{3・24}$$

で与えられる．図 3・9 に示したように，ΔG_D は原子や分子が融液中を拡散するときの平均の活性化エネルギーである．一方，結晶が融液に変わる逆反応の速度は，1 個の原子あるいは分子に対して融液と結晶のギブズの自由エネルギーの差を ΔG_n（> 0）とおけば，原子（分子）がこのエネルギー差を超えて結晶から融液に状態を変える確率 $\exp(-\Delta G_n/k_B T)$ の寄与があるため，

$$u_b = \nu_0 a \exp\left(-\frac{\Delta G_D}{k_B T}\right) \exp\left(-\frac{\Delta S}{k_B}\right) \exp\left(-\frac{\Delta G_n}{k_B T}\right) \tag{3・25}$$

となるので，結局，結晶成長速度は，

$$u = u_\mathrm{f} - u_\mathrm{b} = \nu_0 a \exp\left(-\frac{\Delta G_\mathrm{D}}{k_\mathrm{B}T}\right)\exp\left(-\frac{\Delta S}{k_\mathrm{B}}\right)\left[1-\exp\left(-\frac{\Delta G_\mathrm{n}}{k_\mathrm{B}T}\right)\right] \quad (3 \cdot 26)$$

と表される．

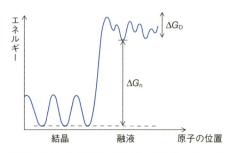

図 3・9　結晶と融液における原子（分子）の位置とエネルギーとの関係

3・3・3　結晶の成長と形状

　成長過程の途上にある結晶の表面は模式的に，図 3・10(a) のように描くことができる．平らな結晶表面に原子が吸着して 2 次元的に結晶成長が起こることで新たな原子の層が生成して，図にあるような階段状の構造ができる．平らな原子層の部分を**テラス**（terrace），原子の層が階段状になった部分を**ステップ**（step）といい，ステップが曲がった箇所を**キンク**（kink）とよぶ．また，テラス上で数個の原子が集まった状態を**島**（island）という．単純立方格子を仮定して，一部の原子の存在位置がわかるように描き直した図が図 3・10(b) である．原子が外部からテラスに到達したとき，新たに生じる結合の数は一つだけであるので，この原子は容易に脱着できる．一方，原子がキンクに達すると 3 個の原子と結合を形成するため，結晶内で

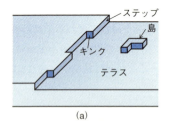 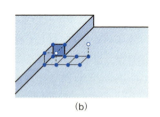

図 3・10　成長する結晶の表面状態　(a) 模式的な図と各位置の名称，(b) キンクおよびテラスに存在する原子（青丸）とそこに吸着する外部の原子（白丸）

安定化される．よって，キンクの数が多い表面をもつ結晶ほど成長しやすい．キンクの数を左右する一つの要因は格子面の違いである．図3・10(b)で取上げた単純立方格子について考えると，(100)面は図3・11(a)のようにテラスのみであり新たな原子の結合は起こりにくいものの，(111)面は図3・11(b)に示すように多数のキンクが存在して結晶は速やかに成長すると考えられる．また，(100)面であっても，表面に原子レベルでの凹凸がたくさん存在すればキンクの数も多くなり，結晶成長は起こりやすくなる．このような構造はエントロピーの高い状態を反映している．2・2・2節や2・4節で説明したように，エントロピーの高い状態は高温で安定化するため，高温では凹凸の多い表面をもつ結晶が安定となり，逆に低温では平滑な表面が安定化される．よって，ある温度を境に平滑な表面から荒れた表面への転移が起こることも考えられる．このような転移を**ラフニング相転移**(roughening transition)といい，相転移の温度を**ラフニング温度**とよぶ．また，低温で安定な原子レベルで平滑な面を**ファセット面**(facet)という．

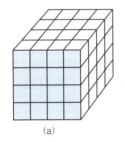 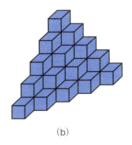

(a)　　　　　　　　　　　(b)

図3・11　単純立方格子の原子が吸着できる位置の状態　(a)(100)面および(b)(111)面の場合．(100)面はテラスのみであり，(111)面は多数のキンクからなる

　結晶の表面が原子レベルで平滑な場合，テラスに到達したいくつかの原子が表面を拡散して互いに集合すると，これらの原子間の化学結合により安定化して図3・10(a)に示したような島が形成される．いったんこのような島が生成すると，これが結晶核となって2次元平面内で結晶成長が起こる．微視的に見れば，島の生成によって生じるステップやキンクが新たな原子を取込むことによって成長が進行する．これが2次元核生成による結晶成長の機構である．一方，結晶表面にらせん転位(2・4・3節)が存在すると，そこには必然的にステップが存在するので，結晶成

長が起こりやすい．らせん転位の位置で結晶成長が進行する様子を図3・12に示す．この過程では結晶成長にともない常にステップが供給される．これを**渦巻き成長またはらせん成長**(spiral growth)という．

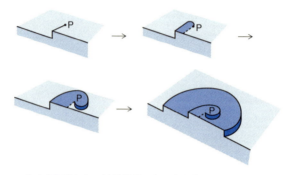

図3・12 らせん転位からの結晶成長 点Pを中心にらせん状に成長が起こる

つぎに，3・3・2節で述べた結晶成長速度を決める三つの要因のうち，潜熱の拡散について考えてみよう．融液からの結晶化の場合，液相中の原子あるいは分子が結晶の表面に到達して結晶格子に取込まれることで局所的に潜熱が発生する．この熱が結晶と融液の界面に留まると，この領域の温度が上がり，結晶が再び融解してしまう．よって，結晶成長が進行するためには熱の拡散が必要になる．結晶と融液の界面付近の温度分布は図3・13のようになっており，熱は温度の高い結晶側から温度の低い融液側に向かって移動する．結晶と融液の界面が平らであれば，図3・14(a)に示すように，どの部分からの熱の拡散も同じ速さになるため，結晶は平らな界面を保って成長する．ところが，図3・14(b)のように何らかの理由で界面の一部に突起が生じると，この部分は温度の低い融液中に入り込むことによって熱を速やかに拡散させ，逆にこの近傍の融液の温度が上がって，急激な温度勾配が生じ

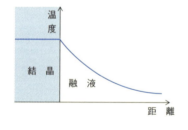

図3・13 結晶と融液の界面における温度分布 潜熱の発生により結晶側で温度が高くなる

3・3 液相および気相からの結晶の生成

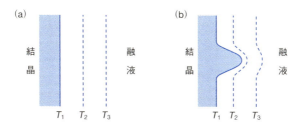

図 3・14 平らな界面(a)と突起のある界面(b)における温度分布 T_1, T_2, T_3 は等温線を表す. 突起の部分では温度勾配が急になる

る. 温度勾配が大きいと熱の拡散も速くなるので(5・5 節参照), 突起の部分は成長速度が速くなって, ますます突起が大きくなる.

このような結晶と融液の界面の不安定性(安定性)には結晶の表面張力(界面張力)も影響を及ぼす. 単位体積あたりの表面積が十分に小さいバルク結晶では, 融点において結晶と液体のもつギブズの自由エネルギーが互いに等しくなる. 一方, 微粒子の結晶では体積と比べて表面積が大きいため, 相転移での自由エネルギーの変化に対する表面自由エネルギーの寄与が大きくなる. 定性的にいえば, 微粒子の結晶では表面自由エネルギーの分だけギブズの自由エネルギーは高くなり不安定化するため, 融点はバルク結晶に比べて低下する. これは結晶の成長を抑制する方向に働く. 図 3・14(b)に示したような結晶成長では, 突起部において表面張力(界面張力)の効果が大きくなるため, この部分の結晶成長速度は小さくなる. つまり, 結晶の表面自由エネルギーが大きければ表面が平らになるように結晶成長が起こる. また, この表面自由エネルギーに異方性があると, 雪の結晶に代表される樹枝状結晶(dendrite)が成長することが知られている.

特異な形状をもつ結晶の一つとして, ひげ結晶(whisker)についてふれておこう. これはホイスカーあるいはウィスカーともよばれる. 太さが 0.1 µm から 10 µm 程度の細長い針状の単結晶で, 長さが 1 cm 程度になる場合もある. 図 3・15 にひげ結晶の一例(ヒドロキシアパタイト, p.106 のコラム参照)を示す. 結晶表面のらせん転位を中心に 1 次元的に結晶が成長する機構や, ひげ結晶の先端に液滴が生成し, そこを通って気相から化学種が移動して結晶の先端に析出する機構などが考えられている. ひげ結晶の特徴は欠陥が少ないことで, そのため機械的強度が高い. この性質を利用して, SiC や Al_2O_3 などのひげ結晶を高分子固体に混ぜて高強度の複合材料を得ることができる.

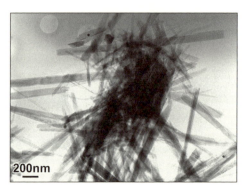

図3・15　ひげ結晶(ヒドロキシアパタイト)の電子顕微鏡写真　大阪府立大学中平敦教授のご好意による

3・4　融液からの単結晶の合成
3・4・1　ブリッジマン法

るつぼなどの適当な容器中で原料となる固体を溶融し，温度勾配を設けながら融液をゆっくりと冷却して単結晶を得る方法を**ブリッジマン法**という．低温側において融液中に結晶が生成し，冷却にともなって結晶成長が起こる．ブリッジマン(Bridgman)とタンマン(Tammann)が独立に考案したのでこの名称がある．ブリッジマン法により，金属や塩類の単結晶がつくられている．

3・4・2　チョクラルスキー法

融液をるつぼ中に一定温度で保持し，融液の表面に種子結晶といわれる核になる結晶を浸漬すると，種子結晶を中心に結晶成長が起こる．図3・16に示すように種子結晶を非常にゆっくり引き上げると，融液の表面から連続的に結晶が成長して大きな単結晶が得られる．これを**チョクラルスキー(Czochralski)法**あるいは**結晶引き上げ法**(crystal pulling method)という．半導体産業ではこの方法を用いて高純度の単結晶ケイ素(シリコン)がつくられる．ケイ素の原料は鉱物の一種であるケイ石(珪石)で，これは主成分として二酸化ケイ素(シリカ)を含む．ケイ石をコークスとともに1600～1800℃で加熱すると，SiO_2は還元され純度が97～99％程度のケイ素が生成する．これを塩化水素ガスと反応させるとトリクロロシラン$SiHCl_3$に変わるので，これを蒸留によって精製したあと，水素ガスとの反応により還元して高純度のケイ素に変える．これをシリカで内張りしたグラファイト製のるつぼで溶融し，

チョクラルスキー法で単結晶ケイ素を育成する．このとき，融液の温度は 1450.0 ± 0.3 °C に保たれ，融液を均一に保持するため，るつぼを毎分 1 ～ 50 回の速さで回転させる．また，種子結晶の引き上げ速度は 2 ～ 20 mm h^{-1} 程度と非常に遅く，成長する単結晶の均一性を保つために引き上げながら毎分 0.3 ～ 50 回の速さで回転させている．この方法で 99.999999 % を超える純度の単結晶ケイ素が得られる．

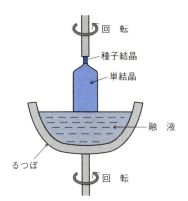

図 3・16　チョクラルスキー法による単結晶の育成

3・4・3　帯溶融法

図 3・17(a) に示すように棒状に加工した固体試料を容器に入れ，一部を溶融しながら棒をゆっくり移動する．加熱された試料の一部は溶融し，融液は試料の移動にともなってゆっくりと冷やされ，単結晶の成長が起こる．始めの試料が不純物を含んでいても溶融の際に不純物は融液内に偏析し，生成する単結晶は高純度にな

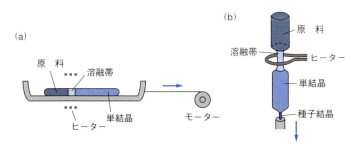

図 3・17　帯溶融法（a）および浮遊帯溶融法（b）による単結晶の育成

る．これを**帯溶融法**(zone melting method)または**ゾーンメルティング法**とよぶ．より純度の高い単結晶を得るためには，図3・17(b)のように容器を用いずに棒状の固体試料を鉛直方向に立て，その一部を加熱しながら試料を徐々に移動させればよい．この方法を**浮遊帯溶融法**(flotating zone melting method)あるいは**フローティングゾーンメルティング法**という．この方法で高純度のホウ素の単結晶などがつくられる．ホウ素の単体は室温，大気圧下では金属光沢をもった黒色の固体として存在する．酸化ホウ素(B_2O_3)をマグネシウムやアルミニウムで還元したのち，アルカリおよび酸で処理するとホウ素の単体が得られるが，不純物として酸化物やホウ化物を含むため純度は 95～98％と低い．これを高純度化する方法として上記の帯溶融法あるいは浮遊帯溶融法が利用される．高純度のホウ素はn型半導体(6・3節参照)を作製するための単結晶ケイ素のドーピングに使われる．

3・4・4 ベルヌーイ法

ベルヌーイ(Verneuil)**法**は粉末状の固体の原料を溶融して単結晶を育成する方法で，高融点の固体の合成に利用される．原理を模式的に図3・18に示す．固体の粉末をバーナー内に落下させて溶融し，融液を下部に設置した棒の先端で結晶化させて堆積する．この棒を引き下げることにより大きな単結晶を育成する．バーナーに送り込まれる気体は酸素と水素で，これらの反応で得られる熱を利用して固体の原料を溶融する．ルビー，ルチル(TiO_2)，ムライト($3Al_2O_3・2SiO_2$)などの単結晶の合成に利用される．

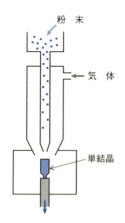

図3・18 ベルヌーイ法による単結晶の育成

3・5 溶液からの固体の合成

3・5・1 共　沈　法

　複数の種類の金属イオンを含む錯体を溶液から沈殿させ，それを前駆体として酸化物結晶を合成する方法を**共沈法**(coprecipitation mehtod)という．このとき，化学反応によって溶液中に生成する沈殿は共沈体とよばれる．例として典型的な強誘電体(7・2・3節参照)である $BaTiO_3$ を合成する方法を述べよう．この結晶はコンデンサーなどとして実用化されている重要な固体の一つである．たとえば，チタンテトラブトキシド $Ti(OC_4H_9)_4$ にシュウ酸水溶液を加えると，$Ti(OC_4H_9)_4$ の加水分解によって生成する水酸化チタンの沈殿が過剰のシュウ酸と反応して錯体を形成して溶解する．この過程は次式のように表される．

$$Ti(OC_4H_9)_4 + 4H_2O \longrightarrow Ti(OH)_4 + 4C_4H_9OH \qquad (3 \cdot 27)$$

$$Ti(OH)_4 + (COOH)_2 \longrightarrow TiO(COO)_2 + 3H_2O \qquad (3 \cdot 28)$$

これに塩化バリウム水溶液を加えると，Ba と Ti を等モルずつ含む沈殿 $BaTiO(C_2O_4)_2 \cdot 4H_2O$ がつぎの反応に従って生成する．

$$TiO(COO)_2 + (COOH)_2 + BaCl_2 + 4H_2O \longrightarrow BaTiO(C_2O_4)_2 \cdot 4H_2O + 2HCl$$
$$(3 \cdot 29)$$

この沈殿は $BaCl_2$ と $TiCl_4$ の水溶液にシュウ酸を加えても得られる．生成した沈殿をろ過したのち 920 K で加熱すると，

$$BaTiO(C_2O_4)_2 \cdot 4H_2O(s) \longrightarrow BaTiO_3(s) + 2CO_2(g) + 2CO(g) + 4H_2O(g)$$
$$(3 \cdot 30)$$

の反応によって化学量論組成の $BaTiO_3$ が合成される．

　この方法でつくられる結晶には"超微粒子"となるものが多い．ここで超微粒子とは，直径(粒径)が 1 nm から 100 nm 程度までの大きさをもつ結晶および非晶質固体の粒子である．先に述べたように，このような微粒子は表面自由エネルギーが大きいため焼結体の生成には好都合である．また，触媒作用や吸着作用がある粒子の場合，表面積が大きければこれらの機能の効率は増大する．

3・5・2　ゾ ル–ゲ ル 法

　コロイド粒子が液体中に均一に分散した状態や，高濃度の高分子溶液を**ゾル**(sol)あるいはコロイド溶液という．**コロイド**(colloid)とは直径が 1〜500 nm の微粒子であり，金属，酸化物，水酸化物，有機化合物などさまざまなものがある．コロイド粒子の分散媒となる液体には水や有機溶媒などがあり，前者は**ヒドロゾル**

(hydrosol), 後者は**オルガノゾル**(organosol)とよばれる. 分散媒は一般に液体であるが, 気体が分散媒の場合もあり, これを**エアロゾル**(aerosol)という. エアロゾルも広い意味でのゾルの一種である.

ゾルを冷却したり, 分散媒を加熱して蒸発させたり, ゾル中で高分子の重合反応が進行したりすると, ゾルの流動性は失われ, 固体状態に変化する. これを**ゲル**(gel)という. ゲルでは化学結合や分子間力に基づいてコロイド粒子が凝集したり, 高分子鎖間の橋かけ構造(5・6・2節)の形成や物理的なからみ合いにより, 3次元の網目構造を形成しているが, これは隙間の多い構造であり, 隙間には溶媒が入り込んでいる. ゲルの模式的な構造を図3・19に示す. ゲルのように隙間(細孔)をもつ構造はゼオライトのようなアルミノケイ酸塩(3・5・3節)にも見られる. ゲルは身のまわりにも多く存在し, 寒天, ゼラチン, 豆腐のような食品や, 化学実験で用いるシリカゲルなどがその代表例である.

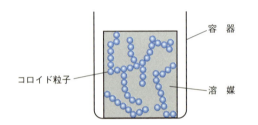

図3・19 ゲルの模式的な構造

ゾル-ゲル法はゾルおよびゲルを経て酸化物結晶やガラスなどを合成する手法である. たとえば, SiO_2 ガラス(シリカガラス)を合成する際には原料としてケイ素のアルコキシドを用いる. ケイ素テトラエトキシドを出発物質とする反応を考えてみよう. これをエタノールに溶解し, 低濃度の硝酸あるいはアンモニアを溶解した水を滴下すると, まず,

$$Si(OC_2O_5)_4 + nH_2O \longrightarrow Si(OC_2O_5)_{4-n}(OH)_n + nC_2H_5OH \qquad (3\cdot31)$$

のようにケイ素テトラエトキシドの加水分解反応が起こり, 続いて,

$$(C_2H_5O)_{4-m}(HO)_{m-1}SiOH + HOSi(OC_2H_5)_{4-n}(OH)_{n-1} \longrightarrow$$
$$(C_2H_5O)_{4-m}(HO)_{m-1}Si-O-Si(OC_2H_5)_{4-n}(OH)_{n-1} + H_2O \qquad (3\cdot32)$$

のようにヒドロキシ基の位置で水分子が抜けることにより新たな結合が形成され, $-Si-O-$ を構造単位とするシロキサンポリマーが生成する. (3・32)式の過程に含まれるような分子の脱離をともなって新たな化学結合が生じる反応を**縮合**(condensation)といい，縮合によって高分子化が進む反応を**重縮合**(polycondensation)あるいは**縮合重合**(condensation polymerization)という．(3・32)式の過程により，シロキサンポリマーを含むゾルが得られる．ケイ素テトラエトキシドの濃度，加える水の量，触媒の種類と量などに依存してシロキサンポリマーの形状は異なり，1次元的な高分子から3次元的な網目構造までさまざまな構造がつくられる．シロキサンポリマーの重合度が増加したり，加熱によりエタノールを蒸発させたりすることで，ゾルはいわゆるシリカゲルに転移する．シリカゲルは細孔に多量の水を含んでいるが，加熱によって H_2O は水蒸気としてゲル内部から失われ，さらに 1100 °C 付近での加熱により焼結反応が起こって細孔がなくなりシリカガラスに変わる．

ゾル–ゲル法によるシリカゲルの合成では低温で塊状や薄膜の固体が得られるという利点がある．したがって，ゾルの段階でさまざまな機能性をもつ有機分子を溶解させ，それをシリカゲル中に分散して複合材料をつくることができる．このような材料を**無機有機複合体**(inorganic-organic composite)といい，無機物質，有機物質それぞれ単独では得られない新たな機能の発現が期待でき，さまざまな無機有機複合体が合成されている．また，無機有機複合体は生物を構成する材料として重要な役割を果たしている(コラム参照)．

3・5・3 水 熱 合 成 法

原料を溶解した水溶液や沈殿を含んだ水溶液を密閉された容器に入れ，これを水の沸点以上の温度に保持すると，容器内の閉じた空間が水蒸気で満たされるために高圧となり水の沸点は上昇する．この結果，1 気圧下での水の沸点である 100 °C 以上でも水は液相として存在することになる．一般に固体の水への溶解度は温度とともに増加するから，高温の水は高濃度の原料を溶解でき，同時に溶液中での化学反応も活性化される．高温，高圧での水が関与する反応を“水熱反応”といい，この反応を利用した固体の作製方法を**水熱合成法**(hydrothermal synthesis)とよぶ．数百気圧，約 300 °C 以下程度の条件では，オートクレーブとよばれる容器を用いて水熱反応を行わせる．より高温かつ高圧の条件を達成できる装置も開発されている．

固体の水熱合成で有名なものは，石英(または水晶)の単結晶の育成である．石英は圧電体(7・2・2節参照)の一種であり，水晶振動子として時計の発振器などに応用されている．石英に交流電場を印加すると圧電効果(厳密には逆圧電効果)によりそれに対応したひずみの時間変化が現れる．水晶振動子は発振の振動数の温度依存

無機有機複合体とバイオミネラリゼーション

　無機固体と有機固体の長所をあわせもつ材料を目指して，いろいろな無機有機複合体がつくられている．材料の作製には，特に溶液中での化学反応を利用した合成方法が効果的である．たとえば，エポキシシラン，チタンのアルコキシド，メタクリル酸メチルなどの混合物の化学反応で得られる透明なプラスチックに基づく無機有機複合体はコンタクトレンズとして実用化されている．

　すぐれた機能をもつ無機有機複合体は生物においても多く見られる．たとえば二枚貝の貝殻は，炭酸カルシウム結晶が主成分となる厚さが数 μm 程度の無機物質の層と，タンパク質からなる厚さが 20～40 nm ほどの有機物質の層が繰返し積み重なることによって構成される．また，動物の骨や歯は基本的にヒドロキシアパタイト (hydroxy apatite) とよばれる無機結晶と，タンパク質の一つであるコラーゲン (collagen) とからなっている．ヒドロキシアパタイトは $Ca_{10}(PO_4)_6(OH)_2$ の組成式をもち，図1に示すような構造をとる．コラーゲンは図2のように3本のポリペプチド鎖がらせん構造を形成している．ヒドロキシアパタイトは硬さや強さを与え，コラーゲンはしなやかさや柔軟性を与えて，骨や歯の機能をすぐれたものにしている．

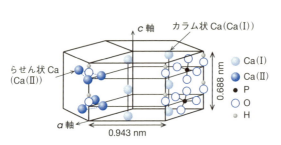 

図1　ヒドロキシアパタイトの結晶構造　　図2　コラーゲン分子の模式的な構造

　植物においても，ケイ藻類やイネ類はシリカを主成分とする殻や表皮をつくり，外敵からの攻撃を防いでいる．このように生物は生命の維持のために無機物質を主成分とする組織を体内や体の外部に生成する．この現象を**バイオミネラリゼーション** (biomineralization) といい，無機有機複合体の合成への応用が可能であり，生体内での反応を模倣して物質や材料を合成するバイオミメティック法の一つとして注目されている．

性が $10^{-8}\,\mathrm{K}^{-1}$ 程度と非常に小さいため，標準的な発振器として重要である．原料となる石英の単結晶を水熱合成によってつくる手法はすでに工業化されている．合成に際しては，図3・20に示すようにオートクレーブの片側にアルカリ性水溶液とシリカを入れ，もう片方の端にシリカの種子結晶を置く．種子結晶のある側が低温となるように温度勾配を設けて加熱すると，高温部で溶解したシリカが対流によって低温部に運ばれ，種子結晶の位置で析出して単結晶が成長する．

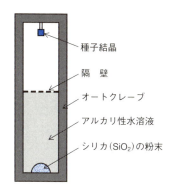

図3・20　水熱合成法による石英（水晶）の単結晶の育成

水熱反応は自然界でも起こっており，天然のゼオライトをはじめ多くの鉱物が水熱反応によって生成している．**ゼオライト**(zeolite)は特徴的な構造をもつアルミノケイ酸塩結晶で，沸石ともよばれる．一般的な化学組成は $\mathrm{M}_x\mathrm{Al}_y\mathrm{Si}_z\mathrm{O}_{2y+2z}\cdot n\mathrm{H}_2\mathrm{O}$ で，Mは主としてNa，K，Caであり，$y<z$ である．構造上の特徴は直径が数百pm程度の孔の存在であり，孔は互いに連結してチャネルを形成している．ゼオライトはケイ素とアルミニウムが酸素と結合してできた四面体が基本となり，この $(\mathrm{SiO}_4)^{4-}$ や $(\mathrm{AlO}_4)^{5-}$ 四面体の頂点の酸素原子を共有してさまざまな構造単位をつくり，それらが3次元的につながって，大きな孔が規則的に並んだ構造を形成する．図3・21には，4員環と6員環からなるソーダライトユニットが組合わさってできたゼオライトの構造を示す．このような孔の存在のため，ゼオライトは分子ふるい，触媒，吸着剤といったさまざまな機能を発揮する．人工的なゼオライトは水熱合成によって作製することができる．一般には水酸化アルカリと水酸化アルミニウムの水溶液にシリカゾルやアルカリケイ酸塩の水溶液を加えてゲルをつくり，水熱反応によってゼオライトを得る．そのほか，ゼオライトのように均一で規則的な孔をもつ物質としてシリカなどのメソ多孔体が知られている(p.115のコラム参照)．

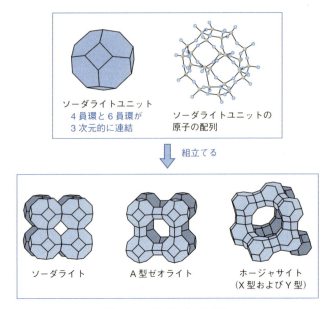

図3・21　ゼオライトの構造

3・5・4　フラックス法

前節の水熱合成法と同様に溶液を利用して単結晶を育成する方法の一つに**フラックス法**(flux method)がある．単結晶が生成する原理を，図2・14として示した状態図と同様の図を用いて説明しよう．図3・22において，Aが単結晶として得たい物質，Bがフラックスにそれぞれ対応する．組成がXの混合物を温度T_aに保つと(図中の点a)平衡状態では液相となる．すでに2・3・2節で述べたように，この温度からゆっくり液相を冷やすと，温度がT_b(図中の点b)に達した時点からAが結晶として析出しはじめ，Bは液相のまま存在する．さらに温度を下げれば，てこの規則に従って結晶Aの量が増え，最終的に大きな単結晶として取出せることになる．これを**徐冷法**(slow cooling method)という．また，点aから温度を一定に保ちながらフラックス(B)を蒸発させると，やがて点cに達してAが結晶として析出する．このような過程で単結晶を得る方法は**フラックス蒸発法**(flux evaporation method)とよばれる．

フラックス法は，合成したい結晶の融点よりもかなり低い温度で単結晶が成長するという利点をもち，操作も比較的簡便である．この方法で宝石のルビーや

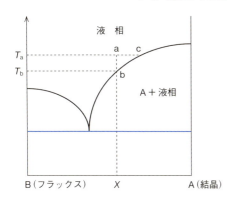

図3・22 フラックス法による単結晶生成過程を表す状態図　ここではAが対象とする単結晶，Bがフラックスである

$Y_3Fe_5O_{12}$ など多くの酸化物，Ta_3N_5 のような窒化物，$NaYF_4$ などのフッ化物の単結晶が合成されている．また，フラックスとしては PbO のような酸化物，NaCl，KCl，PbF_2 といったハロゲン化物が利用される．

3・6 気相からの固体の合成
3・6・1 真空蒸着

気相から固体を合成する最も単純な方法は，固体原料を真空中で加熱して蒸気に変え，これを低温(室温付近)に保った固体上に再析出して結晶や非晶質の薄膜を得るというやり方である．これを**真空蒸着**(vacuum evaporation)あるいは単に**蒸着**という．金属，酸化物，カルコゲン化物などを 10^{-7} Pa ほどの圧力下で加熱することによって生成する蒸気を，ガラス板や単結晶の板に堆積して薄膜を合成する．薄膜が成長するガラスや単結晶の板状の材料を基板という．薄膜結晶の形状や結晶の配向(結晶の格子面の向きが一定方向にそろうこと)を制御するためには，基板の種類や保持温度などの成膜条件を適切に選択する必要がある．基板として単結晶を切り出した板状の結晶を用いると，条件によっては，基板の格子面を反映して一定の方向に配向した結晶薄膜が生成する．このような結晶成長の状態を**エピタキシー**(epitaxy)という．また，エピタキシーが現れるような結晶成長の仕方を**エピタキシャル成長**(epitaxial growth)とよんでいる．

3・6・2 化学気相成長

原料を気体分子として導入し，それらの化学反応による生成物を固相として基板に堆積させる方法を，**化学気相成長法**あるいは**化学蒸着法**(chemical vapor deposition method)といい，頭文字をとって CVD 法と略する．装置の概略を図 3・23 に示す．原料の気体はキャリヤーガスとよばれるアルゴンや窒素など反応性の乏しい気体によって運ばれ，気相中での化学反応を経て固相が基板上に薄膜として析出する．この方法によりさまざまな種類の結晶の薄膜を作製することが可能であり，しかも薄膜の表面をきわめて平滑な状態にすることができるので，種類の異なる半導体薄膜を多層膜となるように貼り合わせて半導体ヘテロ構造をつくることも

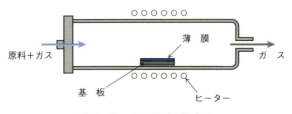

図 3・23　CVD 装置の模式図

容易である．半導体ヘテロ構造は量子効果に基づく電子的な機能をもち，半導体レーザー（またはレーザーダイオード）などへ応用される．半導体の性質と応用については 6 章と 10 章で詳しく述べる．半導体薄膜の作製では特に有機金属化合物を原料として使用することが多い．この手法を**有機金属 CVD** (metallorganic chemical vapor deposition)といい，MOCVD と略称する．また，薄膜をエピタキシャル成長させる方法として **MOVPE**(metallorganic vapor phase epitaxy)あるいは **OMVPE** (organometallic vapor phase epitaxy)などというよばれ方もする．たとえば，原料としてトリメチルガリウム(CH_3)$_3$Ga やトリメチルアルミニウム(CH_3)$_3$Al といった有機金属化合物とアルシン AsH_3 やホスフィン PH_3 のような水素化物を反応させることによって，GaAs，GaP，(Ga, Al)As などの化合物半導体薄膜を作製することができる．なかでも GaAs と (Ga, Al)As とからなる多層膜は代表的な量子井戸として知られ，GaAs 層に電子が閉じ込められてエネルギー状態が量子化される．これは，高電子移動度トランジスターや量子井戸レーザーへ応用される（6 章 p.192 のコラムおよび 10・3・2 節参照）．

　CVD において化学反応を促す目的で原料に光を照射したり，プラズマ放電を行ったりする場合もある．前者を**光 CVD**(optical CVD)，後者を**プラズマ CVD**(plasma CVD)という．プラズマは気体を高温に加熱することによって現れる状態で，気体分子（原子）が電子を放出して陽イオンとなり，正電荷と負電荷の粒子が電離した状

態で存在する気体を指す．プラズマ CVD ではプラズマの熱やプラズマ内に存在する電子などによって原料となる気体分子の解離やイオン化が進み，化学反応が促進される．たとえば，有機ケイ素化合物を原料として酸素気流中で反応を行わせることにより SiO_2 薄膜が合成される．メタンのような炭化水素からダイヤモンド薄膜を合成する例もある．また，N_2 を原料として窒化物を合成する場合，プラズマにより窒素分子は原子状の窒素に解離し，これが金属の塩化物や水素化物と反応して金属窒化物が合成される．

3・6・3 化学蒸気輸送法

温度勾配を設けた容器中の高温部に原料固体を置き，容器中の気体と反応させたあと低温部において析出させる方法を**化学蒸気輸送法**(chemical vapor transport)という．**化学輸送反応**(chemical transport reaction)というよび方もある．原料の固体は化学反応により別の化合物に変えられたあと，容器内を移動する．純度の良い結晶や単結晶の育成に用いられる．典型的な例であるマグネタイト(Fe_3O_4)の結晶の合成を説明しよう．図 3・24 に示すようにマグネタイトの粉末を密封された容器に入れ，1270 K に保つ．容器内には気体の塩化水素が封入されている．これらはつぎのように反応する．

$$Fe_3O_4(s) + 8HCl(g) \longrightarrow FeCl_2(g) + 2FeCl_3(g) + 4H_2O(g) \quad (3 \cdot 33)$$

気体の $FeCl_2(g)$ と $FeCl_3(g)$ は容器のもう一方の端まで流れていく．この場所は 1020 K に保たれており，(3・33)式の逆反応が起こってマグネタイトの結晶が析出する．

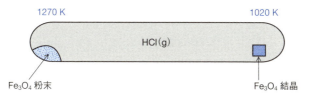

図 3・24　化学蒸気輸送法によるマグネタイト(Fe_3O_4)結晶の合成

3・6・4 分子線エピタキシー

密封された容器に含まれる気体を考えよう．気体の分子は熱エネルギーを得て並進運動している．気体分子が他の分子と衝突してから別の分子と衝突するまでに進

むことのできる距離を平均自由行程という(5・5節も参照のこと). いま, 気体の圧力を数十 Pa から数百 Pa に保ち, 容器を真空中に置いて, 容器の壁に小さい穴をあけたとしよう. 穴の大きさが平均自由行程より小さければ, 気体分子は穴を通って勢いよく外部に飛び出す. このような一方向への分子の高速の流れを分子線または"分子ビーム"という. 同様に原子の流れを原子線あるいは"原子ビーム"とよんでいる. 分子が飛び出すノズルやスリットを工夫することにより, 超音速の分子線を得ることもできる. 分子線や原子線は化学反応の素過程などを調べるうえでも重要である.

制御した分子線や原子線を結晶などの基板にあて, 基板上に固体の薄膜を成長させる方法を**分子線エピタキシー**(molecular beam epitaxy)といい, MBE と略す. CVD と同様, きわめて滑らかな表面をもった薄膜の合成に適している. CVD の説明で述べた半導体多層膜による量子井戸の作製には MBE もよく使われている. たとえば, アルミニウム, ガリウム, インジウム, ヒ素の分子線を制御しながらリン化インジウム(InP)基板にあてることによって, $(Al, In)As$ と $(Ga, In)As$ が交互に周期的に重なり合った構造をつくることができる. これは量子井戸として機能する. また, NO_2 の超音速の分子線を用いて銅酸化物系の超伝導体(9・3・2節参照)の薄膜を合成する試みもある. MBE では薄膜の厚さを精度良く数 nm に保つことができるので, CVD と並んでナノテクノロジーにおける重要な材料作製技術の一つとなっている.

3・6・5 スパッタ法

低圧ガス雰囲気下で固体に高速のイオンが衝突すると, 固体の表面から原子, 分子, イオン, 電子などが飛び出したり, 電磁波が発生したりする. このうち, 電気的に中性の原子や分子が飛び出す現象を**スパッタリング**(sputtering)という. 固体から飛び出した原子や分子は基板である別の固体の表面に到達して堆積し, 薄膜状の結晶や非晶質を形成する. このようにして気相から固体を合成する方法を**スパッタ法**(sputtering method)という.

実際の成膜のための装置を模式的に図3・25に示す. イオンが衝突する固体原料はターゲットとよばれる. たとえば, 汎用されている Ar^+ によるスパッタリングではターゲットが陰極となるように電圧がかけられる. 電極間での放電により容器中に気体として存在するアルゴン原子がイオン化され, 生成した Ar^+ は電場中で加速されてターゲットに衝突する. その際, Ar^+ がもっていた運動量がターゲット

内部の原子に移され,原子は外部にはじき出される.飛び出した原子は基板に達してエネルギーを奪われ,固体として析出する.

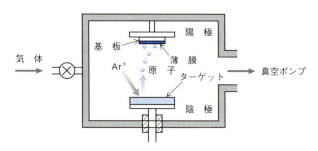

図 3・25 二極式スパッタ法の装置

図 3・25 に示した装置では,電極は一対の陽極と陰極からなる.このような方式を二極式という.これに対してもう一対の電極を取付けてプラズマを発生させる装置もある.プラズマ発生のための陰極に対してターゲットの電位は負になるように保ち,プラズマ中の陽イオンをターゲットにあててスパッタリングを行う.これを**プラズマスパッタ法**(plasma sputtering method)という.これにより高速のスパッタリングが可能になる.

スパッタ法は金属単体,合金,酸化物,窒化物,カルコゲン化物などに適用されるが,絶縁体をターゲットとした場合,衝突する陽イオンによる正電荷がターゲット表面に溜まってしまい,さらなる陽イオンの衝突を妨げてしまう.この場合,基板とターゲットの間に交流電場を加えてターゲットに溜まる正電荷を取除き,スパッタリングの効率を上げることができる.これを**高周波スパッタ法**(radio-frequency sputtering method)という.また,電場のみが印加されているときには陰極から発生して内部の気体(たとえばアルゴン)をイオン化する電子は直線的に陽極に向かうので,気体分子(原子)と衝突する頻度は減り,イオン化の効率は悪い.これに対して電場に垂直に磁場を加えると,磁場によるローレンツ力のために電子は回転運動をしながら陽極へ向かうので,気体分子と出会う確率が高くなり,イオン化の効率も上がる.この方法を**マグネトロンスパッタ法**(magnetron sputtering method)という.

3・6・6 レーザーアブレーション法（パルスレーザー堆積法）

固体の表面に高出力のレーザーを照射したときに，表面層が蒸発する現象を**レーザーアブレーション**(laser ablation)あるいは**レーザー解離**，または**レーザー蒸発**とよぶ．レーザーには主としてパルスレーザー(10・1・4節参照)が用いられ，固体がレーザー光を吸収して発生する熱によって蒸発が起こる．レーザー光の強度が10^6 W cm^{-2}程度であれば蒸発によって電気的に中性の原子，分子，原子団などが発生するが，強度が10^8 W cm^{-2}を超えるとイオン化された分子や電子などが生成する．この状況はマイクロプラズマとよばれる．レーザーアブレーションによって発生した原子やイオンを基板の表面に誘導して結晶薄膜を作製する方法を**レーザーアブレーション法**あるいは**パルスレーザー堆積法**(pulsed laser deposition mehtod, PLD法)という．また，この方法により超微粒子を作製することもできる．図3・26の左側は実際のレーザーアブレーションの装置の写真であり，右上図は原子，分子などの粒子群(プルームとよばれる)が発生している様子を示す．また，右下図はレーザーアブレーション法で合成された薄膜の一例(ガラス基板上のGa$_2$O$_3$薄膜)である．

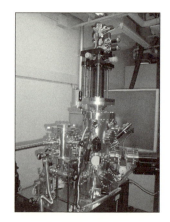

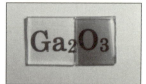

図3・26　レーザーアブレーション　その装置(左)，チャンバー内でプルームが発生している様子(右上)，合成された薄膜(右下)．透明な部分はガラス基板，着色している箇所がGa$_2$O$_3$薄膜である．京都大学　藤田晃司教授のご好意による

超分子を鋳型にしたメソ多孔体の合成

親水基と疎水基の両方をもつ分子を**両親媒性分子**(amphiphilic molecule)という. 図1(a)に示すような両端に親水基と疎水基をもつ1次元的な両親媒性分子が一定濃度を超えて水に溶解すると, 疎水性の基が内側に, 親水性の基が外側で水と接するように集合して秩序構造をつくる. このような分子の自己集合体を**ミセル**(micelle)とよび, 1・7・5節で述べた"超分子"の一種とみなすことができる. 水中でミセルを形成する力は"疎水性相互作用"とよばれ, 水との接触をできるだけ小さくしようとして分子同士が集合するエントロピー的な寄与によるものである. 両親媒性分子は低濃度では単独の分子として溶液中に分散しているが, ある濃度を超えると状態が急激に変化してミセルを形成する. ミセルの形態はさまざまであり, 濃度が低いときには球状(図1b)のものが現れやすいが, 濃度が高くなると棒状(図1c), 板状(図1d)などいろいろな形状となる. 棒状のミセルが規則正しく配列した状態(図1e)も観察される.

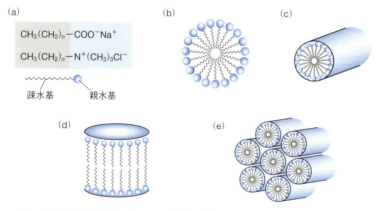

図1 **両親媒性分子によるミセルの形成** (a) 両親媒性分子, (b) 球状ミセル, (c) 棒状ミセル, (d) 板状ミセル, (e) ヘキサゴナル(hexagonal)相

両親媒性分子を利用して, 特徴的な構造をもつ無機固体を合成できる. たとえばアルキルトリメチルアンモニウム(C_nTMAと略称)の陽イオンである $C_nH_{2n+1}(CH_3)_3N^+$ とカネマナイトとよばれる層状のケイ酸塩($NaHSi_2O_5 \cdot 3H_2O$)との反応で, 図2(a)に模式的に示すような蜂の巣状の構造をもつ多孔性のシリカが得られる. 細孔の大きさは数十nmのオーダーでこれが規則的に並んだ構造を

コラム(つづき)

もつ.このような物質は**メソ多孔体**(mesoporous material)とよばれる.C_nTMA によって形成されるミセルを"鋳型"として,ミセルのまわりをケイ酸塩が覆うことで,規則的な細孔をもつケイ酸塩の骨格構造がもたらされる.これを焼成して,内側の C_nTMA を除くことでシリカのメソ多孔体が得られる.同様に,C_nTMA を利用して図2(b)のような構造をもつアルミノケイ酸塩のメソ多孔体も得られている.図1(e)に示したミセルの構造との類似性に注意されたい.図2(a)および(b)のシリカおよびアルミノケイ酸塩のメソ多孔体はFSM-16およびMCM-41と名づけられている.

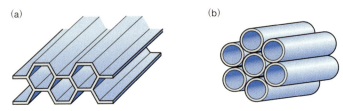

図2 シリカおよびアルミノケイ酸塩のメソ多孔体の構造の例
(a) FSM-16, (b) MCM-41

4 固体の構造解析と
キャラクタリゼーション

　固体の構造解析とキャラクタリゼーションは，固体の反応・合成および物性・機能の研究と並んで，固体化学において重要な役割を担う．固体化学における"キャラクタリゼーション"は，固体中に存在する元素の種類と組成を決定し，イオンの価数，化学結合，分子構造，結晶構造などを明らかにするとともに，多結晶体であればその組織を解明して，さらには固体の物性も調べるというように，総合的に特定の固体の素性を明確にする分析や解析を指す．結晶を対象とした"構造解析"では，単位胞の構造と結晶系を明らかにして，格子定数を見積もり，点欠陥も含めた原子やイオンの位置を決定することが標準的な手続きとなる．そのためには，X線，中性子，電子を用いた**回折法**(diffraction method)が有効である．特にX線回折は結晶構造を明らかにする手段として最も汎用されている．また，X線は固体中の特定の元素により吸収され，元素の種類，価数，配位構造などに依存した特徴的な吸収スペクトルを示すほか，照射されたX線のエネルギーを得て放出される電子の状態から，固体中の元素の種類や価数を調べることができる．X線に限らず，さまざまな種類の電磁波，すなわち，γ線，紫外線，可視光，赤外線，マイクロ波，ラジオ波は固体と特徴的な相互作用を起こすため，電磁波を用いて固体の化学結合，格子振動，電子構造，スピンの状態，配位構造などを知ることができる．これを**分光法**(spectroscopy)と称する．本章では，主として，固体の構造解析とキャラクタリゼーションに汎用される回折法と分光法について述べる．また，原子の配列や分子の構造を実空間でとらえることのできる電子顕微鏡観察の手法と，固体の相転移や熱化学反応の解析に用いられる熱分析についてもふれる．なお，固体を特徴づけ

る概念である格子振動，電子構造，磁気構造，また，電磁波と固体の相互作用については，それぞれ，5章，6章，8章，10章を参照されたい．

4・1 X 線 回 折

1章で述べた結晶の構造を実験的に明らかにするうえで汎用されている手段に**X線回折**(X-ray diffraction)がある．結晶格子による電磁波や粒子の回折を利用する構造解析の方法として，X線回折のほかに中性子回折と電子回折が知られており，それぞれが長所と短所をもっているため目的に応じて使い分けられているが，そのなかでも最も一般的な回折方法として広く利用されるのはX線回折である．本節ではX線回折による結晶の構造解析の基礎について述べる．なお，本節や4・4節などに登場する振動数，波長，波数などの振動や波に関係する術語については，5・1・1節で改めて説明する．

4・1・1 X 線 の 発 生

X線は電磁波の一種であり，波長は 0.01 nm から数十 nm の程度である(4・4節も参照のこと)．一般に荷電粒子が電場により加速度を受けると電磁波を放出する．このため，金属に高速の電子が入射すると，電子は金属原子の原子核からクーロン力を受けて軌道が急に曲げられX線を放射する．このX線の振動数(あるいは波長)は電子の運動エネルギーに応じて変化し，電子が電圧 V によって加速される場合，最大で，

$$\nu = \frac{eV}{h} \tag{4・1}$$

の振動数 ν をもつX線が発生する．ここで e は電気素量，h はプランク定数である．金属内で電子が失うエネルギーは連続的に変わりうるので，発生するX線の波長も連続的に変化する．このようなX線を**連続X線**(continuous X-rays)または**制動X線**(bremsstrahlung)という．

一方，金属に入射した電子が金属原子の内殻にある電子に運動エネルギーを与え，内殻電子をはじき飛ばすといった現象も起こる．この結果，内殻の原子軌道に空の準位が生じ，エネルギーの高い外殻の軌道にある電子が内殻の空の準位に遷移する際，X線を放つ．遷移する電子がもともと存在する外殻の原子軌道と，空準位をもつ内殻の原子軌道のエネルギーをそれぞれ E_1, E_2 とすれば，遷移にともない $\Delta E = E_1 - E_2$ のエネルギーが放出され，

$$h\nu = \Delta E \qquad (4 \cdot 2)$$

に相当する振動数νをもつ電磁波がX線として放出される．このような機構で発生するX線は特定の波長をもち，**特性X線**(characteristic X-rays)あるいは**固有X線**とよばれる．特性X線には電子遷移の始めの準位と終わりの準位に対応した名称がつけられており，たとえばL殻からK殻への電子遷移によって発生するX線はK$_\alpha$線，M殻やN殻からK殻への電子遷移によるX線はK$_\beta$線などとよばれる．一つの特性X線の振動数νはその元素の原子番号Zに依存し，

$$\sqrt{\nu} = A(Z - \sigma) \qquad (4 \cdot 3)$$

の関係を満たす．ここでAとσは定数である．(4・4)式を**モーズリー**(Moseley)**の法則**といい，原子番号が原子に含まれる電子の数に等しいことを意味する重要な式である．また，この法則に基づき，X線を用いた元素の定性ならびに定量分析が可能となる(4・4・4節参照)．図4・1はモリブデンから発生するX線の強度と波長の関係である．相対的に強度の弱い滑らかな曲線は連続X線であり，強度が大きく鋭い線は特性X線である．図中の二つの特性X線はK$_\alpha$線とK$_\beta$線に帰属される．

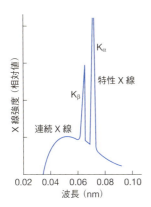

図4・1 モリブデンからのX線の発生
波長とX線強度の関係

　実際に測定に用いられる装置では，真空中でタングステンフィラメントを加熱して電子を発生させる．加熱によって金属から電子が飛び出す現象は**熱電子放出**(thermoelectronic emission)とよばれる．フィラメントから飛び出す**熱電子**(thermoelectron)を30 kV程度の電圧で加速して金属のターゲットにぶつける．金属から発生する特性X線をベリリウムの窓を通して外部に導き，回折実験に用いる．このようなX線発生装置を**X線管**(X-ray tube)という．

4・1・2 結晶による X 線の回折

X線は原子に含まれる電子によって散乱される（電磁波の散乱については 10・1・3 節参照）．結晶に入射した X 線は格子面の原子に存在する電子によって散乱され，その方向を変える．図 4・2 のように距離 d_{hkl} だけ離れて等価な格子面が並んでい

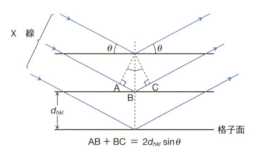

図 4・2 **結晶の格子面におけるブラッグ反射**

る場合，格子面にある角度 θ で入射した X 線の一部は図に示したような経路を通って結晶の外に出る．このとき，異なる格子面で散乱される波長が λ の X 線に対して，

$$2d_{hkl}\sin\theta = n\lambda \qquad (n \text{ は正の整数}) \qquad (4・4)$$

が成り立つと，散乱された二つの X 線は互いに位相が一致するため干渉して強め合い，結晶からは強度の強い X 線が放出される．この現象は，X 線が格子面で反射を受けるように見えるため，**ブラッグ反射**（Bragg reflection）とよばれる．また，散乱により強い X 線が現れるためには (4・4) 式の条件が必要であるという事実を**ブラッグの法則**という．さらに，結晶による X 線のブラッグ反射を，狭い意味での "X 線回折" とよぶ．

ブラッグの法則に基づけば，角度 θ を変えながら格子面から反射する X 線の強度を測定すると，X 線の強度が大きくなる角度から格子定数を知ることができる．具体的な手続きを述べよう．ある一つの格子面が a 軸，b 軸，c 軸と点 $(pa, 0, 0)$，$(0, qb, 0)$，$(0, 0, rc)$ で交差すれば，この格子面に近接する等価な格子面は $(2pa, 0, 0)$，$(0, 2qb, 0)$，$(0, 0, 2rc)$ で各軸と交わることになり，つぎに近接している等価な格子面は $(3pa, 0, 0)$，$(0, 3qb, 0)$，$(0, 0, 3rc)$ で各軸と交わる．この様子を図 4・3 に示す．面間隔 d_{hkl} は原点から最も近い位置にある格子面におろした垂線の長さに等しい．最も簡単な例として立方晶系を考えてみよう．結晶軸として直交座標の x 軸，

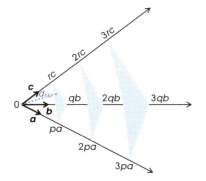

図 4・3 **格子面と面間隔** 原点から最も近い格子面におろした垂線(図中の破線)の長さ d_{hkl} が面間隔である

y 軸,z 軸を考え,格子定数を a とすると,(hkl) で表される格子面は,

$$hx + ky + lz = a \tag{4・5}$$

と表現できるので,原点からこの平面におろした垂線の長さを計算すれば,結果として,

$$\frac{1}{d_{hkl}^2} = \frac{h^2 + k^2 + l^2}{a^2} \tag{4・6}$$

表 4・1　七つの結晶系における面間隔とミラー指数の関係

結晶系	面間隔とミラー指数の関係
立方晶	$\dfrac{1}{d_{hkl}^2} = \dfrac{h^2 + k^2 + l^2}{a^2}$
正方晶	$\dfrac{1}{d_{hkl}^2} = \dfrac{h^2 + k^2}{a^2} + \dfrac{l^2}{c^2}$
直方晶	$\dfrac{1}{d_{hkl}^2} = \dfrac{h^2}{a^2} + \dfrac{k^2}{b^2} + \dfrac{l^2}{c^2}$
六方晶	$\dfrac{1}{d_{hkl}^2} = \dfrac{4}{3}\left(\dfrac{h^2 + hk + k^2}{a^2}\right) + \dfrac{l^2}{c^2}$
菱面体晶	$\dfrac{1}{d_{hkl}^2} = \dfrac{(h^2 + k^2 + l^2)\sin^2\alpha + 2(hk + kl + lh)(\cos^2\alpha - \cos\alpha)}{a^2(1 - 3\cos^2\alpha + 2\cos^3\alpha)}$
単斜晶	$\dfrac{1}{d_{hkl}^2} = \dfrac{1}{\sin^2\beta}\left(\dfrac{h^2}{a^2} + \dfrac{k^2\sin^2\beta}{b^2} + \dfrac{l^2}{c^2} - \dfrac{2lh\cos\beta}{ca}\right)$
三斜晶	$\dfrac{1}{d_{hkl}^2} = \dfrac{1}{V^2}(S_{11}h^2 + S_{22}k^2 + S_{33}l^2 + 2S_{12}hk + 2S_{23}kl + 2S_{31}lh)$ ただし,V は単位胞の体積,また, $S_{11} = b^2c^2\sin^2\alpha \qquad S_{22} = c^2a^2\sin^2\beta \qquad S_{33} = a^2b^2\sin^2\gamma$ $S_{12} = abc^2(\cos\alpha\cos\beta - \cos\gamma)$ $S_{23} = a^2bc(\cos\beta\cos\gamma - \cos\alpha)$ $S_{31} = ab^2c(\cos\gamma\cos\alpha - \cos\beta)$

を得る．(4・4)式で $n=1$ とおき，(4・6)式と組合わせると，

$$\sin^2\theta = \frac{\lambda^2}{4a^2}(h^2+k^2+l^2) \qquad (4・7)$$

が導かれる．θ を変えながら X 線の強度を測れば，強い回折線の得られる角度の値から格子定数 a が求まり，ブラッグ反射を与える格子面のミラー指数を特定できる．具体的な例を 4・1・4 節で示す．立方晶も含め，七つの結晶系について成り立つ面間隔とミラー指数の関係を表 4・1 にまとめた．

4・1・3 消 滅 則

X 線回折と結晶構造の関係に見られる一般的な法則を述べておく．単純格子ではすべてのミラー指数に対応する格子面からのブラッグ反射が観察されるが，体心格子や面心格子では特定の格子面からの反射が現れない．これを**消滅則**(extinction rule)という．たとえば，体心立方格子におけるブラッグ反射を考えよう．図 4・4 は(100)面における X 線の反射を表している．強い回折線が観察されるためには，

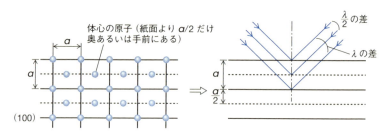

図 4・4　格子定数が a の体心立方格子の(100)面におけるブラッグ反射
(100)面から反射する X 線同士は光路差が波長 λ に等しく強め合うが，体心の位置の原子がつくる格子面から反射する X 線は，(100)面から反射する X 線との光路差が $\lambda/2$ であるため打ち消し合う．このため，体心立方格子では(100)面からのブラッグ反射が観察されない

異なる(100)面で反射された X 線が干渉して強め合わなければならない．このとき，(4・4)式からわかるように図中の二つの X 線が通る経路の差は波長に等しい．体心立方格子では，図のように(100)面の間に体心の位置の原子がつくる格子面があり，しかもこの面は(100)面と等価である．(100)面で反射される X 線と体心の原子がつくる格子面で反射される X 線とは，ちょうど半波長だけ位相がずれるため互いに打ち消し合う．この結果，体心立方格子では(100)面からのブラッグ反射が

観察されない．一般には，体心立方格子においてブラッグ反射が起こるためには，格子面のミラー指数の和が偶数でなければならない．また，面心立方格子では，h，k，l がすべて奇数かすべて偶数の場合にのみ強い回折線が現れる．

4・1・4　原子散乱因子と構造因子

4・1・2 節で少しふれたが，X 線は結晶を構成する原子やイオンに内在した電子によって散乱され，結晶格子による回折を起こす．そのため，電子の数が多い原子やイオンほど散乱される X 線の強度は強くなり，原子番号の大きな元素からなる結晶ほど，(4・4)式のブラッグの条件を満たす回折線の強度は強くなる．個々の原子が X 線を散乱する程度は，次式で与えられる**原子散乱因子**(atomic scattering factor)とよばれるパラメーターで表現される．

$$f = \sum_{t=1}^{n} \int_{0}^{\infty} 4\pi r^2 \rho_t(r) \frac{\sin Qr}{Qr} dr \qquad (4 \cdot 8)$$

ここで，n は原子に含まれる電子の個数，$\rho_t(r)$ は t 番目の電子の分布を反映した電子密度，r は原子核からの距離である．ここでは，電子は原子核を中心に球対称に分布していると仮定している．また，Q は散乱ベクトルの大きさであり，入射する X 線の進行方向と散乱される方向とがなす角度を 2θ として，

$$Q = \frac{4\pi \sin\theta}{\lambda} \qquad (4 \cdot 9)$$

と表現される．ここで λ は X 線の波長である．(4・8)式より Q がゼロに近づけば右辺は電子の数を表すことになるので，$\sin\theta/\lambda$ が小さくなる極限では原子散乱因子は原子番号に等しくなる．また，$\sin\theta/\lambda$ が大きくなるにつれて原子散乱因子は単調に減少する．

結晶において，j 番目の原子が (u_j, v_j, w_j) の位置にあるとき，(hkl) 面で回折される X 線の強度 I は，

$$F = \sum_{j=1}^{N} f_j e^{2\pi i(hu_j + kv_j + iw_j)} \qquad (4 \cdot 10)$$

とおいて，$I = |F|^2 = F^*F$ で表される．F^* は F の複素共役である．F は**構造因子**(structure factor)とよばれ，(4・10)式において原子は単位胞内の非等価なものだけを対象にする．N はその個数を表す．

NaCl を例にとって構造因子を計算してみよう．結晶構造は図 1・15 に示されている．Na^+ と Cl^- の単位胞における位置はつぎのようにとることができる．

$$\text{Na}^+: \quad (0,0,0), \quad (\tfrac{1}{2},\tfrac{1}{2},0), \quad (0,\tfrac{1}{2},\tfrac{1}{2}), \quad (\tfrac{1}{2},0,\tfrac{1}{2})$$

$$\text{Cl}^-: \quad (\tfrac{1}{2},0,0), \quad (0,\tfrac{1}{2},0), \quad (0,0,\tfrac{1}{2}), \quad (\tfrac{1}{2},\tfrac{1}{2},\tfrac{1}{2})$$

これらを(4・10)式に代入すると,

$$F_{\text{Na}} = f_{\text{Na}}[1 + e^{\pi i(h+k)} + e^{\pi i(k+l)} + e^{\pi i(l+h)}] \tag{4・11}$$

$$F_{\text{Cl}} = f_{\text{Cl}}[e^{\pi ih} + e^{\pi ik} + e^{\pi il} + e^{\pi i(h+k+l)}] \tag{4・12}$$

が得られる. ここで, f_{Na} と f_{Cl} はそれぞれ, Na^+ イオンと Cl^- イオンの原子散乱因子である. また,

$$e^{\pi il} = e^{\pi i(h+k+l)} \cdot e^{-\pi i(h+k)} \tag{4・13}$$

であり, h と k は整数であることから,

$$e^{-\pi i(h+k)} = e^{\pi i(h+k)} \tag{4・14}$$

が成り立つので, 構造因子は,

$$F = F_{\text{Na}} + F_{\text{Cl}} = [1 + e^{\pi i(h+k)} + e^{\pi i(k+l)} + e^{\pi i(l+h)}]\{f_{\text{Na}} + f_{\text{Cl}}e^{\pi i(h+k+l)}\} \tag{4・15}$$

と書くことができる. (4・15)式は, h, k, l がすべて偶数のとき,

$$F = 4(f_{\text{Na}} + f_{\text{Cl}}) \tag{4・16}$$

であり, h, k, l がすべて奇数のとき,

$$F = 4(f_{\text{Na}} - f_{\text{Cl}}) \tag{4・17}$$

となる. また, h, k, l のうち一つが奇数, 他の二つが偶数のとき, あるいは一つが偶数, 他の二つが奇数のとき,

$$F = 0 \tag{4・18}$$

である. よって, 格子面に応じて回折される X 線の強度が変化し, 条件によっては回折による X 線が生じない場合もある. これらの情報は, X 線回折測定の結果に基づいて結晶構造を明らかにするうえで重要である. 図4・5に $\text{CuK}_{\alpha 1}$ 線を X 線源 (波長は 0.154059 nm) として測定した NaCl 粉末の X 線回折パターンを示す. ここで, $\text{K}_{\alpha 1}$ 線は, L 殻を構成する 2p 軌道のうち, 軌道角運動量量子数が $l=1$, スピン量子数が $s=1/2$ で, 全角運動量量子数が $j=1+1/2=3/2$ の状態から K 殻への電子の遷移によって生じる特性 X 線である. また, 2p 軌道の $j=1-1/2=1/2$ から K 殻への遷移によって発生する X 線は $\text{CuK}_{\alpha 2}$ 線とよばれる(軌道角運動量, スピン角運動量, 全角運動量については 8・1 節も参照のこと). 図の横軸は 2θ, 縦軸は X 線の強度を表す. 図中の数値は回折線が現れる角度(2θ)であり, 最も強度の強い回折線は(200)面からの反射に対応する. この場合, 構造因子は(4・16)式

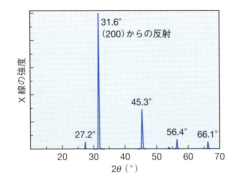

図 4・5 粉末状の NaCl 結晶の X 線回折パターン

の場合に当たる．また，NaCl は立方晶であるから(4・7)式を用いると，この回折線に対応する θ の値に基づけば，

$$\sin^2 15.8° = \frac{(0.154059 \text{ nm})^2}{4a^2}(2^2 + 0^2 + 0^2) \qquad (4・19)$$

が成り立つから，格子定数は $a = 0.566$ nm と見積もることができる．

4・2 中性子回折と電子回折

中性子と電子は粒子であると同時に波の性質ももつため，電磁波である X 線と同様，回折現象を起こす．これらはそれぞれ，**中性子回折**(neutron diffraction)および**電子回折**(electron diffraction)とよばれ，いずれも結晶の構造解析に利用される．X 線回折法ほど汎用的ではないものの，X 線回折では得ることのできない情報を提供してくれるので，結晶の構造解析やキャラクタリゼーションにおいて重要な回折法の一つとなっている．

4・2・1 中性子回折

中性子と物質の相互作用は弾性散乱と非弾性散乱に大別できる．前者では入射する中性子と散乱される中性子のエネルギーは互いに等しい．この過程が中性子回折に利用される．後者では入射した中性子が物質からエネルギーを得たり，逆に物質にエネルギーを与えたりして散乱される．たとえば，結晶の格子振動と相互作用して出射する中性子の運動量とエネルギーの情報から，図5・5に示したようなフォノンの分散関係(波数と振動数の関係)が広範囲の振動数と波数の領域において得られる．

4・1・4節で述べたように，結晶格子によって回折される X 線の強度は結晶を構

成する元素の原子番号に依存する．したがって，X線回折測定の結果から，第1周期や第2周期の軽元素の結晶格子における位置を正確に決めることは難しい．また，同じ元素の同位体や原子番号の近い元素の位置を区別することは不可能あるいはほぼ不可能である．これに対して，中性子は原子核によって散乱され，散乱の程度は原子番号には依らず，原子番号の近い元素や同位体であっても大きく異なる場合があるので，結晶格子内での軽元素の位置や，原子番号の近い原子あるいは同位体の空間的な分布状態を知ることが可能になる．X線における原子散乱因子に対応するパラメーターは中性子回折では**散乱振幅**(scattering amplitude)とよばれる．いくつかの元素について散乱振幅の値を表4・2に示す．たとえば，HとD(重水素)では符号が異なるうえに大きさも2倍ほど違う．また，原子番号が8のOは原子番号が56のBaより散乱振幅が大きい．このような特徴から，結晶構造解析において中性子回折はX線回折と相補的に用いられることが多い．

表4・2　同位体を含むいくつかの元素に対する中性子の散乱振幅
O, Ar, Fe など複数の同位体がある元素はそれらの寄与が反映された値

元　素	原子番号	中性子の散乱振幅 (10^{-12} cm)
H	1	-0.374^*
D	1	0.667
N	7	0.938
O	8	0.580
Ar	18	0.188
Mn	25	-0.373^*
Fe	26	0.954
Co	27	0.278
Y	39	0.765
Ba	56	0.52
Pb	82	0.94

＊　負の値は中性子が原子核によって散乱される際に位相が逆転することを表す．

　また，中性子は磁気モーメントがゼロでないため，固体が磁性原子や磁性イオンを含んでいると，中性子は原子核とは別に原子やイオンの磁気モーメントと相互作用して散乱される．このため，強磁性や反強磁性といった磁気秩序構造が存在すると，原子(イオン)の磁気モーメントの規則配列を反映した回折線が現れる．よって，中性子回折パターンの解析により磁気構造を明らかにすることができる．な

お，磁性体については8章で詳細に説明する．

中性子回折測定は，X線回折と同様に波長を固定した測定と，入射角を固定した測定とに大別できる．前者では原子炉で生成する中性子が利用される．原子炉内ではウランの核分裂によってさまざまな波長をもつ高速中性子(高エネルギーの中性子)が生じる．これを減速材に通してエネルギーを低下させたあと，たとえばケイ素の単結晶の(110)面に入射すると，(4・4)式のブラッグの条件を満たす波長の中性子だけが取出されるため，これを回折測定に利用する．中性子に限らず，光(電磁波)などでも，多数の波長をもつ光から単一の波長の光のみを取出す過程を単色化という．また，ここでのケイ素単結晶のような単色化に用いるデバイスを**モノクロメーター**(monochromator)とよぶ．

後者では**スパレーション中性子源**(spallation neutron source)が用いられる．スパレーションとは0.1 GeV程度あるいはそれ以上のエネルギーをもつ陽子などを物質に照射したときに生じる核反応であり，0.5～1 GeVの陽子を金属のウランやタンタルにぶつけると，さまざまな波長をもった中性子が生じる．これを測定対象の試料に照射することを考えると，ド・ブローイの関係より，波長がλの中性子の速さvは，hをプランク定数，中性子の質量をmとして，$v = h/(m\lambda)$と表されるから，試料までの距離がDであれば，中性子が飛行に要する時間τは，

$$\tau = \frac{Dm}{h}\lambda \tag{4・20}$$

となり，波長は時間に比例することになるため，中性子回折パターンは飛行時間の関数として与えられる．このような方法は一般に**飛行時間法**あるいは**タイム・オブ・フライト**(time-of-flight，TOF)**法**とよばれる．中性子回折では中性子飛行時間法とよんでいる．

4・2・2　電子回折

X線が原子に含まれる電子によって散乱され，中性子が原子核によって散乱されるのに対し，結晶に入射した電子は，原子核とそのまわりの電子がつくる静電ポテンシャルによって散乱される．よって，X線の場合と同様，原子散乱因子は原子番号の大きい原子ほど大きくなり，また，$\sin\theta/\lambda$(4・1・4節参照)の増加にともない単調に減少する．一方，電子は荷電粒子であるため電場や磁場によりその方向を変えることができる．よって，図4・6に示すようにこれをレンズとして電子波を絞り込むことができ，この結果，強度の強い鮮明な回折パターンを得ることが可能に

なる．これはX線回折にはない利点である．

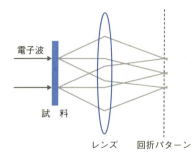

図4・6 制限視野回折の原理

一般に，電子回折の測定は，後述する透過型電子顕微鏡を用いて行う．図4・6のように互いに平行な電子波を試料にあてる方法を**制限視野回折**(selected area diffraction, SAD, または制限視野電子回折, SAED)という．一方，試料に円錐状のビームをあてると，同時に複数の角度で結晶格子に電子を入射することができるため，回折パターンに基づいて結晶の3次元的な対称性を明らかにすることが可能になる．この方法を**収束電子回折**(convergent beam electron diffraction, CBED)という．制限視野回折において得られる電子回折パターンを単結晶，多結晶，非晶質固体に対して模式的に表すと図4・7のようになる．単結晶では回折パターンが規則的なスポットの配列となるが(図4・7a)，多結晶ではスポットが集合して図4・7(b)のような同心円を描く．この同心円を**デバイ環**(Debye ring，あるいは**デバイ・シェラー環**，Debye-Scherrer ring)とよぶ．また，非晶質固体では図4・7(c)に示すようにスポットやデバイ環が不鮮明になる．図4・8は実測されたCeO_2多結晶の電子回折パターンであり，一見するとスポットは無秩序に現れているように見えるが，いずれもデバイ環上に存在している．1・5・2節で述べたとおりCeO_2はホ

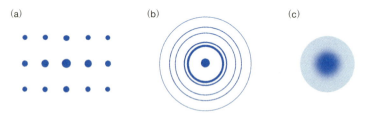

図4・7 典型的な電子回折パターンの模式的な図 (a) 単結晶，(b) 多結晶，(c) 非晶質固体の場合

タル石型構造をとる．図4・8では，各デバイ環に相当するCeO₂の格子面をミラー指数で表現している．

図4・8 多結晶CeO₂の電子回折パターン
九州大学 北條元准教授のご好意による

4・3 電子顕微鏡

結晶および非晶質固体の構造を直接見る手段として**電子顕微鏡**(electron microscope)が用いられる．ただし，ここでの構造は原子の配列のみならず，より大きな範囲も含んだ広い意味での固体の構造を指している．電子顕微鏡は光学顕微鏡と比べて高倍率の像が高分解能で得られるという利点をもつ．電子顕微鏡では対象となる試料に電子線をあて，試料の形状の情報をもって外部に現れる電子を検出して像を描くのであるが，その手法には主として2通りのものがある．一つは，試料に電子線が照射されることにより試料の表面から飛び出す二次電子を検出するもので，電子線で試料表面をなぞりながら全体の像を形成するため，**走査型電子顕微鏡**(scanning electron microscope, SEM)とよばれる．二次電子とは，電子線が固体中の原子や電子と衝突して失ったエネルギーを得て外部に飛び出してくる電子である．測定の原理上，SEMでは試料表面の微小な凹凸や多結晶における結晶粒子の大きさと形状などの情報が得られ，0.01 μmから100 μm程度までの大きさを観察することができる．

一方，薄い試料を用い，これを透過する電子線を検出して微細な構造を調べる方法もある．これを**透過型電子顕微鏡**(transmission electron microscope, TEM)という．試料の厚さは，たとえば100 kVの加速電圧で電子線をつくる場合，たかだか100 nm程度にしておく必要がある．SEMと比べると試料の調製が難しいが，非常に高分解能の像が得られ，分解能は最高で0.3 nmに達する．電子が試料による散

乱を受けずに透過して結ぶ像を**明視野像**(bright-field image)，試料によって散乱される電子が描く像を**暗視野像**(dark-field image)という．TEM では多結晶体の粒界や結晶中の転位などの観察が行える．また，透過型電子顕微鏡において試料を走査する機能を備えたものを**走査型透過電子顕微鏡**(scanning transmission electron microscope, STEM)とよんでいる(コラム参照)．

さらに高分解能で試料の表面を観察する電子顕微鏡に**走査型トンネル顕微鏡**(scanning tunneling microscope, STM)や**原子間力顕微鏡**(atomic force microscope, AFM)がある．いずれもプローブとよばれる細い探針を試料の表面に近づけ，表面に沿ってプローブを動かして像を得る．前者では図4・9に示すようにプローブと試料との間に電圧を加え，これらの間を"トンネル効果"によって流れる電流を検出して原子レベルでの表面の凹凸を調べる．トンネル効果とは，あるポテンシャル障壁よりも小さい運動エネルギーをもった粒子でも，その障壁をすり抜けて障壁の向こう側に現れる確率がゼロではないという現象で，量子力学的な効果として微視的な世界で観察される．STM の場合には電流を担う電子がプローブと試料の間の絶縁体の部分を通り抜ける確率がゼロではなく，それがトンネル電流という形で現れる．一方，AFM ではプローブと試料との原子間力に基づくプローブの変化から試料の表面状態の情報を得る．いずれも原子の配列まで知ることのできる非常に高分解能の測定技術である．このような電子顕微鏡を**走査型プローブ顕微鏡**(scanning probe microscope, SPM)とよび，上記2種類のほか，磁気的な力を利用するものや，電気化学的な手法で液体中の電極の表面を調べるものなどが開発されている．SPM で観察したケイ素の結晶の表面写真を，序章の図1として示した．STM を発明したビーニッヒ(Binnig)とローラー(Rohrer)は 1986 年にノーベル物理学賞を受けている．

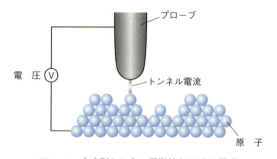

図4・9　走査型トンネル顕微鏡(STM)の原理

原子を区別して見る

　結晶の構造解析に汎用される回折法では波数空間で原子の位置をとらえている。いい換えれば、逆格子空間において原子の配列に関する情報を得ている。これに対して電子顕微鏡では実空間で原子の位置を検出している。電子顕微鏡は1931年にドイツの電気技術者であったマックス・クノール(Max Knoll)と物理学者であったエルンスト・ルスカ(Ernst August Friedrich Ruska)によって開発された。世界初の電子顕微鏡は今でいうTEMであった。その後、電子顕微鏡の技術は大きな進歩を遂げ、原子一つ一つを直接見ることばかりか、原子をつかんで動かし、自在に並べることすら可能になった。米国IBM社の物理学者であるドン・エイグラー(Don Eigler)がニッケルの結晶の上に35個のキセノン原子を並べて「IBM」の文字を書いて見せてからすでに30年が経過している。現在ではこの技術は**原子操作**(atom manipulation)とよばれている。

　ここでは、原子を一つ一つ見ることができ、元素の違いも明らかにできる方法である**高角度散乱暗視野走査型透過電子顕微鏡法**(high-angle annular dark field scanning transmission electron microscopy, HAADF-STEM)について簡単にふれよう。この手法の原理が提案されたのは1970年代であるが、汎用され始めたのは21世紀を迎えてからである。原理を図1に示す。試料は電子が透過できるように薄片状のものを対象とする。この測定法の特徴は、散乱される電子の検出器が図に示すように環状になっていることである。試料中の原子によって高角度に散乱

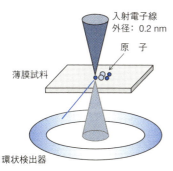

図1　高角度散乱暗視野走査型透過電子顕微鏡法(HAADF-STEM)の原理
図中の青い線の角度で散乱された電子は検出され、明るい像となって現れる

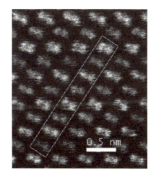

図2　$FeTiO_3$ と $\alpha\text{-}Fe_2O_3$ の固溶体のHAADF-STEM像　組成は、前者が80 mol%、後者が20 mol%

コラム（つづき）

される電子の割合は原子番号が増すに従って大きくなるため，暗視野像では原子番号の大きい原子ほど明るく見える．図2はFeTiO$_3$とα-Fe$_2$O$_3$の固溶体のHAADF-STEM像である．この固溶体はイルメナイト型構造（1・5・3節）におけるFe^{2+}の層とTi^{4+}の層にFe^{3+}が均等に入った構造をとる．図2の像において白く見える箇所はこれら陽イオンの配列を反映しており，注意深く観察すると同じ白色の箇所でも相対的に明るいところと暗いところが存在していることがわかる．たとえば白い点線で囲んだ部分では，相対的に明るい箇所と暗い箇所が交互に現れている．前者は原子番号が相対的に大きいFe^{3+}あるいはFe^{2+}が多く存在し，後者は原子番号が相対的に小さいTi^{4+}を含むために明るさに違いが現れる．このように原子番号が四つだけ異なるTiとFeの位置が区別できる．

　ところで，ルスカは電子顕微鏡の発明の功績により1986年にノーベル物理学賞を受けた．この年の同時受賞者は本文中に記したビーニッヒとローラーである．ルスカの受賞は電子顕微鏡の発明から55年，また，クノールはこのときすでに故人であった．まさに遅きに失した受賞である．

4・4　固体の分光学

　固体が示す光物性（10章参照）のうち，光吸収や発光は固体のさまざまな微視的構造や電子状態に起因し，観察される波長領域も多岐にわたる．ここでは，この現象を利用して固体の微視的構造を解析する手段である分光法の具体例を概観する．ここで述べる分光学的手法はいずれも固体のキャラクタリゼーションには汎用されているものであり，固体の電子構造，化学結合，磁性などに関する情報を得るうえできわめて有効であることを強調しておく．

　各論に入るまえに，まず，電磁波としての光の波長領域と名称について確認しておこう．図4・10に示したように，波長の短い側，すなわち，エネルギーの高い電磁波から順に，γ線，X線，紫外線，可視光線，赤外線，マイクロ波，電波となっている．これらはいずれも固体の分光学では重要な電磁波である．

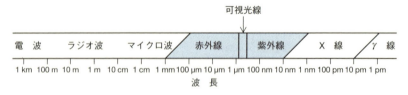

図4・10　光（電磁波）の名称と波長　ラジオ波は電波の一種

4・4・1 赤外分光とラマン分光

赤外分光とラマン分光はいずれも格子振動や固体の化学結合に関する情報を得るために用いられる分光法である. **赤外分光**(infrared spectroscopy)では固体における振動エネルギー準位の間隔が赤外線の波長領域に相当することを利用する. 固体は化学結合や構造単位の種類に応じて特徴的な光吸収を赤外領域に示す. 一方, 入射光が物質内の原子振動や分子の回転の影響を受けることによって, 物質から出射する光の波長すなわちエネルギーが入射光と比べて変化するような現象をラマン効果といい, ラマン効果に基づく光の散乱を**ラマン散乱**(Raman scattering)とよぶ. 散乱光のうち, エネルギーが減少するものをストークス線またはストークス光とよび, エネルギーが増加するものを反ストークス線または反ストークス光という. 固体のラマン散乱では主として原子や構造単位の振動によって入射光のエネルギーが変化する. したがって, ラマン散乱を利用して, 固体の格子振動や化学結合に関する情報を得ることができる. このような分光法を**ラマン分光**(Raman spectroscopy)という.

固体中に存在するすべての種類の振動が両方の分光法で検出できるわけではなく, 赤外分光では電気双極子モーメントの変化をともなう振動のみがスペクトルとして現れる. このような振動は赤外活性であるといわれる. 対照的に, 対称中心をもつ構造単位(永久双極子モーメントをもたない構造単位)の対称伸縮振動などは赤外不活性となる. 一方, ラマン分光では分極率の変化をともなう振動がラマン活性, そうではない振動がラマン不活性となる. ラマン散乱は入射光の光電場が電気双極子モーメントを誘起することによって起こり, この電気双極子モーメントの大きさは分極率に比例するため, 振動による分極率の変化が重要になる. 振動のなかには赤外不活性であってもラマン活性となる場合などがあるため, これらの分光法は相補的な手段となっている.

赤外分光とラマン分光はどちらかといえば有機化合物の同定に利用されることが多く, さまざまな官能基の共鳴振動数やスペクトル線の強度などがデータベース化されている. 無機固体においても, 水酸化物, 炭酸塩, 硝酸塩, 硫酸塩, リン酸塩, ホウ酸塩, ケイ酸塩などにおける OH 基やオキソアニオンは特徴的なスペクトルを与えるため, これらの構造単位を含む固体の解析には適している. また, 表4・3 に示すように, ハロゲン化アルカリ結晶の格子振動に基づくスペクトルは遠赤外($25 \sim 5000 \ \mu m$)の領域に現れる. 波数の大きさは, LiF の $307 \ cm^{-1}$(波長: $33 \ \mu m$)から CsCl の $99 \ cm^{-1}$(波長: $0.10 \ mm$)まで, 結晶を構成するイオンのイオン半

径が大きく質量が大きくなるほど減少する．イオン間距離が大きくなればクーロン力による引力は減少するので，このことと質量の増加とがイオン間の振動における振動数の低下をもたらす．

表4・3　ハロゲン化アルカリ結晶の格子振動の波数（波長の逆数で定義）

結　晶	波数（cm^{-1}）	結　晶	波数（cm^{-1}）
LiF	307	LiCl	191
NaF	246	NaCl	164
KF	190	KCl	141
RbF	156	RbCl	118
CsF	127	CsCl	99

4・4・2　電子スピン共鳴

　磁場中に置かれた磁気双極子モーメントのエネルギーは，8・2・2節の(8・14)式に示されているように，磁気双極子モーメントの向きが磁場と平行な場合に最小となり，逆に反平行のときに最大となる．磁気双極子モーメントが電子のスピンのみによってつくられる場合，(8・14)式は，

$$E_s = -\mu_s \cdot \boldsymbol{H} = g\mu_B \boldsymbol{S} \cdot \boldsymbol{H} \tag{4・21}$$

のように書き換えられる．g はランデの g 因子，μ_B はボーア磁子である(8・1節も参照のこと)．簡単のために電子が1個のみの場合を考えると，スピン磁気量子数 m_s が $\pm 1/2$ となることに対応して磁場中に置かれた電子のスピンのエネルギー状態は二つの準位に分かれる．このように磁場の存在によってエネルギー準位が分裂する現象を**ゼーマン効果**(Zeeman effect)という．磁場中のスピンの場合，そのエネルギー差は，

$$\Delta E_s = \frac{1}{2}g\mu_B H - \left(-\frac{1}{2}g\mu_B H\right) = g\mu_B H \tag{4・22}$$

で与えられる．すなわち，エネルギー差は磁場に比例する．温度が十分に低ければ，電子はエネルギーの低い状態，すなわちスピン磁気量子数が $-1/2$ の状態を多く占める．このとき，外部から，

$$h\nu = g\mu_B H \tag{4・23}$$

のエネルギーをもつ振動数 ν の光が照射されると，電子はこれを吸収して，スピン磁気量子数が $+1/2$ の状態へ遷移する．印加されている磁場の大きさが一般的な電磁石で達成できる 0.1〜1 T 程度であれば，遷移に必要な光の振動数(波長)はマイ

クロ波の領域となる．したがって，磁場中の常磁性体や強磁性体を対象としてマイクロ波の共鳴吸収スペクトルから固体中のイオンやラジカルなどの電子状態や磁性を調べることができる．この分光法を**電子スピン共鳴**(electron spin resonance)とよび，略して **ESR** という．電子スピン共鳴には，常磁性体を対象とする電子常磁性共鳴(electron paramagnetic resonance, EPR)，強磁性体および反強磁性体を扱う強磁性共鳴(ferromagnetic resonance, FMR)と反強磁性共鳴(antiferromagnetic resonance, AFMR)などが含まれるが，電子常磁性共鳴を狭義の電子スピン共鳴とよぶ場合もある．

測定においては，マイクロ波の振動数を一定(たとえば約 9.4 GHz)に保ち，印加する磁場を変化させて共鳴吸収によるスペクトルを得る．吸収の起こる磁場やスペクトルの形状から，不対電子の状態が解析できる．d 軌道に不対電子をもつ遷移金属イオン，f 軌道に不対電子をもつランタノイドやアクチノイド元素，有機分子のラジカル，結晶中の点欠陥などが解析の対象となる．スペクトルには，結晶場(10・2 節参照)の存在下で不対電子がつくるエネルギー準位や，電子スピンと原子核のスピン(核スピン，つぎの 4・4・3 節参照)との相互作用などが反映される．また，パルス磁場を用いると，磁化(8・1 節)の緩和など動的な過程を調べることもできる．

一例として，CaF$_2$ 結晶の格子に不純物として捕らえられた水素原子の電子スピン共鳴スペクトルを図 4・11 に示す．スペクトルの横軸は磁場であり，縦軸はマイクロ波の吸収強度を磁場で微分した量である．ESR スペクトルは通常このように吸収強度を磁場で微分した形で表すことが多い．CaF$_2$ 結晶中の水素原子はホタル

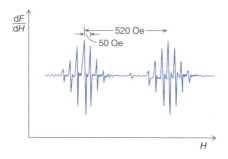

図 4・11 CaF$_2$ 結晶に捕らえられた水素原子の電子スピン共鳴スペクトル
横軸は磁場 H，縦軸はマイクロ波の吸収強度 F を H で微分したもの．520 Oe の分裂は水素の電子スピンと水素原子核との相互作用による．また，50 Oe の分裂は水素の電子スピンとフッ素原子核との相互作用による

石型構造において8個のフッ化物イオンに囲まれた位置(Ca^{2+}と等価な位置)を占める．図4・11のスペクトルが大きく520 Oe(エルステッド)の間隔で分裂しているのは，水素原子に属する電子のスピンと水素原子核の核スピンとの相互作用によりエネルギー準位が分裂するためである．このような相互作用を**超微細相互作用**(hyperfine interaction)といい，これに基づくエネルギー準位の分裂は**超微細構造**(hyperfine structure)とよばれる．また，それぞれのスペクトル線はさらに細かく分裂している．この分裂は水素原子の電子スピンと隣接するフッ素の原子核との相互作用に基づく．

4・4・3 核 磁 気 共 鳴

前節の電子のスピンを原子核のスピンに置き換えた分光法が**核磁気共鳴**(nuclear magnetic resonance)であり，**NMR**という略称も広く定着している．原子核は陽子や中性子の軌道角運動量とスピン角運動量の合計として決まる核スピンをもっており，磁場中に置かれた核スピンのエネルギー準位は磁場に比例するエネルギー間隔に分裂する．NMRの実験で用いられる磁場では，このエネルギー差は電波の一種であるラジオ波の領域に相当するので，ラジオ波の共鳴吸収によるスペクトルが観察される．共鳴吸収の条件は電子スピン共鳴と同様で，(4・23)式を導くときに考慮した電子スピンによる磁気双極子モーメントの代わりに核スピンがつくる磁気双極子モーメントの磁場中でのエネルギーを考えればよい．核スピンは外部から加えられている磁場以外にも，他の原子の核スピンがつくる磁場や電子の軌道運動による反磁性的な磁場などの局所的な内部磁場の影響も受けるため，スペクトルには吸収線の分裂やシフトなどが現れる．電子の軌道運動に基づく磁場が核スピンの共鳴エネルギーに変化をもたらす現象は**化学シフト**(chemical shift)とよばれる．化学シフトはテトラメチルシラン(TMS)などの標準物質の吸収線からのシフトとして表現される．このような化学シフトや吸収線の分裂を解析することによって，対象としている核スピンをもつ原子の局所構造がわかる．

NMRはもっぱら有機分子が対象となっており，扱われる原子核は主として^{1}Hや^{13}Cである．また，測定に際しては適当な溶媒に有機化合物を溶解した溶液の形で試料を準備することが一般的である．溶液のNMRと比べて固体のNMRは利用される頻度は少ない．溶液中で分子は比較的自由に回転運動などを行っているので，分子内の核スピンに対して局所的な内部磁場は平均化されている．核スピンは磁場の存在下で図4・12のような歳差運動とよばれる回転運動をしているが，運動

に際して複数の核スピンの位相が互いにそろっている時間(横緩和時間(transverse relaxation time)とよばれる)は磁場が平均化されているほど長く,結果として核ス

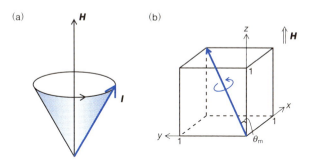

図4・12 磁場 **H** のもとでの核スピン **I** の歳差運動(a)および磁場 **H** とマジック角 θ_m との関係(b) θ_m は立方体の対角線と一辺のなす角に等しい

ピンが示す共鳴吸収線の線幅は非常に狭いものとなる.これに対して,固体では核スピンを含む原子の運動が緩慢であるため,スペクトルの線幅が非常に幅広くなる.それゆえ,スペクトルを解析して構造に関する情報を得ることがきわめて困難になる.これを克服するために,固体の NMR では外部磁場から一定の角度 θ_m だけ傾いた軸のまわりで試料を高速回転させる方法がとられる.内部磁場の平均化を妨げて異方性を生じる相互作用は $3\cos^2\theta_m - 1$ に比例することが知られているので,

$$3\cos^2\theta_m - 1 = 0 \tag{4・24}$$

を満たす角度 $\theta_m = 54.7°$ で回転させれば,内部磁場は平均化されて溶液と同じように鋭い吸収線が得られる.この回転角を**マジック角**(magic angle)といい,この

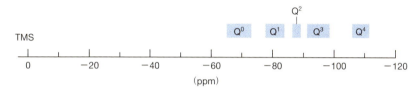

図4・13 ケイ酸塩結晶に含まれる SiO_4 構造単位の ^{29}Si NMR の化学シフト テトラメチルシラン(TMS)を基準に表している.Q^m では SiO_4 の酸素原子に結合している第2配位圏のケイ素原子の数が m 個である(ただし,$0 \leq m \leq 4$,m は整数)

ような手法の NMR を**マジック角回転核磁気共鳴**(magic angle spinning nuclear magnetic resonance, MAS NMR)とよんでいる.

　MAS NMR は特にさまざまなケイ酸塩におけるケイ素原子の局所構造の評価や,ゼオライトや粘土などのアルミノケイ酸塩におけるケイ素原子とアルミニウム原子の解析に効果的に用いられている. ^{29}Si NMR を例にとると,ケイ素原子に結合している四つの酸素原子のうち,いくつが別のケイ素原子と結合しているかに依存して化学シフトが異なる.ケイ酸塩の場合に対してこの様子を図 4・13 に示す.ケイ素原子を中心にもつ四面体構造単位は,酸素原子に結合している第 2 配位圏のケイ素原子の数を右肩に付して, Q^0 や Q^4 のように表現される.たとえば Q^4 は SiO_4 四面体の酸素がすべて別のケイ素原子と結合している構造を表している.このような構造は SiO_2(シリカ)で見られる.シリカの多形の一つであるクリストバライトの ^{29}Si NMR スペクトルを図 4・14 に示す.鋭い 1 本の吸収線は Q^4 構造に対応する.

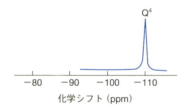

図 4・14　クリストバライトの ^{29}Si NMR スペクトル　化学シフトは TMS 基準

4・4・4　X 線 分 光

　X 線を用いた固体の構造解析の手段として最も効果的なものは,4・1 節で述べた X 線回折である.一方,固体における X 線の吸収や発光にかかわる現象も固体のキャラクタリゼーションのために有効に利用される.まず,X 線の放出を利用する分光法について述べよう.すでに述べたとおり,高エネルギーの電子線などによって原子の内殻の電子がはじき出され,空になった準位に外側の軌道の電子が遷移する際に放出される光が特性 X 線である.放出される特性 X 線の波長は元素に固有の値をとるから,固体に電子線を照射したときに発生する X 線の波長と発光強度を解析することで,固体に含まれる元素の種類と量を知ることができる.特性 X 線の発生は,固体に高速の電子線をあてる方法のほか,X 線を照射する方法でも実現できる.後者を特に**蛍光 X 線分析**(X-ray fluorescence analysis)という.ただし,このような X 線の放出を利用する分光法はナトリウムより原子番号の小さい軽い元素には適用できない.軽い元素から発生する特性 X 線は軟 X 線とよばれる

波長の長いX線であるため,固体内で再吸収されるからである.

一方,固体にX線が照射されると,内殻の電子は特定の波長をもつX線を吸収してエネルギーの高い空の準位(バンド)に遷移する.このため,X線のエネルギーを連続的に変化させると,電子の遷移が起こるエネルギーにおいてX線の吸収係数は急激に増加する.吸収係数が急激に上昇し始めるエネルギーあるいは波長を吸収端(absorption edge)という.吸収端の波長は元素に固有であるため,X線の吸収を利用して固体中の元素の定性分析ができる.例として,銅の単体のX線吸収スペクトルを図4・15に示す.9000 eV付近において吸収係数の急激な増加が見られる.これはCuのK殻の電子が励起されて生じるK吸収端である.吸収端から数十eVほどエネルギーの高いところまでの領域は**X線吸収端近傍構造**(X-ray absorption near edge structure)とよばれ,**XANES**(ゼインズ)と略称される.この領域は元素の酸化状態などに関する情報を含んでおり,触媒中のCeのような遷移元素の酸化状態の定性的な解析に利用される.

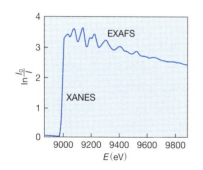

図4・15 77 Kで測定された銅のX線吸収スペクトル 横軸はX線のエネルギー,縦軸は吸収の割合.$E =$ 9000 eV付近にCuのK吸収端が見られる

一方,図4・15において吸収端から数百eVほどエネルギーの高いところまでの領域に独特の振動構造が見られる.これを**X線吸収広域微細構造**(extended X-ray absorption fine structure),略して**EXAFS**(エキザフスあるいはエクザフス)という.また,クローニッヒ構造(Kronig structure)ともよばれる.この領域のエネルギーをもつX線を吸収して励起された電子(光電子)は,波として原子の外側に広がってゆき,隣接する原子によって散乱される.外部に向かう波と散乱されて戻ってくる波とが干渉を起こし,X線を吸収した原子から発生する光電子の状態に影響を及ぼすため,X線の吸収における終状態も影響を受け,吸収係数はエネルギーに依存して振動するような微細構造を示す.よって,EXAFSの解析により,特定の原子のまわりに存在する原子までの距離と配位数についての情報が得られる.

4・4・5　電 子 分 光

　固体にエネルギーを与えることによって飛び出してくる電子の運動エネルギーの分布を調べて固体の構造解析を行う方法を**電子分光法**(electron spectroscopy)という．固体に与えるエネルギーが光である場合は特に**光電子分光法**(photoelectron spectroscopy)とよばれる．固体中の原子核に捕らえられている電子は光エネルギーを受け取って原子核との結合を切り，運動エネルギーをもって外部に飛び出す．照射される光の振動数を ν，放出される電子の運動エネルギーを E_K とすれば，結合エネルギー E_b は，

$$E_b = h\nu - E_K - \varPhi \qquad (4 \cdot 25)$$

で与えられる．E_b は元素の種類および測定の対象となる電子が存在する原子軌道に依存する量で，束縛エネルギーとよばれる．また，$\varPhi$ は仕事関数で，表面から電子が飛び出す際に必要なエネルギーである．特に電子の励起光源として X 線を用いると，内殻の電子が放出されるので，結合エネルギーの大きさから元素の種類や酸化状態などを知ることができる．これを**X 線光電子分光法**(X-ray photoelectron spectroscopy, XPS)または **ESCA**(electron spectroscopy for chemical analysis, エスカと読む)という．通常，Al K_α 線や Mg K_α 線が電子の励起に使われる．照射する光として紫外光を用いる方法もある．これを**紫外光電子分光法**(ultraviolet photoelectron spectroscopy, UPS)といい，通常は励起光源として He の共鳴線(波長は 58.4 nm)が用いられる．UPS では価電子の状態を知ることができる．

　電子線や X 線などの照射によって原子の内殻に空の準位が生じると，エネルギーの高い準位の電子はこの空の準位に遷移してエネルギーを放出する．これが光として放たれるものが前述のとおり特性 X 線であるが，電子の遷移にともなうエネルギーが他の電子に与えられて，エネルギーを受け取った電子が飛び出す現象も見られる．放出される電子を**オージェ電子**(Auger electron)といい，この電子の運動エネルギーから固体の状態分析を行う方法をオージェ電子分光法(Auger electron spectroscopy, AES)とよぶ．オージェ電子の運動エネルギーは内殻のエネルギー準位を反映しているため元素に固有な値である．したがって，AES は固体の元素の分析に適している．

　以上の XPS，UPS，AES は固体から飛び出してくる電子のエネルギーを測定することが基礎となるので，いずれも固体の表面状態を調べる手段として有効である．

4・4・6 メスバウアー分光

物質中の原子や分子が光を吸収したり放出したりする過程では，エネルギーのみならず運動量の授受も起こる．たとえば原子が振動数 ν の光を吸収する過程では，原子は $h\nu$ のエネルギーとともに $h\nu/c$ の運動量を得る．これは，原子が運動エネルギー

$$E_\mathrm{R} = \frac{h^2\nu^2}{2c^2M} \tag{4・26}$$

を獲得して，始めの位置から変位することを意味する．ここで c は光速，M は原子の質量である．このように粒子(この場合，原子)が入射してくる粒子(この場合，光子)から運動量を受け取って移動する現象を**反跳**(recoil)という．反跳は原子が光子を放出する際にも起こる．光が吸収される過程では，入射光のエネルギーは(4・26)式のエネルギーの分だけ $h\nu$ より小さくなるので，遷移の起こるエネルギー準位の間隔がたとえ $h\nu$ に等しくても共鳴吸収は起こらないことになる．しかし，可視光や赤外光のようなエネルギーの低い光の場合，(4・26)式の運動エネルギーが十分小さくなり，同時に遷移に関係するエネルギー準位は必ず分布(幅)をもつので，共鳴吸収は起こる．エネルギーの大きさの関係を図 4・16 に示す．エネルギー準位の幅はハイゼンベルグの不確定性原理に基づいて生じ，寿命(10・1・4 節参照)が τ である励起状態ではエネルギーのゆらぎは，

$$\Delta E_\mathrm{N} = \frac{\hbar}{\tau} \tag{4・27}$$

となる．ここで，プランク定数を h として，$\hbar = h/2\pi$ である．$\hbar$ は換算プランク

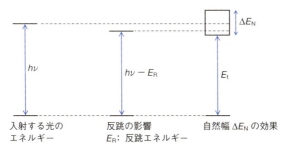

図 4・16 **光の共鳴吸収** $h\nu$ は入射する光エネルギー．エネルギー準位の差は $h\nu - \Delta E_\mathrm{N}/2$ と $h\nu + \Delta E_\mathrm{N}/2$ の間に分布する(一番右の図)．反跳の影響があると，光のエネルギーは $h\nu - E_\mathrm{R}$ に減るが，ΔE_N の存在のため，遷移に必要なエネルギーは $E_\mathrm{t}(< h\nu - E_\mathrm{R})$ となる

定数あるいはディラック定数とよばれる．ΔE_N を**自然幅**(natural width)という．準位間のエネルギーには(4・27)式の分だけ余裕があることになり，ΔE_N が(4・26)式のエネルギーの損失をまかなうため，光の共鳴吸収が起こる．

一方，原子核は核スピンによって決まるエネルギー準位をもっており，準位間のエネルギーの差は γ 線の波長領域に相当する．このため，原子核では γ 線の吸収や放出が可能である．しかし，可視光などに比べて波長の短い γ 線では(4・26)式で表される原子核の反跳によるエネルギーが非常に大きくなり，自然幅を上回る．よって，その分だけ遷移に必要な γ 線のエネルギーが不足する．実際に，液体や気体では γ 線の共鳴吸収は容易に起こらない．ところが，固体では原子核が化学結合により互いに強く結び付けられているため，(4・26)式の M は原子 1 個の質量と比較すると事実上無限大の大きさとなり，$E_R = 0$ となる確率が存在して γ 線の共鳴吸収や放出が観察される．固体において無反跳で γ 線の共鳴吸収や放出が起こる現象はメスバウアー(Mössbauer)によって実験的に見いだされたため，**メスバウアー効果**とよばれる．彼はこの現象の発見で 1961 年に 32 歳の若さでノーベル物理学賞を受けた．

メスバウアー効果を利用すると，固体中の特定の元素について酸化数や配位構造のような化学的な状態や，内部磁場の大きさやその異方性といった磁気的性質を知ることができる．これを**メスバウアー分光法**という．特に ^{57}Fe を利用した測定が汎用されている．このほか，^{119}Sn, ^{129}I, ^{125}Te，希土類などが測定の対象となっている．例として，図 4・17 に非晶質 Fe$_{83}$B$_{17}$ 合金の ^{57}Fe メスバウアースペクトルを示す．実験では γ 線のエネルギーはドップラー効果を利用して変化させる．図 4・

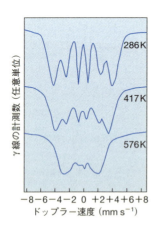

図 4・17 非晶質 Fe$_{83}$B$_{17}$ の種々の温度での ^{57}Fe メスバウアースペクトル 縦軸は試料を透過する γ 線の計測数，すなわち，透過率

17の横軸はドップラー速度であり，γ線のエネルギーを反映している．また縦軸はγ線の透過率である．286 K でのスペクトルは 6 本に分裂しているが，これは内部磁場により核スピンのエネルギー準位が分裂するために起こる現象(ゼーマン効果)であり，これにより非晶質 $Fe_{83}B_{17}$ 合金が 286 K では強磁性体であることがわかる．

4・5 熱 分 析

固体の温度変化にともなう熱の吸収・放出や重量の変化を検出して解析するキャラクタリゼーションの手法を**熱分析**(thermal analysis)という．温度変化にともなう結晶構造の変化，結晶から液体への相転移，誘電体や磁性体における相転移(それぞれ 7 章および 8 章を参照)，ガラスの加熱による結晶化，固体の熱分解反応などでは，潜熱が生じたり熱容量の不連続な変化が見られたりする(2・1 節)．熱分析はこれらの現象の解析に用いられる．おもな手法は，**示差熱分析**(differential thermal analysis, DTA)，**熱重量分析**(thermogravimetry, TG)，**示差走査熱量測定**(differential scanning calorimetry, DSC)である．

示差熱分析では，基準物質として測定温度範囲で熱分解や相転移を示さない結晶を選び，それと測定の対象となる試料を同時に一定の速度で加熱しながら，両者の温度差を測定する．基準物質には通常，α-Al_2O_3 が用いられる．温度変化により試料が発熱あるいは吸熱をともなう変化を起こせば，試料側の温度はそれらに応じて上昇あるいは低下し，基準物質との温度差が検出される．試料と基準物質の温度差を基準物質の温度の関数として描いた曲線を"DTA 曲線"という．図 4・18 に，

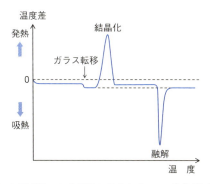

図 4・18 無機ガラスに典型的に見られる DTA 曲線(模式的な図)

無機ガラスを加熱した際に見られる典型的な DTA 曲線の模式図を示す．試料と基準物質には同じ熱量が加えられるため，一般に両者の熱容量が異なることにより，昇温の初期段階で両者にわずかに温度差が生じる．温度上昇にともない，ガラス転移点以上になりガラスが過冷却液体に変化すると熱容量が増加するため，試料側の温度が少し下がる．ガラス転移点の直上では結晶化が起こり，準安定なガラス相はエンタルピーの低い結晶相に変化するため，発熱ピークが現れる．さらに温度が上がれば，結晶は融解して液体に変化する．このとき，吸熱ピークが観察される．

　示差走査熱量測定は，示差熱分析と同様，測定温度範囲にわたって相転移や分解を起こさず，熱容量がほぼ一定であるような物質を基準物質として用いる．ここでも α-Al₂O₃ が汎用される．一般には，基準物質と測定対象の試料が同じ温度になるように別々に熱量を加え，温度を上昇させながら両者に加えた熱量の差を検出する．示差熱分析との違いは，示差走査熱量測定では試料と基準物質の温度差ではなく熱量の差を測定することにある．DTA 曲線と同様，温度の変化にともない発熱や吸熱をともなう変化が起これば "DSC 曲線" において上向きあるいは下向きのピークとなって現れる．また，熱量の温度微分は熱容量であるから（(2・14)式および(2・15)式），DSC のデータを解析することにより，固体の熱容量の温度変化を知ることができる(5・3 節も参照のこと)．

　熱重量分析では温度変化にともなう試料の重量変化を測定する．ここでも試料は一定速度で加熱される．たとえば，炭酸マグネシウムが加熱により分解して酸化マグネシウムに変化する反応

$$MgCO_3(s) \longrightarrow MgO(s) + CO_2(g) \qquad (4・28)$$

のように，固体の熱分解反応で気体が発生するような場合や，低原子価の陽イオンを含む酸化物が空気中の酸素を取込んで酸化される反応のように，気体の出入りがある固体の反応では重量変化が生じるため，熱分解や酸化が起こる温度を見積もることができる．

5

格子振動と
熱的・弾性的性質

　固体を特徴づける重要な概念のひとつに格子振動がある．これは熱エネルギーによって引き起こされる原子やイオンの振動であり，波として固体内を伝播する．格子振動は量子力学の効果によって絶対零度でも起こる．この現象は熱容量や熱伝導といった固体の熱的性質や，弾性率などの力学的性質のみならず，固体の電気伝導，超伝導，誘電的性質，光の吸収や発光など，多くの性質に影響を及ぼす．固体の熱的性質の応用においては，材料の用途に応じてさまざまな特性が要求され，たとえばロケットのエンジンを担う材料は極度の高温に耐える必要があるし，電子部品として汎用される大規模集積回路の基板は発生する熱を速やかに取除くために大きな熱伝導をもつ材料でなければならない．本章では固体の重要な基本概念である格子振動について解説したあと，この現象と特にかかわりの深い固体の熱的性質と弾性的性質に関して述べる．

5・1 格子振動
5・1・1 振動と波

　結晶格子における原子やイオンの振動運動を考察するまえに，振動と波について復習しておこう．図5・1に示すようなバネにつながれたおもりの運動を考えよう．おもりが置かれている床は摩擦がないものとし，おもりは大きさが無視できる質点であるとする．最初，バネには力が加わっておらず，バネの長さは自然長であると仮定する．おもりを少し右向きに引っ張ってから放すと，バネの復元力によりおもりは左向きに運動し始める．元の位置に戻ってもおもりの速度はゼロにはならずそ

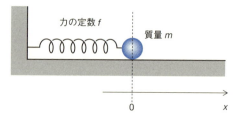

図5・1 摩擦のない床に置かれたおもり(質点)と,それを壁に結び付けるバネ

のまま左向きに動き続け,ある程度バネが縮んだところで右向きの力を受けて,始めとは逆の方向に運動する.つまり,おもりはバネの力により往復運動を繰返す.このような運動の形態を**振動**(vibration)という.

おもりの最初の位置を原点とし,おもりの運動方向に沿って x 軸をとって振動を解析してみよう.おもりの位置が $x(>0)$ であれば,バネは自然長より x だけ伸びた状態であるから,おもりに対して左向きに,

$$F = -fx \tag{5・1}$$

の力を及ぼす. f はバネ定数(力の定数)である.(5・1)式の関係を**フック**(Hooke)**の法則**という.位置 x の時間 t による2次微分が加速度であるから,おもりの質量を m とすると,運動方程式は,

$$m\frac{d^2x}{dt^2} = -fx \tag{5・2}$$

で与えられる.この微分方程式の解は,

$$x = x_0 \sin \omega t \tag{5・3}$$

の形をもち, $\omega^2 = f/m$ である. ωt の値が 2π 増えるごとにおもりは元の位置に戻るから, ω は単位時間あたりの振動の回数を角度で表現した量となり,**角振動数**(angular frequency)とよばれる.単位時間あたりの振動の回数は,1回の振動が 2π の角度にあたることから,

$$\nu = \frac{\omega}{2\pi} \tag{5・4}$$

で与えられる. ν を**振動数**(frequency)という.また,(5・3)式で x_0 はおもりが到達する最大の距離で,**振幅**(amplitude)とよばれる.この振動では,(5・1)式や(5・2)式で表されるように変位に比例する力が働く.このような振動を**調和振動**(harmonic oscillation)という.また,調和振動を行う系(この場合のバネとおもり)

を**調和振動子**(harmonic oscillator)とよぶ.

(5・3)式は一定の位置を中心としたおもりの振動を表す式であるが, 振動が空間内を伝わると波(波動)となる. (5・3)式に基づき, (5・4)式の関係を用いれば, x軸方向(図5・1のx軸とは異なることに注意)に進む波の式は,

$$u(x, t) = A_0 \sin 2\pi \left(\nu t - \frac{x}{\lambda} \right) \qquad (5 \cdot 5)$$

で表現することができる. ここでλは波が1周期(つまり, $1/\nu$の時間)の間に進行する距離を表し, **波長**(wavelength)とよばれる. 波の進行する速さは,

$$v = \nu\lambda \qquad (5 \cdot 6)$$

で与えられる. また, **波数**(wave number)Kは,

$$K = \frac{2\pi}{\lambda} \qquad (5 \cdot 7)$$

で定義される. 厳密にいえば(5・7)式は波数の大きさを与える関係であり, 波数そのものはベクトルであって, これを$\boldsymbol{K}$と書くと, 変位についても3次元の表現$\boldsymbol{r} = (x, y, z)$を用いて, (5・5)式は,

$$u(\boldsymbol{r}, t) = A_0 \sin (\omega t - \boldsymbol{K} \cdot \boldsymbol{r}) \qquad (5 \cdot 8)$$

のように書き換えることができる. より一般的には, $t = 0$かつ$\boldsymbol{r} = 0$において必ずしも$u(0, 0) = 0$ではないことを考慮して,

$$u(\boldsymbol{r}, t) = A_0 \sin (\omega t - \boldsymbol{K} \cdot \boldsymbol{r} - \delta) \qquad (5 \cdot 9)$$

のように表す. つまり, $t = 0$かつ$\boldsymbol{r} = 0$のとき, $u(0, 0) = -A_0 \sin \delta$である. δを初期位相という. (5・9)式は3次元空間を進行する波の表現の一つである.

5・1・2 結晶格子における原子の振動

1章でいくつかの結晶構造を原子やイオンの空間的な規則配列として記述した. そこでは原子やイオンはあたかも静止しているかのように考えたが, 実際には結晶中の原子やイオンは結晶が存在する温度に相当する熱エネルギーを受け取って運動する. 非晶質固体でも事情は同じである. 固体中では原子やイオンの間に化学結合が存在するため, 多くの場合に原子やイオンは自由に動き回ることができず, 定まった位置において振動する. 例外は, 熱エネルギーを受けたイオンが化学ポテンシャルの勾配や電場のもとで移動する場合である. 前者は3・2節で述べた固相反応の際の原子やイオンの拡散であり, 後者は6・5節で説明するイオン伝導である. このような場合を除いて, 固体中の原子やイオンは化学結合力の存在下で平衡位置

において振動する．これを**格子振動**(lattice vibration)とよぶ．格子振動は量子力学的な効果により絶対零度においても存在する．これを特に**零点振動**(zero-point vibration)とよんでいる．零点振動は不確定性原理に基づいて生じる現象で，この原理によれば量子力学的なゆらぎの結果として原子やイオンの正確な位置は決められないので，原子やイオンは絶対零度においても静止できず常に振動することになる．

格子振動の特徴を見るために，図5・2に示すような1種類の原子からなる1次元の結晶を考えよう．一般的な3次元結晶を対象とした場合にも，以下の考え方を基本的に適用することができる．原子の質量をMとし，原子間の距離をaとおく．原子間の化学結合は図5・1に示したおもりをつけたバネと等価に扱う．すなわち，

図5・2 単原子からなる1次元結晶 化学結合力は図5・1のようなおもりを付けたバネと等価であるとする

化学結合力をバネ定数fに反映させる．図5・2における原子の振動は調和振動であると仮定すると，s番目の原子の変位をu_sと表せば，この原子の振動に関する運動方程式は，

$$M\frac{d^2 u_s}{dt^2} = f(u_{s-1} - u_s) + f(u_{s+1} - u_s) \tag{5・10}$$

と書ける．右辺の二つの項はs番目の原子が隣接する$s-1$番目と$s+1$番目の原子から受ける力を表している．原子の振動は波として結晶全体にわたって伝わる．一般に波は(5・9)式のように正弦波の形で書くことができるが，変数θに対してiを虚数単位として，

$$\exp(i\theta) = \cos\theta + i\sin\theta \tag{5・11}$$

が成り立つので，ここではs番目の原子の振動を，

$$u_s = A_0 \exp[i(Ksa - \omega t)] \tag{5・12}$$

で表現することにしよう．ここでsaはs番目の原子の位置を表し，Kは波数$\boldsymbol{K}$の大きさである．また，A_0は波の振幅を表す．(5・12)式と同様の式をu_{s-1}とu_{s+1}についても仮定し，それらを(5・10)式に代入すると，

$$-M\omega^2 u_s = f[\exp(iKa) + \exp(-iKa) - 2]u_s \quad (5\cdot 13)$$

が得られ，$\exp(iKa) + \exp(-iKa) = 2\cos Ka$ となることを使うと，

$$M\omega^2 = 2f(1 - \cos Ka) = 4f\sin^2\left(\frac{Ka}{2}\right) \quad (5\cdot 14)$$

となる．よって角振動数は，

$$\omega = 2\sqrt{\frac{f}{M}}\left|\sin\left(\frac{Ka}{2}\right)\right| \quad (5\cdot 15)$$

で与えられる．この式に基づいて角振動数と波数の関係を示すと図 5・3 のようになる．このような角振動数と波数の関係を**分散**(dispersion)という．図 5・3 では角振動数は波数に対して周期的に変化しているので，$-\pi/a \leq K \leq \pi/a$ の領域のみを考慮すればよい．この領域を**第一ブリユアン域**(first Brillouin zone)または**第一ブリユアン帯**という(6・2 節のバンド構造の説明も参照のこと)．波数が負の値であるときは，波数が正の値となる場合に対して波の進行方向が逆になることを表す．

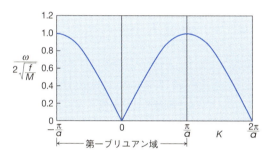

図 5・3　1 次元の単原子結晶の格子振動における角振動数 ω と波数 K の関係

(5・15)式において $K \to 0$ の極限を考えると，

$$\omega = \sqrt{\frac{f}{M}}\,Ka \quad (5\cdot 16)$$

となって，角振動数は波数に比例する．この式は固体中を速さ v で伝わる音速に対する関係，

$$\omega = vK \quad (5\cdot 17)$$

に等価である．すなわち，$K \to 0$ の極限では波長が非常に長くなるので固体中の原

子の存在は無視でき，波は均一な"連続体"を伝わる状況に等しくなる．連続体とは，物質が原子や分子といった粒子から成り立っているのではなく，物質全体を連続的に満たす媒体でつくられているとするモデルである．波数がゼロに近い格子振動に対しては，原子や分子の並んでいる間隔に比べて波長が十分長いため，連続体のモデルが良い近似となる．また，このような波は固体の弾性的性質(5・6節参照)と関係するため，弾性波とよばれる．

5・1・3 音響モードと光学モード

5・1・2節で議論した1次元結晶が，図5・4に示すように2種類の原子あるいはイオンからなる場合を考察しよう．これを3次元に拡張したモデルはNaClのような典型的なイオン結晶に適用できる．それぞれの原子(イオン)の質量をM_1, M_2

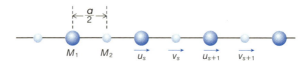

図5・4 2種類の原子(イオン)からなる1次元結晶

とし，原子間距離を$a/2$とおく(つまり，同種類の原子間の距離をaとする)．s番目の質量がM_1の原子の変位をu_s, 質量がM_2の原子の変位をv_sとおくと，これらに対して(5・10)式や(5・13)式と同様の関係が成り立ち，これらの原子の振幅がともにゼロにならないという条件から，

$$M_1 M_2 \omega^4 - 2f(M_1 + M_2)\omega^2 + 2f^2(1 - \cos Ka) = 0 \quad (5・18)$$

が導かれる．詳しくは固体物理学の基礎的な教科書を参照されたい．$M_1 > M_2$としてωとKの分散関係を第一ブリユアン域の半分($0 \leq K \leq \pi/a$)について描くと，図5・5のようになる．特に波数がゼロに近い領域，すなわち，波長が十分に長く，原子やイオンの存在を無視できるような極限では，$Ka \ll 1$に対して，

$$\cos Ka = 1 - \frac{1}{2}(Ka)^2 + \cdots \quad (5・19)$$

と近似できることから，(5・18)式を解いて，

$$\omega^2 = \frac{f(M_1 + M_2) \pm f\sqrt{(M_1 + M_2)^2 - M_1 M_2 K^2 a^2}}{M_1 M_2} \quad (5・20)$$

が得られるが，やはり$Ka \ll 1$の近似を用いて，

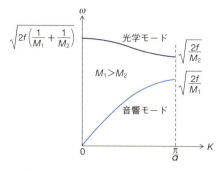

図 5・5 2種類の原子からなる1次元結晶の格子振動における角振動数 ω と波数 K の関係

$$\omega = \sqrt{\frac{2f(M_1 + M_2)}{M_1 M_2}} \quad (5 \cdot 21)$$

$$\omega = \sqrt{\frac{f}{2(M_1 + M_2)}} Ka \quad (5 \cdot 22)$$

の二つの解が求められる．(5・22)式は角振動数 ω が波数 K に比例することを表す．これは，(5・16)式あるいは(5・17)式の表現と等価であり，弾性波に相当する．これを**音響モード**(acoustic mode)という．以上の計算は原子が結合の方向に1次元的に振動する縦波に相当するが，イオン結晶における横波に対して音響モードを模式的に表すと，図5・6(a)のように陽イオンと陰イオンが一緒になって振動する状態に対応する．

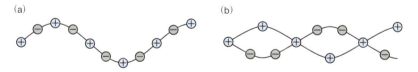

図 5・6 音響モード(a) と光学モード(b)　横波の場合

一方，(5・21)式は角振動数が波数によらず一定となる状態を表している．この場合には，2種類の原子は互いに逆向きに振動する．横波の場合に振動の様子を模式的に表すと，図5・6(b)のように陽イオンと陰イオンが逆の位相で振動する状態となる．このような振動では電気双極子(1・7・1節)の波が発生する．電気双

152 5. 格子振動と熱的・弾性的性質

極子の波は同じ波長の電磁波(光)と強く相互作用するため，このような型の振動を**光学モード**(optic mode)という．たとえば，KBr のようなイオン結晶では，実際に音響モードと光学モードが観察されている．KBr に見られる光学モードを模式的に図 5・7 に示す．

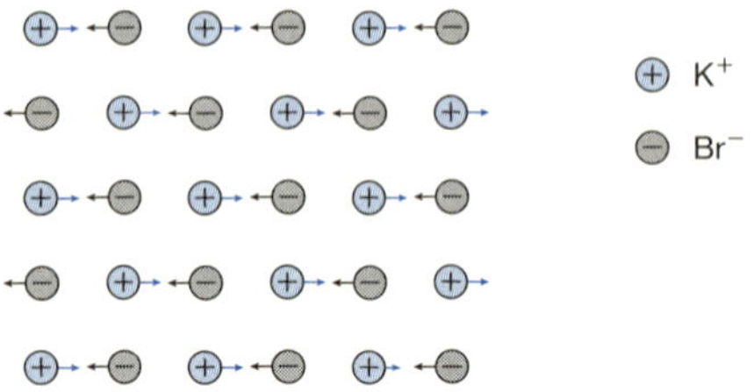

図 5・7　KBr 結晶における光学モード

5・2　フ ォ ノ ン

　量子力学によれば，微視的な世界では粒子は波動としての性質もあわせもつことが知られている．たとえば光は波であると同時に，光子として粒子の性質も示す．この考え方を格子振動に適用すると，結晶格子を伝わる波を粒子としてとらえることができる．この粒子を**フォノン**(phonon)という．

　固体の格子振動を量子力学に基づいて取扱ってみよう．ここでも固体が多数の調和振動子の集合体であると仮定する．1 次元の調和振動子を考え，その質量を m，振動数を ν とすると，振動のポテンシャルエネルギーは変位 x の関数として，

$$U_{\mathrm{vib}}(x) = 2\pi^2 m\nu^2 x^2 \tag{5・23}$$

で与えられる．調和振動子の波動関数(固有関数)を Ψ，固有エネルギーを E_{vib} とおくと，つぎのシュレーディンガー方程式が満たされる．

$$\frac{\mathrm{d}^2\Psi}{\mathrm{d}x^2} + \frac{8\pi^2 m}{h^2}(E_{\mathrm{vib}} - U_{\mathrm{vib}}(x))\Psi = 0 \tag{5・24}$$

h はプランク定数である．(5・24)式を用いて固有関数 Ψ と固有値を求める手続きについては，物理化学や量子力学の専門書を参照されたい．固有値は，

$$E_{\mathrm{vib}} = \left(n + \frac{1}{2}\right)h\nu \tag{5・25}$$

で与えられる．n は 0 または自然数である．$n = 0$ は先に述べた零点振動を表す．(5・25)式がフォノンのエネルギーである．また，n はフォノンの数を表すことになる．さらに，ド・ブローイの関係によりフォノンの運動量は，

$$p = \hbar K \qquad (5 \cdot 26)$$

となる. K は 5・1 節などで考察した格子振動の波数である.

5・3 熱 容 量

5・3・1 デュロン-プティの法則

固体の熱的性質には格子振動が直接反映される. 温度の変化に応じて固体内に発生するフォノンの数は変わり, 格子振動のエネルギーも変化する. この変化の割合は熱容量あるいは比熱とよばれる物理量に反映される. 熱容量についてはすでに2・1・2 節でふれたが, ここではこの物理量を格子振動の概念に基づいて考察しよう. ある物質の温度を単位温度だけ変化させるために必要な熱量を**熱容量**(heat capacity)という. また, 1 g の物質について単位温度の変化をもたらす熱量を**比熱**(specific heat)とよび, 物質 1 mol あたりについてはモル比熱というよび方をする. モル比熱を熱容量とよぶ場合もある. 以下の節では一般的な式の展開については熱容量という術語を用い, 具体的な数値で示されるデータについては, 比熱やモル比熱といった術語を使うことにする.

19 世紀の初めの頃までに, 1 mol あたりの固体の一定体積下での熱容量(すなわち, 定容モル比熱)は高温では経験的に,

$$C_V = 3R \qquad (5 \cdot 27)$$

となることが知られていた. ここで R は気体定数である. (5・27)式を**デュロン-プティ**(Dulong-Petit)**の法則**という. ところがこの法則は低温では成立せず, 極低温では熱容量がゼロに近づくことが見いだされた.

5・3・2 アインシュタインモデル

アインシュタインは結晶格子の調和振動子の考え方から, 低温で熱容量がゼロになることを, つぎのように説明した. 温度 T において熱平衡状態にあるフォノンの個数の平均値 $<n>$ は,

$$<n> = \frac{1}{\exp(\hbar\omega/k_{\mathrm{B}}T) - 1} \qquad (5 \cdot 28)$$

で与えられる. k_{B} はボルツマン定数である. (5・28)式の右辺をプランク分布という. 1 mol の単原子固体を考えると, 固体中の原子の数はアボガドロ定数 N_{A} に等しく, 3 次元では原子の運動の自由度は $3N_{\mathrm{A}}$ となる. 結晶が角振動数 ω の調和振動子の集合体であると仮定すると, 振動エネルギーに基づく内部エネルギー U は,

154 　5. 格子振動と熱的・弾性的性質

(5・25)式より，

$$U = 3N_A\left[\frac{1}{2} + \frac{1}{\exp(\hbar\omega/k_BT) - 1}\right]\hbar\omega \tag{5・29}$$

で与えられる．定容熱容量は内部エネルギーを温度で微分したものであるから，

$$C_V = \left(\frac{\partial U}{\partial T}\right)_V = 3R\left(\frac{\theta_E}{T}\right)^2 \frac{\exp(\theta_E/T)}{[\exp(\theta_E/T) - 1]^2} \tag{5・30}$$

となる．ただし，$R = N_Ak_B$ は気体定数であり，θ_E は，

$$\theta_E = \frac{\hbar\omega}{k_B} \tag{5・31}$$

で定義されるパラメーターで，式からわかるとおり温度の次元をもつ．これを**アインシュタイン温度**(Einstein temperature)という．以上のように，固体を等しい振動数をもつ調和振動子の集合体と考えて熱容量を計算する方法を**アインシュタインモデル**(Einstein model)とよぶ．

　(5・30)式において $T \to \infty$ とおくと $C_V = 3R$ が得られる．これは，(5・27)式のデュロン-プティの法則に一致する．一方，$T \to 0$ の極限では(5・30)式は，

$$C_V = 3R\left(\frac{\theta_E}{T}\right)^2 \exp\left(-\frac{\theta_E}{T}\right) \tag{5・32}$$

と近似される．このように，アインシュタインモデルでは低温において温度が下がるほど熱容量が小さくなり，絶対零度では $C_V = 0$ となることが示される．しかし，実は極低温では定容熱容量は T^3 に比例することが経験的に知られており，(5・32)式とは異なる挙動を示す．つまり，アインシュタインモデルは高温側の実験結果を理論的に説明するが，低温での熱容量の温度依存性を再現できない．

5・3・3 デバイモデル

　上記のようにアインシュタインモデルでは低温における熱容量の挙動を説明できない．この欠点を修正し，広範囲の温度領域で結晶の熱容量をうまく説明するモデルがデバイによって提案された．アインシュタインモデルでは単一の振動数をもつ調和振動子の集合体を考えて格子振動を記述しているが，実際の結晶ではさまざまな振動数の状態が現れる．デバイは結晶を連続的で等方的な弾性体(固体をその弾性的性質の観点からとらえたもの)と仮定し，存在しうる弾性波の振動数を考察して格子振動のエネルギーを導いた．これを**デバイモデル**(Debye model)という．結果のみを示すと，定容熱容量はつぎのように表される．

$$C_V = 9R\left(\frac{T}{\theta_D}\right)^3 \int_0^{\theta_D/T} \frac{x^4 e^x}{(e^x-1)^2}\,dx \tag{5・33}$$

ここで,$x=\hbar\omega/k_B T$である.またθ_Dは,

$$\theta_D = \frac{\hbar\omega_{max}}{k_B} \tag{5・34}$$

と定義され,**デバイ温度**(Debye temperature)とよばれる.ω_{max}は格子振動に許される最大の角振動数である.高温の極限では$\theta_D/T\to 0$であるから,$x\ll 1$としてe^xを展開して$e^x=1+x$とおき,積分を実行すると,

$$C_V = 9R\left(\frac{T}{\theta_D}\right)^3\left[\frac{1}{3}\left(\frac{\theta_D}{T}\right)^3 + \frac{1}{4}\left(\frac{\theta_D}{T}\right)^4\right] \approx 3R \tag{5・35}$$

により,デュロン-プティの法則が導かれる.また,極低温では$\theta_D/T\to\infty$であって,(5・33)式の積分は定数に収束する.この結果,C_VはT^3に比例することになる.この結論は実験事実と良く一致する.図5・8は多くの結晶のモル比熱の実測

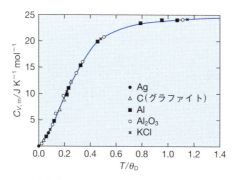

図5・8 さまざまな結晶のモル比熱$C_{V,m}$の温度依存性 実線はデバイモデルに基づいて描かれたもの.θ_Dはデバイ温度

値をデバイモデルで解析した結果である.理論曲線と実験データとの良い一致に注目していただきたい.特に低温での結晶の熱容量に対して成り立つ,

$$C_V \propto T^3 \tag{5・36}$$

の関係を**デバイのT^3則**という.デバイモデルは3次元の等方的な固体を対象としたものである.たとえば有機高分子結晶などでは構造の1次元性が熱容量にも反映され,熱容量の温度依存性が少しデバイモデルから逸脱することが知られている.

非晶質固体の熱容量

本文中の図5・8からわかるように，多くの結晶性固体の熱容量はデバイモデルと良い一致を示す．ところが酸化物ガラスなどに代表される非晶質固体では，極低温においてデバイのT^3則が成立しないことが知られている．非晶質固体では1K以下程度の極低温における定容熱容量の温度依存性は，

$$C_V = C_1 T + C_3 T^3 \tag{1}$$

の形で表される．ここでC_1，C_3は定数である．すなわち，デバイモデルのT^3項に加えてTに比例する項が現れ，特に温度の低い領域ではTに比例する項が支配的となる．

非晶質固体におけるこのような低温での比熱(熱容量)の異常性を説明するモデルとして，固体中の原子の平衡位置に関し，図1のような配位座標(原子の集団の空間の位置を表す座標，10・2・2節も参照)と自由エネルギーの関係を考えるものがある．原子の平衡位置はポテンシャル曲線の二つの極小に対応し，極低温において原子は二つの状態間をトンネル効果によって移動する．これを**2準位系**(two-level system, TLS)あるいは**トンネリングモデル**(tunneling state model)という．このモデルに基づいて熱容量を計算すると，$T \to 0$の極限では，

$$C_V \propto T \tag{2}$$

となることが導かれる．

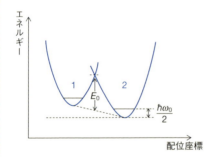

図1 非晶質固体の1K以下での熱容量の温度依存性を説明する2準位系のモデル　原子は二つの状態1と2の間をトンネル効果で移動する．$\hbar\omega_0/2$は基底状態のエネルギー，E_0は二つの準位間の遷移状態のエネルギーに相当する

5・4 熱膨張

5・4・1 熱膨張の起源

固体に限らず物質を加熱したり冷却したりすると体積が変化することはよく知られている．このような温度変化にともなう体積の変化を**熱膨張**(thermal expansion)

という.単位体積あたりの体積の温度変化は**膨張率**(expansion coefficient)あるいは**熱膨張率**(coefficient of thermal expansion)とよばれる.この物理量の表現はすでに(2・13)式として記述したように,

$$\alpha = \frac{1}{V}\left(\frac{\partial V}{\partial T}\right)_P \tag{5・37}$$

となる.ここでは熱膨張を微視的な側面から考察しよう.

これまでに述べてきた調和振動では,格子振動を行う原子やイオンは,変位すれば近傍に存在する原子(イオン)との化学結合に基づく復元力によって元の位置に引き戻される.つまり,原子はポテンシャルエネルギーが最小となる平衡位置を中心に振動する.温度が変化すれば原子が得ることのできる熱エネルギーの大きさが変わるため振動の振幅は変化するが,平衡位置は一定のままであり,原子間距離の時間平均は変わらない.したがって,調和振動を考えている限り熱膨張の現象は説明できない.固体に熱膨張が見られるのは原子やイオンが調和振動を行わないからであり,いい換えれば復元力が厳密に変位に比例するのではなく,変位の 2 乗などに比例する項を含むためである.調和振動とは異なるこのような振動を**非調和振動**(anharmonic oscillation)という.原子の平衡位置からの変位が r であれば,調和振動では振動のポテンシャルエネルギーは,

$$U(r) = \frac{1}{2}fr^2 \tag{5・38}$$

と表現され,変位とエネルギーの関係を表す曲線は図 5・9(a)のように平衡位置 r_0 を中心に対称となる.温度が上がれば振動はエネルギーの高い状態に移るが,図

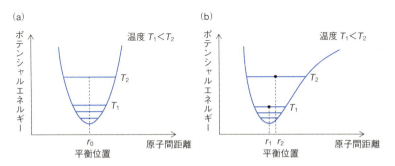

図 5・9 調和振動(a)および非調和振動(b)における原子間距離とポテンシャルエネルギーの関係 (a)では温度が変化しても平衡位置 r_0 は変わらないが,(b)では温度 $T_1 < T_2$ に対して平衡位置は $r_1 < r_2$ となる.

5・9(a)に示されるように振幅が大きくなるだけで平衡位置は変化しない. 一方, 1・3・2節で議論したように原子あるいはイオン間に働く静電的なエネルギーには引力と斥力の寄与があるため, 原子間距離とポテンシャルエネルギーの関係を表す曲線は図5・9(b)のように非対称となる. したがって, 温度が上がってエネルギーの高い状態に移行すると, 振動する原子の平衡位置は原子間距離が長くなる方向へ移る. このため, 温度とともに固体の体積は増加する. いい換えれば, 熱膨張が観察される.

5・4・2 結晶と非晶質固体の熱膨張

固体中の原子間の化学結合力や分子間力および原子や分子の充填の仕方を反映して, 固体の膨張率はさまざまな値をとる. 表5・1にいくつかの無機固体および有機固体の膨張率を示す. ここにあげた値の多くは固体の1次元的な膨張率であり, (5・37)式ではなく,

$$\alpha_L = \frac{1}{L}\left(\frac{\partial L}{\partial T}\right)_P \tag{5・39}$$

で定義される量である. ここで L は固体の長さである. (5・39)式の α_L を線膨張率(coefficient of linear expansion)とよぶ. この観点から(5・37)式で表される量を体膨張率ともいう. 等方的な固体では $V \propto L^3$ であるから,

表5・1 固体の線膨張率 室温付近での値

固 体	線膨張率 $(10^{-6}\,\mathrm{K}^{-1})$	固 体	線膨張率 $(10^{-6}\,\mathrm{K}^{-1})$
ダイヤモンド	1.32[a]	シリカ(SiO_2)ガラス	0.5
グラファイト	0.95[b] (c 面方向)	ソーダ石灰ガラス	
	28.09[b] (c 軸方向)	(Na_2O-CaO-SiO_2)	9.0
Al	23.7	NaCl	110[c], [d]
Cu	16.2	KCl	101[d]
Ag	19.3	安息香酸	230[d]
Au	14.2	アントラセン	190[d]
MgO	13.3	ナフタレン	280[d]
Al_2O_3	8.3 (c 面方向)	フェノール	420[d]
	9.0 (c 軸方向)	ポリエチレン	100〜200
H_2O(氷)	37.6 ($-73\,°C$)	ポリスチレン	60〜80
	55.8 ($0\,°C$)	ナイロン	80
SiC	5.1〜5.8	ポリメタクリル酸	50〜90
Si_3N_4	3.3〜3.6	メチル	

a) 50 °C での値, b) 1000〜1800 °C での値, c) −79〜0 °C での値, d) 体膨張率の値

$$\alpha = 3\alpha_L \qquad (5 \cdot 40)$$

が成り立つ.

　表 5・1 の値に基づいて固体の熱膨張を具体的に考察しよう. 強い化学結合力に支配される固体では一般に膨張率は小さい. たとえばダイヤモンドのように強い共有結合で結び付けられた構造をもつ結晶は小さい膨張率をもつが, 同じ炭素原子同士の結合からなる固体であっても有機高分子は一般に大きな膨張率を有する. ポリエチレンやナイロンといった有機高分子では分子間の結合が比較的弱いため, 熱膨張がそれによって支配されて膨張率は大きくなる. また, MgO のような最密充填構造の結晶と比べると, シリカガラスのように密度の低い固体の膨張率は小さくなる傾向がある. 最密充填構造では原子やイオンは原子間距離を大きくする方向に変位せざるをえないが, 原子が占めない空間の多いシリカガラスでは原子が内部に向かって動くことも可能であるため, 温度上昇による体積の増加は小さい.

　結晶の構造が異方的であると, 膨張率は結晶軸によって異なった値をとる. 典型的な例はグラファイトであり, c 軸に平行な方向は弱いファンデルワールス力によって結び付いているのに対して, c 軸に垂直な面内には炭素原子間の強い共有結合が存在する. このため, c 軸と平行な方向の膨張率は c 軸に垂直な向きの膨張率に比べて 30 倍ほど大きい. また, 温度の上昇にともない体積そのものが小さくなる結晶も知られている. $ZrVPO_7$, ZrW_2O_8 という化合物がその例であり, 前者は 600 K から 1100 K まで, 後者は 0.5 K から 1050 K までの温度範囲で負の体膨張率を示す. SiO_2(シリカ), GeO_2, $Zn(PO_3)_2$, BeF_2 の各無機ガラスは 10 K 以下の低温において負の膨張率をもつことが知られている. SiO_2 に TiO_2 を 5〜15 mol% 添加したガラスでは室温での膨張率が負になる.

5・5 熱　伝　導

　物質において単位時間あたりに単位断面積を横切る熱エネルギーは移動の方向に存在する温度の勾配に比例することが知られている. 熱の流れの方向を x 軸にとれば,

$$J_Q = -\kappa \frac{\partial T}{\partial x} \qquad (5 \cdot 41)$$

が成り立つ. ここで, J_Q は熱エネルギー, T は温度で, 比例定数 κ は**熱伝導率**(thermal conductivity)とよばれる. (5・41)式のマイナスの符号は, 温度の高い場所から低い場所へ熱が移動することを意味する. 固体において熱エネルギーはフォ

ノンによって運ばれる．図5・10 に模式的に示すように，フォノンは局所的な温度勾配の影響を受けて常に向きを変えながら進み，格子欠陥などの構造の不完全性や，非調和振動によって生じる弾性的なひずみにより散乱される．一つの散乱から続いての散乱までにフォノンが進むことのできる距離の平均値を**平均自由行程**（mean free path）という．このような機構によって固体内のフォノンの分布が時間とともに変化して，熱伝導が起こる．

図5・10　固体におけるフォノンの運動と熱伝導

図5・11 において，x 軸上のある点 x に到達する熱エネルギーを考えよう．平均自由行程を Λ とおくと，フォノンは $x+\Lambda$ と $x-\Lambda$ の位置で獲得した熱エネルギーを x の位置まで運ぶ．熱エネルギーは温度に依存し，温度は x の関数となっているから，熱エネルギーも x の関数 $Q(x)$ として表現できる．フォノンの平均の速さを v とすると，x 軸，y 軸，z 軸のそれぞれの方向に同じ割合でフォノンが移動するので，x 軸に沿った方向の平均の速さは $(1/3)v$ となり，さらに x 軸の正の方向と負の方向に進むフォノンの割合も等しいため，$x+\Lambda$ から x へ向かう（すなわち x 軸の負の方向へ向かう）フォノンの速さは $(1/6)v$ となる．v は音速に等しい．x における単位体積あたりのフォノンの数を n_p とすれば，x の位置を正の方向に単位時間，

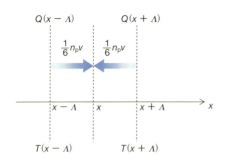

図5・11　x 軸にそって熱 Q が伝わる様子　T は温度で場所に依存する．Λ はフォノンの平均自由行程，n_p はフォノンの数，v は音速

5・5 熱 伝 導

単位断面積あたりに流れる正味の熱エネルギーは，

$$J_Q = \frac{1}{6} n_p v [Q(x-\Lambda) - Q(x+\Lambda)]$$
$$= \frac{1}{6} n_p v \left\{ \left[Q(x) - \frac{\partial Q}{\partial x}\Lambda \right] - \left[Q(x) + \frac{\partial Q}{\partial x}\Lambda \right] \right\}$$
$$= -\frac{1}{3} n_p v \Lambda \frac{\partial Q}{\partial T} \frac{\partial T}{\partial x} \qquad (5\cdot42)$$

で表される．(5・41)式と(5・42)式とを比較し，$n_p \partial Q/\partial T$ が単位体積あたりの熱容量 C に等しいことを使うと，

$$\kappa = \frac{1}{3} C v \Lambda \qquad (5\cdot43)$$

が得られる．

　ある温度 T におけるフォノンの数は(5・28)式で与えられる．この式は，温度が高くなるほどフォノンの数が増すことを示している．よって，高温ではフォノン同士の衝突の頻度が増え，フォノンの平均自由行程は短くなる．一方，低温ではフォノンの散乱は主として格子欠陥に支配される．この場合，固体中に存在する格子欠陥の数は一定であるため平均自由行程は温度にほとんど依存しない．これらの結果，平均自由行程の温度変化は模式的に図5・12のようになる．また，5・3節で考察したように固体の熱容量は $T=0$ ではゼロであり，温度とともに増加し，高温では一定値となる(図5・8を参照のこと)．したがって，(5・43)式から，熱伝導率は熱容量 C と平均自由行程 Λ に比例するので，図5・13に示すように低温では温度とともに増加し，ある温度で極大を示したあと，温度とともに減少する．図5・14は単結晶の Al_2O_3 に対して測定された熱伝導率の温度依存性である．図5・

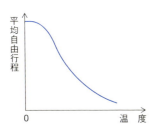

図5・12　フォノンの平均自由行程の温度変化(模式図)

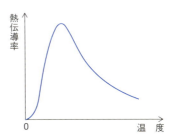

図5・13　熱伝導率の温度変化(模式図)

13 で予想される挙動と定性的に一致していることがわかる．

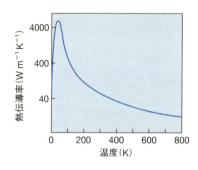

図 5・14 単結晶の Al_2O_3 における熱伝導率の温度依存性

いくつかの固体の室温における熱伝導率を表 5・2 にまとめた．銀，銅のような金属や，ダイヤモンドは高い熱伝導率を示す．金属では伝導電子が熱伝導に寄与する (6・1・4 節参照)．ダイヤモンドは軽い原子 (炭素) が強い共有結合で結び付けられているため，ヤング率 (5・6・1 節) が大きく，密度が小さい．よって，後述する (5・45) 式より固体を伝わる音速が大きくなり熱伝導率が高くなる．ダイヤモンドの同素体であるグラファイトでは，結晶構造の異方性を反映して熱伝導率の値も異方的となる．すなわち，c 面内の熱伝導率は c 軸方向と比べて 3 桁も大きい．c 面内は炭素原子が強い共有結合で結び付けられているのに対し，c 軸方向には弱いファンデルワールス力が働いているためである．MgO や Al_2O_3 といった酸化物結晶も比較的大きな値をとるが，シリカガラスのような酸化物ガラスでは 1 桁ほど小さい値となる．ガラスは結晶と異なり長範囲の秩序をもたない．いい換えると不完

表 5・2 固体の熱伝導率　300 K での値

固 体	熱伝導率 $(W\,m^{-1}\,K^{-1})$	固 体	熱伝導率 $(W\,m^{-1}\,K^{-1})$
ダイヤモンド	2310	SiO_2 (石英)	6.2 (c 面方向)
グラファイト	2000 (c 面方向)		10.4 (c 軸方向)
	9.5 (c 軸方向)	SiO_2 (シリカ) ガラス	1.38
Al	237	パイレックスガラス	1.10
Fe	80.3		
Cu	398	ポリエチレン	0.22
Ag	427	ポリスチレン	0.12
Au	315	ナイロン 6	0.25
Al_2O_3	46	ポリメタクリル酸メチル	0.15
MgO	60		
		シリコーンゴム	0.20

全性が支配する構造をとるので，フォノンが散乱される頻度が高くなり，熱伝導率は低下する．有機高分子の非晶質固体も同じ理由で熱伝導率は低い．

5·6 弾性的性質
5·6·1 弾性率

　格子振動の振動数が小さいとき，いい換えると波長が長いとき，結晶中に存在する個々の原子を考えず，結晶を連続体ととらえることができる．具体的には波長が 10^{-6} cm(原子100個分ほどの長さ)より長い波(振動数が 10^{10} Hz 以下の波)についてはこのような近似が成立する．たとえば結晶の熱容量を記述するデバイモデルでは，結晶を連続的な弾性体と仮定している．結晶の弾性的性質を考えるうえでも，そのような立場からの考察が便利である．

　結晶に限らず，固体に外部から力を加えると変形する．応力(単位断面積あたりの力)とひずみ(単位長さあたりの長さの変化)の関係は"応力-ひずみ曲線"で表され，模式的に図5·15のようになる．力を除去すると固体の形が元に戻るものを**弾**

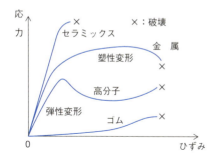

図5·15　**応力とひずみの関係**
金属，セラミックス，高分子に対して模式的に示した．延性の大きな金属は塑性変形が起こり，ひずみが大きくなる．延性の小さな金属やセラミックスでは弾性変形のあと，すぐ破壊に至る．高分子は硬くて粘り強いものの例

性変形(elastic deformation)，戻らずに変形した状態を保つものを**塑性変形**(plastic deformation)という．この節では前者を取扱う．長さ L の物質の断面(断面積 S)に垂直な力 F を加え，力の方向に沿って物質の長さが ΔL だけ変化したとする．このとき，

$$\frac{F}{S} = Y\frac{\Delta L}{L} \tag{5·44}$$

が成り立つ．つまり，$\sigma = F/S$ で表される応力と $\Delta L/L$ で表現されるひずみとは比例関係にある．これは5·1·1節で述べたフックの法則である．比例定数 Y は**ヤング率**(Young's modulus)とよばれる．図5·15における曲線の弾性域の傾きはヤ

ング率 Y に相当し，ヤング率が小さければわずかな応力で大きく変形することがわかる（表5・3も参照のこと）．また，固体の密度を ρ とおくと，固体を伝わる音速 v はヤング率を用いて，

$$v = \sqrt{\frac{Y}{\rho}} \tag{5・45}$$

と表される．

ヤング率を微視的な立場から考察してみよう．固体に加えられた応力に対するひずみの大きさは原子間の化学結合力に関係する．1・3・2節で議論したように，イオン結晶におけるイオン間のポテンシャルエネルギーは(1・7)式のように与えられ，ポテンシャルエネルギーと原子間距離との関係は，定性的に図5・9(b)に示した曲線で表される．ポテンシャルエネルギー $U(r)$ と力 $F(r)$ との関係は，

$$F = -\frac{\partial U}{\partial r} \tag{5・46}$$

で与えられるので，原子間に働く力と原子間距離の関係は定性的に図5・16に示す曲線で表現される．また，ヤング率とポテンシャルエネルギーとは，

$$Y = \frac{1}{r_e}\left(\frac{\partial^2 U}{\partial r^2}\right)_{r=r_e} \tag{5・47}$$

という関係で結び付けられる．ここで r_e は平衡原子間距離である．このことからポテンシャル曲線の極小の位置における曲率がヤング率に反映されることになる．

一方，固体に圧力 P を加えたときの単位体積あたりの体積変化，

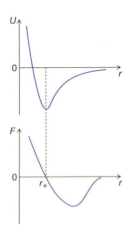

図5・16 原子間距離 r とポテンシャルエネルギー U および原子間に働く力 F との関係

は**圧縮率**(compressibility)とよばれ，その逆数，

$$\beta = -\frac{1}{V}\frac{dV}{dP} \qquad (5・48)$$

$$\beta^{-1} = B = -V\frac{dP}{dV} \qquad (5・49)$$

を**体積弾性率**(bulk modulus)という．マイナスの符号は圧力を加えることにより体積が減少することを意味する．すなわち β および B は正の値である．

固体の弾性的性質を反映するパラメーターとして，このほか，剛性率およびポアソン比が重要である．立方体の固体に横方向の応力を加えると，図5・17のように固体が変形することがある．このような現象は**せん断**(shear)とよばれ，せん断を

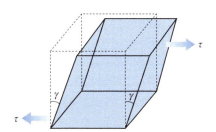

図5・17 せん断応力 τ とせん断ひずみ γ

起こす応力を**せん断応力**(shear stress)あるいは**ずり応力**という．また，発生するひずみを**せん断ひずみ**(shearing strain)とよぶ．図5・17において，変形を受けることによって面の頂点の角度は90°からずれる．ずれの角度 γ がせん断ひずみであ

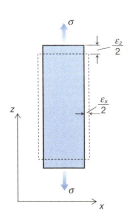

図5・18 z 軸方向に応力が加えられたときの x 軸方向のひずみ $\mu = \varepsilon_x/\varepsilon_z$ はポアソン比を表す

166   5. 格子振動と熱的・弾性的性質

る．ひずみが小さい範囲では，せん断応力 τ とせん断ひずみ γ との間には，

$$\tau = G\gamma \qquad (5 \cdot 50)$$

のように比例関係が成り立つ．比例定数 G を**剛性率**(modulus of rigidity)あるいは**せん断弾性率**(shear modulus)という．また，図 5・18 のように z 軸方向の応力によって横方向である x 軸方向にもひずみが生じる場合，z 軸方向のひずみ ε_z と x 軸方向のひずみ ε_x との比，

$$\mu = \frac{\varepsilon_x}{\varepsilon_z} \qquad (5 \cdot 51)$$

を**ポアソン比**(Poisson's ratio)という．これまでに述べたヤング率，体積弾性率，剛性率およびポアソン比はいずれも固体の弾性的性質を表すものである．ヤング率，体積弾性率，剛性率をまとめて**弾性率**(modulus of elasticity)とよぶ．ポアソン比も弾性率に含めることもある．いくつかの固体の弾性率とポアソン比を表 5・3 にまとめた．酸化物結晶は弾性率が大きく，有機高分子では小さい．また，同じ金属でも鉄や銅は鉛より 1 桁大きい弾性率をもつ．酸化物結晶について密度とポアソン比の関係を図 5・19 に示す．密度が増えるに従い，ポアソン比は大きくなる．このことは定性的につぎのように説明できる．密度の大きい結晶は最密充填構造をとる傾向がある．そのような構造では，一方向に圧力が加えられると，その方向に原子間距離が小さくなるためにはそれと垂直な向きに原子が移動する必要がでてくる．このため，ポアソン比は大きくなる．逆にすき間の多い構造では密度は小さ

表 5・3　いくつかの固体のヤング率，剛性率，およびポアソン比の室温での値

物　質	ヤング率 $(10^9\,\text{Pa})$	剛性率 $(10^9\,\text{Pa})$	ポアソン比
Al	68.5	25.6	0.34
Fe	206	80.3	0.28
Cu	123	45.5	0.35
Au	79.5	27.8	0.42
Pb	16.4	5.86	0.44
TiO_2	242.5	92.5	0.312
$BaTiO_3$	97	37	0.325
SiO_2(シリカ)ガラス	75.0	32.1	0.17
ポリエチレン	2.55	0.91	0.41
ポリプロピレン	4.13	1.54	0.34
ポリスチレン	3.76	1.39	0.35
ポリメタクリル酸メチル	6.24	2.33	0.34
ゴム	0.01~0.1		~1.0

く，応力に対して原子が移動できる空間が結晶内に多く存在するのでポアソン比は小さい．

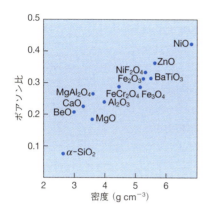

図 5・19 酸化物結晶におけるポアソン比と密度の関係

5・6・2 有機高分子固体の弾性的性質

有機高分子固体のなかには，ゴムのように特異な弾性的性質を示すものがある．日常経験できるように，わずかな力を加えるだけでゴムはもとの長さの数倍にまで伸び，力を除くと瞬時に始めの状態に戻る．つまり，ゴムは弾性率が異常に小さく，たとえばヤング率は 10^7 Pa 程度である．表 5・3 からわかるように，この値は金属や酸化物と比べると 3 桁から 4 桁も小さい．ゴムのような弾性に富んだ物質は**エラストマー**(elastomer)と総称される．また，ゴムの示す特異な弾性的性質は**ゴム弾性**(rubber elasticity)とよばれる．巨視的に見れば，通常の固体では応力によりひずみが生じるとその分だけ仕事をされるため内部エネルギーが増加する．ゴムの場合には仕事をされたことによる自由エネルギーの増加は，内部エネルギーの増

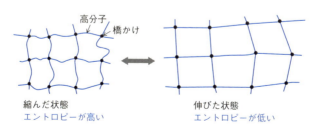

図 5・20 ゴムの微視的な構造の模式図　エントロピー弾性が現れる

加ではなく,むしろエントロピーの減少に反映される.図5・20に示したように,ゴムでは加硫により硫黄原子が鎖状高分子間を橋かけして,鎖状高分子が互いにからみ合った構造をとっており,引張りの応力を加えると鎖状高分子が伸びた自由度の少ない構造に変わる.つまり,ゴムでは引張り応力により原子間距離が広がる必要がなく,鎖状高分子の配列の仕方が変わるだけなので,わずかな力でも大きく伸びる.加えて,エントロピーを増加させる力により瞬時に縮む.このような性質は**エントロピー弾性**(entropy elasticity)とよばれる.

有機高分子固体は弾性に加えて粘性ももっている.このような性質を**粘弾性**(viscoelasticity)という.このような物質に応力を加え,ひずみが一定になるように調整すると,時間とともに応力は減少してある平衡値に達する.この現象は**応力緩和**(stress relaxation)とよばれ,時間 t に依存する応力 $\sigma(t)$ を一定のひずみ ε_0 で割った値,

$$E(t) = \frac{\sigma(t)}{\varepsilon_0} \quad (5 \cdot 52)$$

を**緩和弾性率**(relaxation modulus)という.非晶質となる有機高分子固体に対して温度を変えながら緩和弾性率を測定すると,模式的に図5・21のような変化が見られる.つまり,低温でガラス状態であった高分子固体はガラス転移を経てゴム状態に変わる.2・5・1節で述べたように,ガラス状態では高分子は結晶における格子振動と同様の運動しかできないため応力に対するひずみは小さく,緩和弾性率は大きい.ガラス転移領域では高分子鎖は協同的に運動することができるため(図2・25参照),弾性率は減少する.ゴム状態では高分子がからみ合い構造となり,前述のような高分子間の橋かけが生成するため,弾性率の低い状態が現れる.

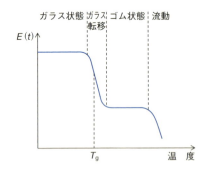

図5・21 有機高分子の非晶質固体に見られる緩和弾性率 $E(t)$ の温度依存性の模式図 T_g はガラス転移温度

6

電子構造と電気伝導

　固体のなかには，金属や合金のように電気をよく通す物質から，陶磁器，ガラス，ゴムのように電気をほとんど通さない材料まで，さまざまなものがある．前者は**導体**(conductor)，後者は**絶縁体**(insulator)とよばれる．電気伝導の観点から金属と絶縁体の中間的な性質を示す物質が**半導体**(semiconductor)である．半導体の代表例はケイ素(シリコン)であり，いうまでもなく，この物質が20世紀後半からのわれわれの社会生活を一変させたエレクトロニクス産業を支えてきた．一方，有機高分子材料のひとつであるプラスチックは一般に絶縁体であるが，電気をよく通すプラスチックも多く見いだされており，やはりエレクトロニクスの分野では重要な材料のひとつとなっている．また，低温で固体の電気抵抗がゼロとなる現象は"超伝導"として知られており，1911年に水銀においてこの現象が発見されて以来，さまざまな種類の**超伝導体**(superconductor)が見いだされてきた．このような多くの固体の電気伝導を特徴づけているのは固体における電子の状態や挙動，すなわち，電子構造である．なかには電子ではなくイオンの運動が電気伝導に寄与する固体もある．これらは**イオン導電体**(ionic conductor)とよばれ，リチウムイオン2次電池や燃料電池をはじめエネルギー科学の立場から注目が集まっている．このように電気伝導の観点から見れば固体はきわめて多様性に富んでおり，固体の電気的性質は基礎的にも実用的にも重要な物性のひとつとなっている．本章では固体の電子構造と電気伝導の基礎を解説する．また，イオン伝導についてもふれる．超伝導は磁性とも深くかかわる現象であるため，8章で磁性と磁性体に関して述べたあと，章を改めて解説する．

170　　　　　　　　　　6. 電子構造と電気伝導

6・1　金属の電子構造と電気伝導

6・1・1　固体の電気伝導率

　固体は電気の流れやすさに応じて，導体，半導体，絶縁体に大別される．導体の典型的な例は金属である．固体に電圧 ϕ を加えたときに流れる電流が J であれば，よく知られたオームの法則

$$\phi = RJ \tag{6・1}$$

が成り立つ．R は**電気抵抗**(electric resistance)または単に**抵抗**(resistance)ともよばれ，電流の流れにくさを表す量である．固体の長さを l，断面積を S とすると，

$$R = \rho \frac{l}{S} \tag{6・2}$$

の関係がある．(6・2)式の ρ は**電気抵抗率**(electric resistivity)，**抵抗率**(resistivity)，**比抵抗**(specific resistance)などとよばれる物理量であり，その逆数

$$\sigma = \rho^{-1} \tag{6・3}$$

を**電気伝導率**(electric conductivity)，**電気伝導度**，あるいは**導電率**といい，電流の流れやすさを示す量となる．SI 単位系では電気抵抗率の単位は Ω m，電気伝導率の単位は $\Omega^{-1} m^{-1}$ であって，特に Ω^{-1} を S(ジーメンス)と書いて，電気伝導率の単位を S m^{-1} と表すことが多い．電流密度(単位断面積を流れる電流)を j，電場を E とおけば，これらはいずれも大きさと向きをもつためベクトルであって，両者の関係は，

$$j = \sigma E \tag{6・4}$$

で表される．これをオームの法則の微分形という．

表6・1　いろいろな物質および材料の室温付近での電気伝導率

物質，材料	電気伝導率(S m^{-1})	物質，材料	電気伝導率(S m^{-1})
金　属		絶縁体	
Ag	6.29×10^7	ダイヤモンド	1×10^{-14}
Cu	5.98×10^7	石　英	3×10^{-15}
Au	4.26×10^7	ソーダ石灰ガラス	$10^{-12} \sim 10^{-9}$
Al	3.77×10^7	ナイロン	$10^{-13} \sim 10^{-10}$
W	1.77×10^7	天然ゴム	$10^{-15} \sim 10^{-13}$
Fe	1.03×10^7		
半導体			
Ge	2.1		
Si	3.16×10^{-4}		
GaAs	2×10^{-7}		

表6・1にいくつかの物質や材料の室温付近での電気伝導率を示す．金属では $10^7\,\mathrm{S\,m^{-1}}$ 程度，絶縁体の代表であるゴムやガラスでは $10^{-9}\,\mathrm{S\,m^{-1}}$ 以下の値をとる．半導体はその中間的な値を示す．6・4節で具体的に述べるように，酸化物や有機化合物のなかにも金属と同程度の高い電気伝導率(低い電気抵抗率)をもつ物質がある．金属から絶縁体まで，電気伝導率の値は実に20桁以上にわたって変化する．このような物性値は他に類を見ない．また，後述するように(6・1・2節および6・2・2節)，温度が高くなると金属の電気伝導率は減少し，逆に半導体と絶縁体の電気伝導率は増加する．

6・1・2 自由電子気体と金属の電気伝導

はじめに金属の電気伝導を単純化されたモデルに基づいて考察しよう．図6・1に模式的に示すように，金属結晶において各金属原子は最外殻の電子を放出してイオン化している．放出された電子は伝導電子として金属の陽イオンが配列した空間を移動し，電気伝導に寄与する．たとえば，金属のなかでも特に電気伝導率の高い銅では4s電子が，また，銀では5s電子が伝導電子として結晶中を運動する．結晶や原子，分子における電子の運動やエネルギーの状態を**電子構造**(electronic structure)という．結晶の電子構造を定量的に解釈するためには，量子力学による取扱いが必要になる．

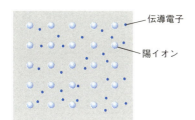

図6・1 金属結晶の模式的な構造

金属結晶中の電子の運動量を $\boldsymbol{p}$ とおく．ド・ブローイの関係より，この電子は波数 $\boldsymbol{k}=\boldsymbol{p}/h$ をもつ波としての性質も示す．この電子の運動を記述するシュレーディンガー方程式は，

$$-\frac{\hbar^2}{2m}\left(\frac{\partial^2}{\partial x^2}+\frac{\partial^2}{\partial y^2}+\frac{\partial^2}{\partial z^2}\right)\Psi_k(\boldsymbol{r}) = E_k\Psi_k(\boldsymbol{r}) \qquad (6\cdot5)$$

と表現される．ここで，m は電子の質量，$\boldsymbol{r}$ は電子の位置である．電子が，1辺の長さが L の立方体の金属結晶内に閉じ込められて運動すると考え，結晶は十分に

大きく,表面の効果は現れないとする.表面の効果をなくすためには,$x=0$ の面と $x=L$ の面において電子の状態は等しいと考えればよい(周期的境界条件).同じことが $y=0$ の面と $y=L$ の面,$z=0$ の面と $z=L$ の面においても成り立つので,波動関数は,

$$\begin{aligned}\Psi_k(0,y,z) &= \Psi_k(L,y,z) \\ \Psi_k(x,0,z) &= \Psi_k(x,L,z) \\ \Psi_k(x,y,0) &= \Psi_k(x,y,L)\end{aligned} \quad (6\cdot 6)$$

を満たし,(6・5)式より,

$$\Psi_k(\boldsymbol{r}) = \frac{1}{\sqrt{V}}\exp(i\boldsymbol{k}\cdot\boldsymbol{r}) \quad (6\cdot 7)$$

が得られる.ここで $V=L^3$ は結晶の体積である.また,エネルギーは,

$$E_k = \frac{\hbar^2}{2m}k^2 \quad (6\cdot 8)$$

で表現される.k は電子の波数の大きさである.(6・8)式で表される電子の波数とエネルギーの関係は図6・2のような放物線となる.

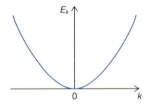

図6・2 自由電子気体における電子の波数 k とエネルギー E_k の関係　放物線で表される

以上の取扱いでは,伝導電子を一定の空間内を互いに相互作用することなく自由に運動する粒子(厳密にいえば量子)であると考えている.このような描像でとらえた電子の状態を,気体分子の運動になぞらえて**自由電子気体**(free electron gas)とよぶ.ド・ブローイの関係を考慮すれば,(6・8)式は電子の運動エネルギーを表すことがわかる.また,波数を $\boldsymbol{k}=(k_x,k_y,k_z)$ と成分で表現すると,(6・6)式と(6・7)式とから,各成分に対して,

$$k_x = 0,\ \pm\frac{2\pi}{L},\ \pm\frac{4\pi}{L},\ \pm\frac{6\pi}{L},\ \cdots \quad (6\cdot 9)$$

などが成り立つ.つまり,k 空間の体積要素 $(2\pi/L)^3$ あたりに,1個の波数 k が存在する.よって,波数は量子化されとびとびの値をとる.ただし,L が十分に大きければ波数は連続的に変化すると近似できる.

6・1 金属の電子構造と電気伝導   173

自由電子気体における電気伝導を考察しよう．電場が存在しなければ電子の運動は無秩序であるから，波数が k の電子に対して $-k$ の波数をもつ電子も等しい数だけ存在することになり，平均化された電子の速度はゼロとなって電流は流れない．これに対して，電場 E が印加されると，電子は $-eE$ の力を受ける．ここで e は電気素量である．このとき，電子の運動方程式は，電子の速度を v として，

$$m\frac{\mathrm{d}v}{\mathrm{d}t} = \frac{\mathrm{d}p}{\mathrm{d}t} = \hbar\frac{\mathrm{d}}{\mathrm{d}t}k = -eE \qquad (6\cdot10)$$

のように書くことができる（$\hbar k = p(=mv)$ に注意）．$(6\cdot10)$式から，波数の時間依存性は，

$$k(t) = k(0) - \frac{eEt}{\hbar} \qquad (6\cdot11)$$

となり，波数の絶対値は時間とともに大きくなる．金属結晶に含まれる単位体積あたりの伝導電子の数を n_e とすると，電流密度 j は波数 k を用いて，

$$j = -n_e ev = -\frac{\hbar n_e e}{m}k \qquad (6\cdot12)$$

と表現されるので，外部から加えられた電場は電流の大きさを単調に増加させる．

一方，電子の速度（波数）は，電子が格子欠陥やフォノンと衝突することによって減少する．一般に減少の仕方は指数関数的となるので，

$$\frac{\mathrm{d}j}{\mathrm{d}t} = -\frac{j}{\tau} \qquad (6\cdot13)$$

が成り立つ．τ は，一つの衝突からつぎの衝突までに要する時間を表し，**緩和時間**（relaxation time）とよばれる．よって，

$$\frac{\mathrm{d}j}{\mathrm{d}t} = \frac{n_e e^2}{m}E - \frac{j}{\tau} \qquad (6\cdot14)$$

が電流密度を決める微分方程式となるが，定常状態では $\mathrm{d}j/\mathrm{d}t = 0$ であるため，$(6\cdot14)$式より，電場 E が印加された状態での電子の運動による電流密度は，

$$j = \frac{n_e e^2 \tau}{m}E \qquad (6\cdot15)$$

となる．これは$(6\cdot4)$式のオームの法則において，

$$\sigma = \frac{n_e e^2 \tau}{m} \qquad (6\cdot16)$$

とおいたものに等しい．つまり，電気伝導率は$(6\cdot16)$式で与えられる．温度が高

174   6. 電子構造と電気伝導

くなると，5章で述べたようにフォノンの数が増すため，電子とフォノンとの衝突の頻度が増加する．よって，高温では緩和時間 τ は短くなり，(6・16)式より電気伝導率は小さくなる．つまり，金属では格子振動の影響のため，温度が高くなるほど電気伝導率は低下し，電気抵抗は大きくなる．

一方，(6・12)式と(6・14)式から，複数の散乱を受けたあとの定常状態での電子の速度は，$d\boldsymbol{v}/dt = 0$ であることから，

$$\boldsymbol{v} = -\frac{e\tau}{m}\boldsymbol{E} \qquad (6\cdot17)$$

と表すことができる．これを**ドリフト速度**(drift velocity)という．また，比例定数

$$\mu_e = \frac{e\tau}{m} \qquad (6\cdot18)$$

を**電子移動度**(electron mobility)とよぶ．これは，一定の電場が加えられたときに電子が移動する速さを反映した量であり，単位として $cm^2\,V^{-1}\,s^{-1}$ あるいは $m^2\,V^{-1}\,s^{-1}$ が使われる．この物理量を用いると，(6・16)式の電気伝導率は，

$$\sigma = n_e e \mu_e \qquad (6\cdot19)$$

と表現できる．

6・1・3 フェルミ・エネルギーとフェルミ-ディラック統計

金属結晶における電子のエネルギーは(6・8)式で与えられる．すなわち，波数の大きさ k が小さいほど電子のエネルギーは低くなる．結晶中にはさまざまな大きさの波数で規定される電子が存在し，それぞれが異なったエネルギーをもつ．(6・9)式から明らかなように，波数空間では体積 $(2\pi/L)^3$ あたり1個の $\boldsymbol{k}$ の許される値が存在する．絶対零度では結晶全体のエネルギーが最も低い状態となるような電子構造がつくられるため，k の値の小さいエネルギー準位から順番に電子の占有が起こり，ある波数 k_F において電子のエネルギーが最大となる．一方，金属結晶中に存在する伝導電子の総数を N とすると，パウリの排他律により，これらの電子をすべて受け入れるためには $N/2$ 個の準位が必要となる．よって，

$$\frac{4\pi}{3}k_F{}^3 \bigg/ \left(\frac{2\pi}{L}\right)^3 = \frac{N}{2} \qquad (6\cdot20)$$

が成り立ち，$V = L^3$ を用いると，

$$k_F = \left(\frac{3\pi^2 N}{V}\right)^{1/3} \qquad (6\cdot21)$$

6・1 金属の電子構造と電気伝導 175

が得られる．k_F は**フェルミ波数**(Fermi wave number)とよばれる．また，電子のとりうる最も高いエネルギーは(6・8)式より，

$$E_F = \frac{\hbar^2}{2m} k_F^2 = \frac{\hbar^2}{2m} \left(\frac{3\pi^2 N}{V} \right)^{2/3} \qquad (6 \cdot 22)$$

となり，E_F を**フェルミ・エネルギー**(Fermi energy)という．さらに $\hbar k_F$ をフェルミ運動量とよぶ．(6・22)式よりフェルミ・エネルギーは結晶の単位体積に含まれる伝導電子の数で決まることがわかる．たとえば，アルカリ金属では伝導電子の数密度 N/V は $10^{22}\,\mathrm{cm}^{-3}$ 程度であるから，フェルミ・エネルギーは $10^{-18}\,\mathrm{J}$ のオーダーとなる．これをボルツマン定数で割った値は温度の次元をもち，

$$T_F = \frac{E_F}{k_B} \approx 10^4\,\mathrm{K} \qquad (6 \cdot 23)$$

と非常に大きな値となる．T_F を**フェルミ温度**(Fermi temperture)という．いくつかの金属のフェルミ温度を表6・2にまとめた．(6・22)式はまた，E_F が波数空間において半径 k_F の球面に対応することを表している．このような球を**フェルミ球**(Fermi sphere)という．自由電子気体ではフェルミ・エネルギーに等しいエネルギー面は球となるが，一般には結晶構造を反映した複雑な形状となる．このような面は**フェルミ面**(Fermi surface)とよばれる．フェルミ面は，フェルミ・エネルギーを E_F としたときの波数空間における等エネルギー面 $E(\boldsymbol{k}) = E_F$ と定義される．

表6・2 金属のフェルミ温度

金　属	フェルミ温度($10^4\,\mathrm{K}$)	金　属	フェルミ温度($10^4\,\mathrm{K}$)
Li	5.5	Al	13.5
Na	3.7	Ga	12.0
K	2.5	Pb	10.9
Mg	8.3	Cu	8.1
Ca	5.4	Ag	6.4
Ba	4.2	Au	6.4

一方，E よりも小さいエネルギーをもつ電子の数を $N(E)$ とすると，(6・22)式より，

$$N(E) = \frac{V}{3\pi^2} \left(\frac{2mE}{\hbar^2} \right)^{3/2} \qquad (6 \cdot 24)$$

となるので，単位エネルギー間隔あたりの電子の数は，

$$D(E) = \frac{dN(E)}{dE} = \frac{V}{2\pi^2}\left(\frac{2m}{\hbar^2}\right)^{3/2} E^{1/2} \qquad (6\cdot25)$$

で与えられる．$D(E)$を**状態密度**(state density)という．

 以上の考察は絶対零度におけるものであるが，温度が上昇すればいくらかの電子は熱によって励起されて高いエネルギー状態を占めるようになるため，温度と平衡状態にある電子の分布を考えることが重要になる．温度Tにおける電子のエネルギー分布は，

$$f(E) = \frac{1}{\exp[(E-\mu)/k_B T] + 1} \qquad (6\cdot26)$$

によって与えられることが知られている．$(6\cdot26)$式を**フェルミ-ディラック分布**(Fermi-Dirac distribution)あるいは単に**フェルミ分布**という．μは**化学ポテンシャル**(chemical potential)とよばれる量で，絶対零度において$\mu = E_F$である．図$6\cdot3$に種々の温度における$f(E)$とEの関係を示す．絶対零度ではすべての電子がフェルミ・エネルギーより小さいエネルギー準位にあるが，温度が上がるとエネルギーの高い準位に励起される電子の数が増す．

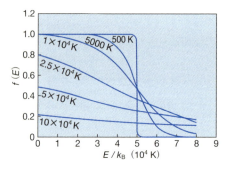

図$6\cdot3$ **フェルミ-ディラック分布** 種々の温度における分布曲線を表す．フェルミ温度は$T_F = E_F/k_B = 5\times10^4\,\text{K}$と仮定されている

 $(6\cdot26)$式で表現される電子のエネルギー分布に基づいて電子の集団の運動を扱う理論を**フェルミ-ディラック統計**という．この統計に従う粒子(たとえば，電子)は，スピンが奇数の半分であり(電子では1/2)，その波動関数は反対称であることが知られている．このような粒子は，**フェルミ粒子**(Fermi particle)あるいは**フェルミオン**(fermion)とよばれる．フェルミ粒子は，また，パウリの排他律に従う．すなわち，一つの量子状態をとりうる粒子の数は1個に限られる．

6・1・4 伝導電子による熱容量と熱伝導

格子振動に基づく熱容量がフォノンのエネルギーの分布を考慮することによって理解されるのと同じように，電子の分布状態を表すフェルミ-ディラック分布を用いれば，熱容量に対する伝導電子の寄与を見積もることができる．具体的には(6・25)式の状態密度と(6・26)式のフェルミ-ディラック分布を用いて電子のエネルギーに基づく内部エネルギーを計算し，それを温度で微分すれば熱容量が得られる．計算の詳細については固体物理学の教科書を参考にしていただきたい．ここでは結果のみを示すと，十分に低い温度での近似として，モル比熱は1価の金属に対して，

$$C_e(T) = \frac{\pi^2}{2} R \frac{T}{T_F} \qquad (6 \cdot 27)$$

で与えられる．$R(= N_A k_B)$は気体定数である．伝導電子のもつエネルギーによる熱容量は**電子比熱**(electronic specific heat)とよばれる．(6・27)式は，低温では電子比熱は温度に比例することを表している．これに対して，5・3・3節で述べたように格子振動による熱容量は温度の3乗に比例する．よって熱容量は，

$$C = \gamma T + A T^3 \qquad (6 \cdot 28)$$

のように電子比熱と格子振動からの寄与の和の形で表現されることになる．γとAは物質に固有の定数である．特に極低温では格子振動による熱容量よりも電子比熱の寄与が重要になる．一方，表6・2からわかるようにT_Fは10^4 Kのオーダーであるから，Tが室温程度でもT/T_Fは十分に小さく，(6・27)式は成立する．$T = 300$ Kを代入すると，$C_e \approx 0.1\,R$程度となり，格子振動の寄与による値の$3R$(デュロン-プティの法則，5・3・1節)と比較すると小さい値となる．つまり，室温付近では金属の熱容量に対する電子比熱の寄与は無視できる．

フォノンが熱伝導に寄与するのと同様，伝導電子も熱を運ぶことができる．格子振動に対して成り立つ熱伝導率と熱容量の関係((5・43)式)と同じような式を伝導電子についても考えることができ，熱伝導率κ_eは，

$$\kappa_e = \frac{1}{3} C_e v_F \Lambda_e \qquad (6 \cdot 29)$$

と表される．ここでC_eは単位体積あたりの電子比熱，v_Fはフェルミ・エネルギー近傍での電子の速度である．また，Λ_eは伝導電子の平均自由行程で，6・1・2節で議論した緩和時間に関係する．単位体積あたりの伝導電子の数n_eを用いると，単位体積あたりの熱容量は，(6・27)式より，

178　　　　　　　　　　　　6. 電子構造と電気伝導

$$C_e(T) = \frac{\pi^2}{2} n_e k_B \frac{T}{T_F} \tag{6·30}$$

となるため，熱伝導率は，

$$\kappa_e = \frac{\pi^2 n_e k_B v_F \Lambda_e T}{6 T_F} \tag{6·31}$$

と表される．熱伝導率と(6·16)式の電気伝導率との比をとり，

$$k_B T_F = \frac{1}{2} m v_F^2 \tag{6·32}$$

$$\Lambda_e = v_F \tau \tag{6·33}$$

の関係を用いると，

$$\frac{\kappa_e}{\sigma} = \frac{\pi^2}{3} \left(\frac{k_B}{e}\right)^2 T \tag{6·34}$$

が得られる．すなわち，温度が一定であれば金属の電気伝導率 σ と熱伝導率 κ_e との比は一定となる．これを**ウィーデマン-フランツ**(Wiedemann-Franz)**の法則**という．このことから，金，銀，銅のような熱をよく伝える金属では，電気伝導率も高くなるという事実が理解できる．また，熱伝導率と電気伝導率の比を温度で割った値

$$\frac{\kappa_e}{\sigma T} = \frac{\pi^2}{3} \left(\frac{k_B}{e}\right)^2 = 2.445 \times 10^{-8}\,\mathrm{W\,\Omega\,K^{-2}} \tag{6·35}$$

は**ローレンツ比**(Lorentz ratio)とよばれ，金属の種類や温度によらない普遍的な定数となる．表6·3に金属の電気伝導率と熱伝導率の実測値から得られるローレンツ比をまとめた．理論値の(6·35)式とよく一致している．

表6·3　金属のローレンツ比 $\kappa_e/(\sigma T)$

金 属	$\kappa_e/(\sigma T)\,(10^{-8}\,\mathrm{W\,\Omega\,K^{-2}})$		金 属	$\kappa_e/(\sigma T)\,(10^{-8}\,\mathrm{W\,\Omega\,K^{-2}})$	
	0 °C	100 °C		0 °C	100 °C
Mg	2.16	2.32	Cu	2.18	2.30
Al	2.18	2.22	Ag	2.31	2.37
Zn	2.31	2.33	Au	2.35	2.40
Pb	2.46	2.57	Pt	2.47	2.56

6・2 バンド理論
6・2・1 周期的ポテンシャルにおける電子の運動

すでに指摘したように金属結晶における電子の挙動を自由電子気体の近似で扱う場合，結晶の体積が十分に大きければ電子の波数は連続的に変化するとみなしてよい．電子の波数とエネルギーの関係は(6・8)式で与えられるから，両者の関係は図6・2に示したように放物線で表される．実際の金属結晶では波として運動する電子は原子(伝導電子が抜けた陽イオン)のつくる周期的な電場の影響を受け，原子の位置で散乱される．現象の本質を理解するために図6・4のような1次元の結晶における電子の運動を考察しよう．原子間の距離が a であるとき，波長が $2a$ である波(すなわち，波数 $k = \pi/a$ の波)はちょうど各原子の位置で反射され，逆方向に進行する多くの波を発生させる．各原子において発生する反射波は互いに同じ位相をもつため，干渉して強度の強い波となる．この波は逆方向へ進むと各原子において

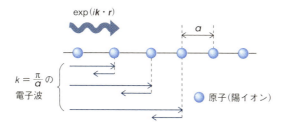

図6・4　原子間距離が a である1次元結晶における電子の運動
電子は波 $\exp(i\boldsymbol{k}\cdot\boldsymbol{r})$ として伝わる．$k = \pi/a$ の波数の電子は原子の位置で散乱されて定常波をつくる

再び反射され，再度，逆方向(すなわち，始めの進行方向)に向かう波を発生させる．この過程が繰返される結果，$k = \pi/a$ の波は互いに逆方向に進む波長と振幅の等しい波の重ね合わせとなり，速さがゼロの定常波となる．$k = -\pi/a$ の波も同じように定常波を発生させる．一方，(6・8)式より，

$$\frac{1}{\hbar}\frac{dE_k}{dk} = \frac{\hbar k}{m} = \frac{p}{m} \qquad (6\cdot 36)$$

は電子の速さを表す(ここで p は電子の運動量である)から，$k = \pm\pi/a$ では定常波の発生のため，

$$\frac{dE_k}{dk} = 0 \qquad (6\cdot 37)$$

となる．このため，図6・2のエネルギーと波数の関係は図6・5のように書き換えられることになる．すなわち，$k = \pm\pi/a$, $\pm 2\pi/a$, … において電子のエネルギーは不連続に変化する．

このように，結晶では原子が周期的な秩序をもって配列しているため，ある波数において電子のエネルギーの変化が不連続となる．この不連続な変化に対応するエネルギー差を**エネルギーギャップ**(energy gap)といい，図6・5に示すように E_g で表す．また，エネルギーがほぼ連続的に変化しうる波数空間の領域を**ブリユアン域**(Brillouin zone)とよぶ(5・1・2節も参照)．特に最もエネルギーの低い $k = 0$ を含む領域は第一ブリユアン域とよばれる．さらにブリユアン域以外の領域，すなわち，電子が存在できない領域を**禁止帯**(forbidden band)という．このようなエネルギーギャップの存在が結晶の電子構造の大きな特徴の一つである．

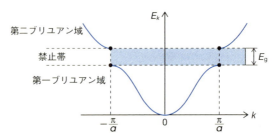

図6・5　1次元結晶における電子の波数 k とエネルギー E_k との関係
$k = \pm\pi/a$ においてエネルギーが不連続に変化する．E_g はエネルギーギャップである

結晶内の電子の運動をもう少し詳しく考察しよう．結晶中で並進対称性をもって並んだ原子(陽イオン)のつくるポテンシャルエネルギーは，原子の配列と同じ周期性をもたなければならない．図6・4の1次元結晶の場合を考えると，任意の位置 x におけるポテンシャルエネルギー $U(x)$ は，

$$U(x + a) = U(x) \tag{6・38}$$

を満たす．このポテンシャルエネルギーのもとで運動する電子のシュレーディンガー方程式の固有値は，

$$\Psi_k(x) = u_k(x)\exp(ik_x x) \tag{6・39}$$

の形で表され，$u_k(x)$ はポテンシャルエネルギーと同様，結晶の並進対称性に対応する周期関数となる．すなわち，

$$u_k(x + a) = u_k(x) \tag{6・40}$$

が成り立つ．3次元結晶では(6・39)式は，

$$\Psi_k(\boldsymbol{r}) = u_k(\boldsymbol{r})\exp(i\boldsymbol{k}\cdot\boldsymbol{r}) \tag{6・41}$$

によって与えられる．自由電子気体の電子の運動を記述する(6・7)式との違いに注意していただきたい．周期的なポテンシャルエネルギーの中を運動する電子の波動関数がポテンシャルエネルギーと同じ周期をもつという要請を**ブロッホの定理**(Bloch's theorem)という．また，(6・41)式を**ブロッホ関数**(Bloch function)とよぶ．ブロッホ関数を模式的に描くと図6・6のようになり，結晶の周期に対応して変化する部分 $u_k(\boldsymbol{r})$ と波を表す部分 $\exp(i\boldsymbol{k}\cdot\boldsymbol{r})$ との積の形で表される．単純な周期的ポテンシャルエネルギーに対してシュレーディンガー方程式を解いて固有関数と全エネルギーを導くことはさほど困難ではないが，実在する結晶を対象として厳密な解を得ることは大変難しく，理論的な計算にあたってはさまざまな近似方法が用いられる．このような問題の詳細については，固体物理学や物性物理学の教科書を参照されたい．

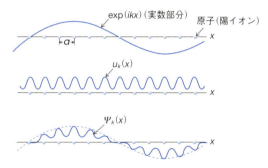

図6・6　1次元結晶におけるブロッホ関数 $\Psi_k(x)$．$u_k(x)$ と $\exp(ikx)$ の挙動も描かれている．ただし，$\Psi_k(x) = u_k(x)\exp(ikx)$

6・2・2　結晶のバンド構造

　結晶の電子構造は模式的に図6・7のように表現されることが多い．図中の縦軸はエネルギーを表しており，長方形の領域には電子の存在しうるエネルギー準位がほとんど連続的に分布している．それ以外の領域は電子が占有できない状態，すなわち，"禁止帯"である．図6・7に描かれた長方形の領域のように，結晶に特徴的な電子状態を記述する帯状のエネルギー準位を**エネルギーバンド**(energy band)といい，このようなモデルを用いて結晶の電子構造を表現する方法を**バンド理論**(band theory)という．なお，図6・7で横軸には物理的意味はない．

図6・7において,長方形の領域のうち色の部分は電子が占有している準位を表す.金属ではエネルギーの低いバンドはすべての準位が電子によって占有され,エネルギーギャップを隔てて高いエネルギー状態にあるバンドは一部が電子によって

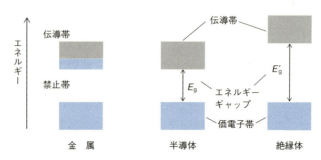

図6・7 金属,半導体,絶縁体のバンド構造　色の部分は電子が占有していることを示す.半導体と絶縁体において,エネルギーギャップは,$E_g < E_g'$ である

占められる.このような電子構造において,一部の準位のみが電子によって占有されたバンドを**伝導帯**(conduction band)とよぶ.金属では,伝導帯において電子が占めている準位と空の準位とが存在する.これらの準位のエネルギー差は非常に小さいので,図6・8(a)に示すように,電子は自らが占めているエネルギーの低い準位から空の準位に容易に励起され,空の準位を利用して移動することが可能となる.このため,高い電気伝導率が現れる.

一方,半導体において価電子が占めるバンドを**価電子帯**(valence band)という.**半導体**では,価電子帯のすべての準位が電子によって占められ,伝導帯はすべての準位が空となっている(図6・7参照).そのため,このままでは伝導帯を移動できる電子は存在せず,電気伝導は観察されない.しかし,図6・8(b)に示すように,

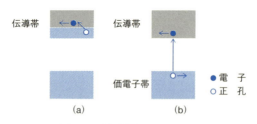

図6・8 金属(a)および半導体(b)における電気伝導の機構

6・2 バンド理論

温度が上がれば，価電子帯の最もエネルギーの高い準位を占めている電子の一部が熱エネルギーを受け取って伝導帯に励起される．伝導帯に励起された電子は空の準位を通って伝導することができる．あるいは，価電子帯では電子が1個抜けるため，空の準位が一つ生成することになり，やはり電子の移動が可能となる．価電子帯において電子が抜けた状態は相対的に +1 価の電荷をもった粒子と見ることもでき，この正電荷をもつ粒子が電子で満たされた価電子帯を移動すると考えてもよい．電子が抜けて正電荷をもった状態は**正孔**(positive hole)あるいは**ホール**とよばれる．このように半導体では，熱による励起で電気伝導に寄与する電子あるいは正孔が生じる．したがって，半導体の電気伝導率は温度が上昇するほど高くなる．6・1・2 節で述べたように，金属では格子振動の影響で温度が下がるほど電気伝導率は増加する．具体的な例は 6・4 節に示した．

　半導体では熱エネルギーにより電子が励起されて電気伝導が起こるが，これはエネルギーギャップが熱エネルギーと比べて小さいためである．エネルギーギャップが熱エネルギーより大きい固体では，温度が上がっても励起される電子の数が少ないため高い電気伝導率は期待できない．このようにエネルギーギャップが大きいため電気伝導率が小さい固体を**絶縁体**という．半導体と絶縁体の電子構造の違いは図 6・7 に示されている．半導体のエネルギーギャップ E_g は，絶縁体のエネルギーギャップ E_g' より小さい．

　すでに 1・6・1 節で議論したように，金属結晶のバンド構造を分子軌道法の観点から考えることができる．図 1・31(b) に示したように，リチウムでは 1s 軌道は完全に満たされるが 2s 軌道が伝導帯を形成し，2s 軌道による伝導帯はちょうど半分の準位が電子によって占められているため，空の準位が存在して電気伝導が起こる（図 6・8 参照）．他のアルカリ金属でも最外殻の s 軌道にある電子が伝導電子となる．アルカリ土類金属では s 軌道に 2 個の電子が入るため，単純に考えると，s 軌道によるバンドはすべての準位が占有された価電子帯，p 軌道によるバンドが完全に空の伝導帯となって，半導体あるいは絶縁体の電子構造となってしまう．しかし，アルカリ土類金属では s 軌道によるバンドが p 軌道によるバンドと比べてエネルギー的に完全に下にあるのではなく，図 6・9 のように二つのバンドには重なりがあって，s 軌道によるバンドが電子によって完全に占められるまえに，電子は p 軌道によるバンドにも入り，二つのバンドとも電子によって部分的に占有された状態となる．このためアルカリ土類金属にも伝導電子が存在し，金属としての性質が現れる．

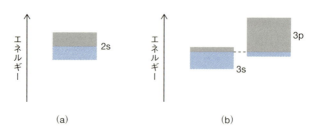

図6・9 リチウム(a) およびマグネシウム(b) における電子構造の模式図

6・3 半導体とエレクトロニクス
6・3・1 半導体の電子構造

上記のとおり，半導体は基本的に絶縁体と同じ電子構造であるが，エネルギーギャップが小さいため電子が容易に熱励起され，同時に正孔も生じて電気伝導が起こる．Si, Ge のような14族の単体や，GaAs, GaP, GaN, InP などの13族と15族からなる化合物，ZnS, ZnSe, ZnTe, CdS, CdSe, CdTe, HgS, HgSe, HgTe のような12族と16族の化合物などは典型的な半導体である．このような純粋な単体や化合物として半導体の性質を示す物質を**真性半導体**(intrinsic semiconductor)という．真性半導体では電気伝導にあずかる電子と正孔の数が等しい．これに対して，純粋な単体や化合物に少量の不純物を添加することによって電子や正孔を生成し，電気伝導率を高めることもできる．このような半導体は**不純物半導体**(impurity semiconductor)とよばれる．真性半導体に少量の不純物を添加するプロセスを**ドーピング**(doping)といい，加えられる不純物を"ドーパント"とよぶ．

具体的な例として，まず，ケイ素に少量のリンが不純物として添加される場合を考えよう．ケイ素は14族元素であり，電子配置は $[Ne]3s^23p^2$ となるため，最外殻の電子が四つの sp^3 混成軌道に一つずつ入って共有結合を形成し，単体はダイヤモンド型構造の結晶となる．この結晶に少量のリンが添加されると，リン原子はケイ素原子の位置に置換固溶する．模式的な結晶構造を図6・10(a)に示す．リンは15族であって最外殻の電子配置が $3s^23p^3$ となるため，まわりの4個のケイ素原子と共有結合をつくると1個の電子が過剰になる．この電子は結晶内を動き回り，電気伝導に寄与することができる．バンド構造の観点から考えると，ケイ素の4個の価電子はすべて共有結合に使われて価電子帯を形成し，伝導帯に電子は存在しないが，少量のリン原子が固溶すると伝導帯のすぐ下の禁止帯の中にエネルギー準位を

つくり，過剰な1個の電子がこの準位を占める（図6・11(a)参照）．リンのつくる準位は電子を容易に伝導帯に与えることができるので，**ドナー準位**（donor level）とよばれる．ドナー準位から伝導帯に励起された電子は伝導帯の空の準位を使って

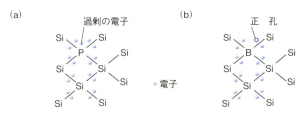

図6・10　不純物半導体の結晶構造の模式図　(a) ケイ素をリンでドープした場合．n型半導体となる，(b) ケイ素をホウ素でドープした場合．p型半導体となる

伝導する．このように，過剰に存在する電子が電気伝導に寄与する半導体は，電子の電荷が負（negative）であることからその頭文字をとって，**n型半導体**（n-type semiconductor）と名づけられている．

一方，ケイ素に13族の元素であるホウ素を少量添加した場合，ホウ素の価電子は3個であるからケイ素との共有結合に際して1個不足する．これは電子のあるべき位置から電子が抜けている状態であるから正孔となる（図6・10(b)参照）．バンド構造は図6・11(b)のようになり，ホウ素は価電子帯のすぐ上の禁止帯内に空の準位をつくる．この準位は価電子帯から熱励起された電子を受け取ることができるので**アクセプター準位**（acceptor level）とよばれる．電子が価電子帯からアクセプ

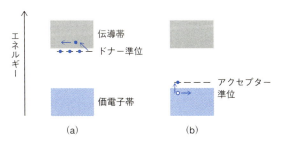

図6・11　n型半導体(a) とp型半導体(b) における電子構造と電気伝導の機構

ター準位に上がると，それにともない価電子帯に正孔が生成し，これが価電子帯を移動することにより電気伝導が起こる．電気伝導に寄与する正孔は正電荷(positive charge)をもつため，この種の半導体を **p 型半導体**(p-type semiconductor)という．n 型半導体における電子や，p 型半導体における正孔のように，電荷を運ぶ粒子は**担体**あるいは**キャリヤー**(carrier)とよばれる．

　真性半導体および不純物半導体における電子の分布もフェルミ–ディラック統計によって記述される．半導体物理学の分野では，(6・26)式のフェルミ–ディラック分布に現れる化学ポテンシャルをフェルミ準位とよぶことが多い．真性半導体では，フェルミ準位は禁止帯のちょうど真中あたりに位置する．また，十分に温度が低い場合，p 型半導体ではアクセプター準位と価電子帯の最上部との中間にフェルミ準位があり，n 型半導体ではドナー準位と伝導帯の最下部との中間にフェルミ準位が存在する．これらを模式的に図 6・12 に示す．

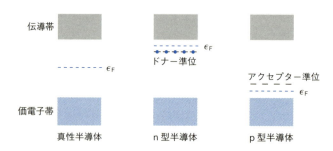

図 6・12　**真性半導体，n 型半導体および p 型半導体におけるフェルミ準位**
（図中の ϵ_F）

6・3・2　pn 接合とダイオード

　p 型半導体と n 型半導体を互いに貼り合わせたものを **pn 接合**(pn junction)という．p 型半導体と n 型半導体の界面には特異な電子構造がつくられ，そのため電気伝導の挙動もユニークなものとなる．pn 接合のバンド構造は図 6・13 のように表される．6・3・1 節で述べたように，p 型半導体と n 型半導体とではフェルミ準位の位置が異なる．フェルミ準位は電子の化学ポテンシャルであるから，pn 接合をつくると両者のフェルミ準位が等しくなるように電子や正孔の移動が起こる．この結果，図 6・13 のように，接合した界面の領域においてバンドの曲がりが生じる．

p型からn型の領域に移った正孔はn型半導体の界面領域で電子と結合して消滅する．つまり，n型半導体内の接合部分に近い領域では，p型半導体から移動した正孔をドナー準位が受け取って(すなわち，ドナー準位が電子を放出して)正に帯電する．同様にp型半導体内の界面近傍には，n型半導体から流れ込んだ電子を受け取って負に帯電したアクセプター準位が存在する．図中，これらは ⊕ および ⊖ の記号で表されている．接合領域ではこのような正・負両電荷による電場が発生し，バンドの曲がりを保つ．バンドの曲がりが存在する領域は**空間電荷層**(space charge layer)あるいは**空乏層**(depletion layer)とよばれる．空間電荷層では電子と正孔の数が等しく，電荷の担体(キャリヤー)が存在しないため電気抵抗が高い．

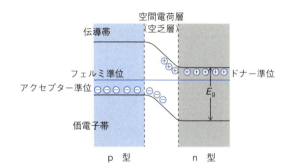

図6・13 pn接合におけるバンド構造

pn接合に外部から電場を加えると，特徴的な電気伝導の挙動が観察される．図6・14(a)に示すように，p型半導体を正極に，n型半導体を負極に接続して電場を印加すると，p型の領域では正孔が負極に向かって移動し，n型の領域では電子が正極に向かって移動するため，外部の回路に電流が流れる．同時に，p型には正極から正孔が流れ込み，n型には負極から電子が流れ込むため，キャリヤーの数は減少せず電流が流れ続ける．このように比較的大きな電流が流れる状況をつくりだす

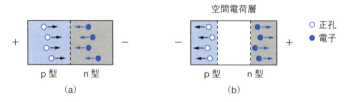

図6・14 pn接合に電場を印加した場合の電子と正孔の流れ　(a) 順方向，(b) 逆方向

電場の向きを**順方向**(forward direction)という．順方向に電場が印加されている状態のバンド構造は図6・15(a)のようになる．すなわち，外部電場によってバンドの曲がりは小さくなっている．一方，図6・14(b)のように，n型半導体を正極につなぎ，p型半導体を負極につないで電場を加えると，n型の電子は正極に引き寄せられ，p型の正孔は負極に引き寄せられるため，空間電荷層が大きくなり，全体の電気抵抗が増加して，電流は流れにくくなる．このときの電場の方向を**逆方向**(backward direction)という．逆方向に電場が印加されている状態のバンド構造は図6・15(b)のようになって，外部電場により空間電荷層におけるバンドの曲がりは大きくなる．以上のことから，pn接合における電圧と電流の関係は模式的に図6・16のように表される．図に見られるように一方向にのみ電流を流す性質を**整流作用**(rectification)という．また，整流作用を示すpn接合のように二つの電極をもちオームの法則を満たさない素子を**ダイオード**(diode)とよぶ．

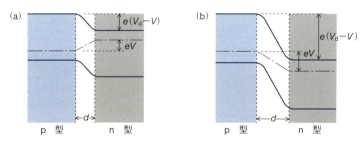

図6・15 **順方向(a)および逆方向(b)に外部電圧 V が加えられたときの pn 接合のバンド構造** V_d は接合前のp型半導体とn型半導体のフェルミ準位の差を電気素量 e で割ったもので，拡散電位とよばれ，pn接合におけるバンドの曲がりを反映する．d は空間電荷層の大きさ．(a)では $V>0$，(b)では $V<0$ である

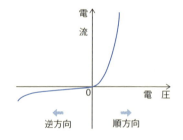

図6・16 pn接合における電圧と電流の関係と整流作用

6・3・3 トランジスター

ダイオードに対し，p型-n型-p型あるいはn型-p型-n型のように三つの半導体を接合して整流作用や電気信号の増幅を行う素子を**トランジスター**(transistor)とよぶ．エレクトロニクスの発展によりさまざまな種類のトランジスターが開発されており，厳密にはこのような構造をもつトランジスターは**バイポーラートランジスター**(bipolar transistor)とよばれる．具体例としてpnp接合のバイポーラートランジスターを説明しよう．図6・17に示すように，トランジスターの一方のpn接合(図では左側)には順方向に電圧が加えられ，もう一方のpn接合(図では右側)には逆方向に電圧が印加される．図の左側にあるp型半導体の電極を**エミッター**(emitter)，右側にあるp型半導体の電極を**コレクター**(collector)，真中のn型半導体の電極を**ベース**(base)とよぶ．はじめにコレクターとベースの間に電圧を加える．これは逆方向であるから電流はほとんど流れない．つぎにエミッターとベースの間に電圧を印加すると，エミッター側のp型半導体からn型領域に向かって正孔が移動する．エミッター側のp型半導体における正孔の濃度を，ベース側のn

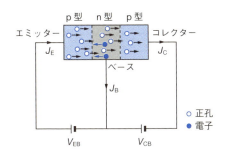

図6・17 バイポーラートランジスターにおける電子と正孔の流れ

型半導体における電子の濃度より高くしておくと，エミッターから注入された正孔はコレクター側のp型半導体に達する．このため，コレクターとベースの間を流れる逆方向の電流は増加する．したがって，エミッターを流れる電流J_Eがない場合とある場合とについて，コレクター側の電圧V_{CB}と電流J_Cの関係を比較すると，エミッター電流J_Eが流れている場合，$J_E = 0$のときと比べてコレクター電流J_C(逆方向)は増す．この様子を図6・18に示す．トランジスターでは，通常，図6・19のように，電圧V_{CB}と電流J_Cを図6・18の逆の方向を正にとって表す．

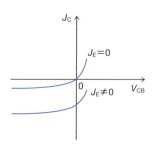 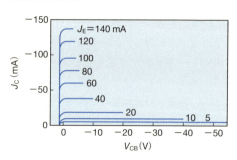

図 6・18 バイポーラートランジスターにおけるコレクター側の V_{CB} とコレクター電流 J_C との関係 エミッター電流 $J_E=0$ および $J_E \neq 0$ の場合の挙動を示す

図 6・19 バイポーラートランジスターにおける電圧-電流特性

　エミッター電流はすべてコレクター電流に寄与するわけではなく，エミッター電流の増加分のうちのいくらかはベース電流として流れるので，コレクター電流の増加分はエミッター電流の増加分より少し小さくなる．また，図 6・19 で電圧-電流特性を表す曲線がほぼ水平になっていることからわかるように，コレクター-ベース間の電気抵抗は大きい．一方，エミッター-ベース間は順方向であるため電気抵抗は小さい．このため，コレクター-ベース間の電圧は，エミッター-ベース間の電圧と比べて大きくなる．したがって，エミッター側を入力，コレクター側を出力とすれば，電力が増幅される．トランジスターはこのような原理で電気信号を増幅する．
　バイポーラートランジスター以外では，図 6・20 のような構造をもつ**電界効果トランジスター**(field effect transistor, FET)が知られている．3 種類の電極は，**ゲート**(gate)，**ソース**(source)，**ドレイン**(drain)とよばれる．ソースからは担体が注入されチャネルとよばれる領域(図 6・20 では n 型半導体の領域)を通ってドレインに達する．二つのゲート電極の間には pn 接合が存在するので，ゲートに逆方向の電圧を加えるとチャネル内に空間電荷層が生じ，担体(図 6・20 では電子)の移動を妨げる．空間電荷層の幅はゲート間の電圧に依存して変わるため，ゲート電圧を変化させるとチャネルの幅も変わり，ソースからドレインへの電流の大きさを変えることができる．このような効果を**電界効果**という．ドレイン側は電位が高くなっているため，ドレインに近い pn 接合の部分は空間電荷層の幅が大きくなる(図 6・20 参照)．したがって，ドレインとソースの間に加えられる電圧 V_D を大きくしていくと，ある値で上下の空間電荷層がぶつかりチャネルが消滅する．このため，V_D

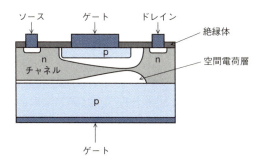

図 6・20 電界効果トランジスターの構造

の増加とともにオームの法則にしたがって増加していた電流が，ある電圧から増加しなくなる．さまざまなゲート電圧 V_G のもとでのソース-ドレイン間の電圧 V_D と電流 J_D の関係を模式的に描くと図 6・21 のようになる．

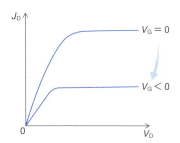

図 6・21 電界効果トランジスターにおけるソース-ドレイン間の電圧 V_D と電流 J_D の関係　V_G はゲート電圧

6・4　金属および半導体となる物質

　ナトリウム，アルミニウム，鉄，金，銀，銅，鉛などの金属単体や，1・6・2 節で述べた合金など，金属としての電気的性質を示す物質は数多く存在する．また，すでに例示したケイ素，ゲルマニウム，ヒ化ガリウム，窒化ガリウム，硫化亜鉛，セレン化カドミウムなど，半導体となる物質にも単体，化合物を問わず，多くのものが知られている．このような典型的な金属や半導体以外にも，金属的あるいは半導体的な電気伝導を示す物質は多数見いだされている．絶縁体であるとみなされがちな酸化物，錯体，有機化合物などでも，図 6・7 や図 6・8(a) に模式的に描いたような電子構造をもてば金属としての性質が現れる．化学的な立場から見れば，結晶中のさまざまな化学結合や各原子のもつ電子の数に依存して，原子軌道からつく

メゾスコピック系とナノエレクトロニクス

21世紀に入り"ナノテクノロジー"が注目されている. これはナノメートルの大きさをもつ物質や材料を扱う工学であり, 化学や物性物理学に基礎をおいて, 材料科学, 電子工学, 機械工学, 生物工学, 環境科学, エネルギー科学といったさまざまな応用科学や技術に波及する. 固体物質は数 nm の大きさにまで小さくなると, 大きな結晶では見られない特異な電子状態や物性を示す. このような系は, 原子や電子が対象となる微視的な系と, われわれの日常生活において認識できる巨視的な系との中間的な大きさをもち, **メゾスコピック系**(mesoscopic system)とよばれる. メゾスコピック系では量子力学的な効果が巨視的な物性となって現れる. たとえば電子は互いに干渉できるような波としての性質を示し, 電子のエネルギー準位は巨視的な結晶で見られるバンド構造をつくらず離散的になる. メゾスコピック系の電子が示す特異な現象を電子工学に応用し, 新たなデバイスを開発する研究が行われており, **ナノエレクトロニクス**(nanoelectronics)とよばれている.

メゾスコピック系で観察されるユニークな現象を表1としてまとめた. このうち, **量子サイズ効果**(quantum size effect)は電子のエネルギー準位が離散的にな

表1 メゾスコピック系に特徴的な現象

現象	内容
量子サイズ効果	電子のエネルギー準位が離散化する
バリスティック伝導	格子欠陥などによる散乱を受けることなく電子が伝導する
コンダクタンスの量子化	コンダクタンスの値が離散化する
クーロンブロッケイド	電気容量が小さい系においてトンネル効果による電子の移動が抑えられる
アハラノフ-ボーム効果	電子の位相にベクトルポテンシャルが影響する
普遍的コンダクタンスのゆらぎ	磁場などによるコンダクタンスのゆらぎが e^2/h(e は電気素量, h はプランク定数)程度の普遍的な値となる

る現象で, 数 nm の大きさの超微粒子, 幅が数 nm の細い線状の物質, さらには厚さが数 nm の薄膜で観察される. これらの物質を特に, **量子ドット**(quantum dot), **量子細線**(quantum wire), **量子井戸**(quantum well)とよぶ. 量子井戸は種類の異なる半導体を多層に貼り合わせた構造をもつ. これを"半導体ヘテロ構造"という. 例として典型的な化合物半導体である GaAs と (Ga, Al)As からなる量子井戸の電子構造を図1に示す. 伝導帯の電子はエネルギーギャップの小さい GaAs

層に閉じ込められ，エネルギー準位は量子化される．このような電子構造を利用して量子井戸レーザーがつくられている．半導体のヘテロ構造からなるレーザーについては10・3・2節を参照されたい．

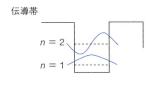

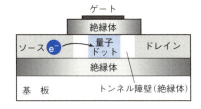

図2　単一電子トランジスターの構造

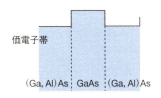

図1　GaAsと(Ga, Al)Asからつくられる量子井戸の電子構造

また，表1の現象のうち，クーロンブロッケイドは電子を1個ずつ制御する**単一電子トランジスター**(single electron transistor, SET)に応用される．単一電子トランジスターは図2のように電界効果トランジスター(6・3・3節)と似た構造をもつ．ソースとドレインの間には薄い絶縁体の層で挟まれた量子ドットがあり，量子ドットには外部からトンネル効果で電子が流れ込むことができるが，もともと量子ドットは電気容量が非常に小さいため，1個の電子が入っても静電エネルギーは上昇し，系は不安定化する．このため，熱エネルギーが十分に小さい低温ではトンネル効果による電子の移動は抑えられる．この現象を**クーロンブロッケイド**(Coulomb blockade)またはクーロン閉塞とよぶ．単一電子トランジスターにおいてゲート電圧を高めると量子ドットの離散的な電子状態が変化し，それに対応してトンネル電流の大きさが電圧に対して図3のような周期的な変化を示す．トンネル電流は1個の電子が担うので，単一電子トランジスターは消費電力の少ない電子デバイスとなる．

図3　単一電子トランジスターにおけるゲート電圧とトンネル電流の関係

られるバンドが電子によって不完全に占められている状態が存在する物質では, 酸化物であれ, 有機化合物であれ, 電気伝導は金属的となる可能性がある. また, 錯体や有機高分子では, 適当なドーピングを施すことで半導体となり高い電気伝導率を示すものが知られている. さらに, 一つの物質であっても, 温度や圧力, 結晶構造, 組成の変化によって金属と絶縁体(あるいは半導体)の間で相転移を起こすものもある. このような相転移は**金属-絶縁体転移**とよばれる(6・4・1節, 6・4・5節および p.196 のコラム参照). この節では金属あるいは半導体としての電気的性質を示すユニークな無機および有機化合物を具体的に紹介する.

6・4・1 酸化物結晶の電気伝導

酸化物結晶の電気伝導は多様であり, 陽イオンとなる元素の種類や価数, 温度, 圧力などに応じて金属, 半導体, 絶縁体のいずれの性質も示す. 特に遷移元素の酸化物結晶には電子構造や電気伝導の点から興味深いものが多く, 基礎的な視点から活発な研究が行われている. 同時に, 酸化物は空気中で安定な化合物であることから, エレクトロニクスなどへの応用を考えた研究も盛んである.

遷移金属酸化物のなかで高い電気伝導率を示す結晶の一つに酸化レニウム(ReO_3)がある. 結晶構造を図 6・22 に示す. レニウムイオンは 6 個の酸化物イオンに囲まれて八面体構造をつくっており, この八面体が頂点を共有することによって 3 次元的につながっている. この構造を**酸化レニウム型構造**(rhenium oxide structure)といい, ReO_3 のほか, CrO_3, WO_3, AlF_3, CoF_3 などで観察される. ReO_3 の電気伝導は室温以下の広い温度領域にわたって金属的であり, 室温での電気伝導率は $10^7\,S\,m^{-1}$ に達する. ReO_3 では酸素の 2p 軌道はすべて電子により占有され, Re の 5d 軌道が主として伝導帯を形成する. よって, 5d 電子が伝導電子として電気伝導に寄与する.

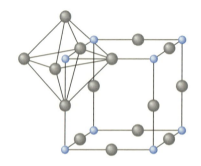

● Re^{6+}　● O^{2-}

図 6・22　酸化レニウム(ReO_3)型構造

ReO$_3$ と同じ結晶構造をもつ WO$_3$ は，ReO$_3$ とは異なり絶縁体である．Re の電子配置が [Xe]4f^{14}5d^{5}6s^2 であり，W の電子配置が [Xe]4f^{14}5d^{4}6s^2 であるから，ReO$_3$ と WO$_3$ における金属イオンの形式電荷として +6 の状態を考えると，ReO$_3$ には Re イオン 1 個あたり 1 個の 5d 電子が存在し，WO$_3$ では 5d 軌道が空になる．このことから，ReO$_3$ が金属的な電気伝導を示し，WO$_3$ が絶縁体となることは直感的に理解できる．WO$_3$ にナトリウムが添加された Na$_x$WO$_3$ では，加えられた Na 原子が Na$^+$ となって電子を放出するため，これが伝導電子となり，金属的な電気伝導が観察される．このような化合物は**タングステンブロンズ**(tungsten bronze)とよばれている．結晶構造は図 6・23 に示すように WO$_6$ 八面体が連結してできる骨格のすき間を Na$^+$ が埋める形となる．Na 以外に H や K を添加しても同様の現象が見られる．また，W と同族の Mo についても同じような結晶が知られている．これは**モリブデンブロンズ**(molybdenum bronze)とよばれる．

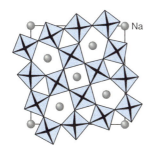

酸素原子で構成された八面体．中心に W 原子が入る

図 6・23 タングステンブロンズ Na$_x$WO$_3$ の結晶構造

TiO，VO，NiO，NbO はいずれも塩化ナトリウム型構造をもつ結晶であるが，TiO，VO，NbO が金属あるいは半導体的な電気伝導を示すのに対して，NiO は絶縁体である．これらの結晶中で金属イオンのとる電子配置は 3d^2(Ti^{2+})，3d^3(V^{2+})，4d^3(Nb^{2+})，3d^8(Ni^{2+}) であって，いずれも 3d あるいは 4d 軌道の一部が電子によって占められているため，これらが伝導帯を形成すれば高い電気伝導率が観察されてもよさそうである．ところが NiO は絶縁体になる．NiO 結晶中で Ni^{2+} は 6 個の酸化物イオンに囲まれた八面体結晶場に存在するため，最もエネルギーの高い状態である二つの e$_g$ 軌道に 2 個の電子が存在することになり，これが電気伝導に寄与しうる(10・2・1 節も参照のこと)．ところが，図 6・24 に示したように e$_g$ 軌道の 1 個の電子が隣の軌道に移ろうとすると，そこにはすでに 1 個の電子が存在する

パイエルス転移

低次元の構造をもつ金属に特徴的な興味深い電子状態について説明しておこう．1次元金属では図6・5に示した波数とエネルギーの関係において第一ブリユアン域の一部が電子によって占められるため，図1(a)のような電子配置となる．

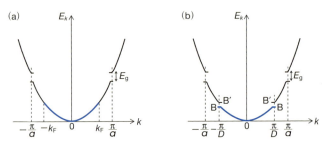

図1　電子の波数 k とエネルギー E_k の関係　E_g はエネルギーギャップ．(a) 1次元結晶(金属)では第一ブリユアン域の一部(青色の太線)が電子によって占められる．k_F はフェルミ波数．(b) 周期 D の格子ひずみによるエネルギーギャップの生成（BとB′の位置）．金属は絶縁体に変わる(パイエルス転移)．

この1次元結晶格子において，原子間距離 a より長い周期をもつ人為的なひずみを導入してみよう．このひずみの周期に対応するような波数をもつ電子は定常波をつくるので，この波数においてエネルギーギャップが生じる可能性がある．もし，この波数がフェルミ波数 k_F に等しければ，図1(b)に示すようにフェルミ波数におけるエネルギーギャップによって電子のエネルギーは低下し，系は安定化する．この結果，一つのバンド内に存在するすべての準位（$-k_F \leqq k \leqq +k_F$ の領域）が電子によって占有されることになるので，物質は絶縁体に変わる．このような格子の周期的なひずみによる金属から絶縁体への転移を**パイエルス転移** (Peierls transition)とよぶ．格子のひずみによりエネルギーギャップが生成した状態はエントロピーが低いため低温で現れ，逆にエントロピーの寄与が大きくなる高温ではエネルギーギャップは現れず，物質は金属としてふるまう．これは厳密には1次元方向以外の方向にもわずかに電気伝導を起こす物質（これを準一次元金属あるいは擬一次元金属という）で見られる現象である．

結晶格子に周期的なひずみが導入されると，図2(a)に示すように格子中に密な部分と疎な部分が現れる．フェルミ波数をもつ電子波の周期はこの疎密の繰返しに対応するが，図2(b)のように格子が密になっている状態と電子の密度が高い状態が一致していると安定であり，図2(c)のように，逆に格子の密な状態に電子密度の低い状態が一致していると不安定になる．図2(b)と(c)の状態は，それぞれ図1(b)における点Bと点B′に相当する．パイエルス転移にともなって生じる電子密度の疎と密な状態の周期的な繰返しを**電荷密度波**(charge density wave)といい，CDWと略称する．

金属における格子振動は原子間の静電的な力に基づいているが，この力には伝導電子の分布が反映される．このため，金属の格子振動の分散(5・1・2節参照)にはフェルミ面の形状が影響を及ぼすことによる異常が現れる．これを**コーン異常**(Kohn anomaly)という．1次元金属ではパイエルス転移をもたらすような周期的なひずみに対応する格子振動が起こりやすくなる．いい換えれば，$2k_F$(フェルミ波数の2倍)の波数をもつ格子振動では弾性率が小さくなり，振動エネルギーが低下する．一般に，格子振動のエネルギーの低下は**フォノンのソフト化**とよばれる．このような状況下での格子振動の分散を図3に模式的に示す．図中のT_Pはパイエルス転移が起こる温度であって，特に$T=T_P$において振動数はゼロになる．1次元系に特徴的な格子振動のソフト化は，特に**巨大コーン異常**(giant Kohn anomaly)とよばれる．

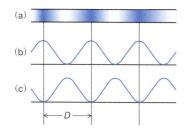

図2 1次元結晶における周期的な格子のひずみ(a)，安定な状態の電子密度の分布(b)，不安定な状態の電子密度の分布(c)

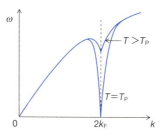

図3 1次元金属における巨大コーン異常 ωは角振動数，kは波数，k_Fはフェルミ波数，Tは温度，T_Pはパイエルス転移の温度

ため静電的な斥力を受ける.この力が大きいと電子は飛び移らず局在化した方が安定となり,電気伝導は観察されず絶縁体となる.このような機構で生じる絶縁体を**モット絶縁体**(Mott insulator)あるいは**モット-ハバード型絶縁体**(Mott-Hubbard type insulator)という.

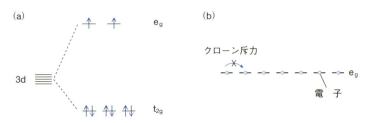

図6・24 NiO における Ni^{2+} の 3d 軌道の電子配置(a)と e$_g$ 軌道における電子の移動(b) クーロン斥力のため電子は動けず,NiO は絶縁体となる

SnO$_2$ と TiO$_2$ はともにルチル型構造(図 1・23 参照)をもつ結晶である.SnO$_2$ 結晶では価電子帯は酸素の 2p 軌道からなり,伝導帯は Sn の 5s 軌道と 5p 軌道とからなる.エネルギーギャップは 3.6 eV である.よって化学量論組成の SnO$_2$ 結晶は絶縁体となるが,酸素が不足した SnO$_{2-\delta}$ では伝導帯に電子が注入されて高い電気伝導率を示す.TiO$_2$ も絶縁体であるが,TiO$_{2-\delta}$ では電気伝導率が高くなる.

Fe$_3$O$_4$ や EuO は電気伝導と磁性が関係した面白い性質を示す.これらについては 8・4・2 節で述べる.結晶構造は Fe$_3$O$_4$ がスピネル型,EuO が塩化ナトリウム型である.

6・4・2 層状構造をもつ固体の電気伝導

層状構造をもつ結晶で高い電気伝導率を示すものとしては,グラファイト(黒鉛)や遷移金属のカルコゲン化物などがある.ここでは前者について述べる.1・4・3 節の図 1・19(b)に示したように結晶構造には 2 次元性が現れ,この構造は線膨張率や熱伝導率の異方性に反映される(5・4・2 節および 5・5 節参照).グラファイトの大きな特徴の一つに,層と層の間に他の化学種が挿入されて新たな化合物が生成するという現象がある.これを**インターカレーション**(intercalation)という.インターカレーションは上記の遷移金属カルコゲン化物でも起こる.このとき,挿入される原子や分子と受け入れる側の結晶との間には電子の授受が起こる.一般に電荷の移動が起こるこのような反応では,電子を供給する側を電子供与体,電子を受

け入れる側を電子受容体という(6・4・5節の電荷移動錯体も参照のこと)．インターカレーションによって生成する化合物を**層間化合物**(intercalation compound)という．特にグラファイト(黒鉛)の層間化合物はGIC(graphite intercalation compound)と略称される．表6・4に示すようにグラファイトには，アルカリ金属，アルカリ土類金属，希土類，ハロゲン，金属ハロゲン化物，金属酸化物，オキソ酸など，多様な原子や分子が挿入されて層間化合物がつくられる．これは炭素原子の電気陰性度が約2.5と中間的な値であって，アルカリ金属原子やアルカリ土類金属原子が挿入される場合にはグラファイトが電子受容体となり，ハロゲンや金属酸化物などが挿入されるときにはグラファイトが電子供与体として作用するためである．

表6・4　グラファイトと層間化合物をつくる化学種

電子供与体	
アルカリ金属	Li, K, Rb, Cs
アルカリ土類金属	Ca, Sr, Ba
希土類	Sm, Eu, Tm, Yb
遷移金属	Mn, Fe, Co, Ni, Cu
電子受容体	
ハロゲン	Cl_2, Br_2, ICl, IBr
金属ハロゲン化物	$AlCl_3$, $FeCl_3$, $NiCl_2$
金属酸化物	CrO_3, MoO_3
オキソ酸	HNO_3, H_3PO_4, H_2SO_4, $HClO_4$

グラファイトでは層間に入る化学種の配列の仕方にも特徴がある．例として，カリウムが挿入されたGICの構造を模式的に図6・25に示す．カリウムは，すべて

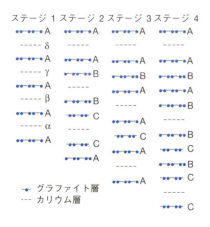

図6・25　**カリウムが挿入されたグラファイトの模式的な構造**　A, B, Cはグラファイトの層における炭素原子の配列の違い，α, β, γ, δはカリウム原子の位置の違いを表す

の層間に入る場合，2層おきに層間を埋める場合などいろいろである．これらをそれぞれ第1ステージ，第2ステージなどといい，n層おきに化学種が挿入される場合を第nステージとよんでいる．また，炭素の層については原子の相対的な位置に対応してA，B，Cといった記述をする．第1ステージ，第2ステージ，第3ステージの化合物を化学式で表現すると，それぞれ，KC_8，KC_{24}，KC_{36}となる．このうち，KC_8の結晶構造をc軸に沿った方向から見ると図6・26のようになる．カリウム原子が占めることのできる位置にはα，β，γ，δの4種類があって，KC_8の結晶構造を層の繰返しとして表現すると，AαAβAγAδAαAβ…のようになる．

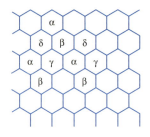

図6・26 **KC_8の結晶構造** c軸に垂直な面を表す．α，β，γ，δはカリウム原子の位置を示す

グラファイトの層内では炭素原子のつくるsp^2混成軌道がσ結合において結合性軌道と反結合性軌道を形成し，これらは結晶全体にわたってバンドをつくる．また，$2p_z$軌道はπ結合をつくるが，これらの軌道は層間でわずかに重なり合いながらバンドを形成する．このため$2p_z$軌道からなるバンドにはわずかながら伝導電子と正孔が存在することになり，グラファイトの金属的な電気伝導に寄与する．ただし，軌道の重なりが小さいためキャリヤーの濃度は$2×10^{18}$ cm^{-3}程度と低い．この値は，通常の金属がもつ伝導電子の数密度より4桁ほど小さい．このように伝導電子の密度が低い物質は**半金属**(semimetal)とよばれる．ビスマスやアンチモンなどの単体も半金属である．半金属はバンド構造に特徴があり，価電子帯と伝導帯がわずかに重なり合った状態となり，両者が重なり合った箇所にフェルミ準位が位置している．

6・4・3　グラフェンとカーボンナノチューブ

グラフェン(graphene)は図6・27に示すように炭素の6員環からなるシート状物質であり，これが積層してグラファイトを構成する．後述するようにこの物質は特異な電子構造をもつことから注目されている．グラフェンを得ることに初めて成

功したガイム(Geim)とノボセロフ(Novoselov)は2010年のノーベル物理学賞を受賞している．一方，**カーボンナノチューブ**(carbon nanotube)はグラフェンを円筒状に丸めた構造をもつ(図6・27)．1層のグラフェンからなるものを単層カーボンナノチューブ，グラフェンが何層にも重なったものを多層カーボンナノチューブとよんでいる．カーボンナノチューブは3・6節で説明した化学気相成長法のほか，アーク放電法などで合成される．

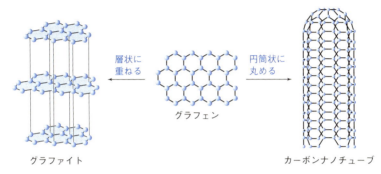

図6・27　グラファイト，グラフェンおよびカーボンナノチューブの構造

カーボンナノチューブの大きな特徴は，グラフェンの巻き方に依存して電子構造や電気伝導の挙動が金属にも半導体にもなるという点にある．図6・28に示すようにグラフェンにおいて炭素原子同士を結ぶ基本的なベクトル a_1 と a_2 を考えると，任意の炭素原子の位置はこれらのベクトルを使って表すことができる．たとえば，点Oから点Aに至るベクトル $\overrightarrow{OA}$ は a_1 と a_2 により，

$$\overrightarrow{OA} = 4a_1 + 2a_2 \tag{6・42}$$

と表される．点Oを点Aに，また，点Bを点B′に一致させるような巻き方はこ

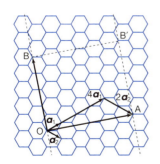

図6・28　グラフェンの巻き方とカーボンナノチューブの構造の例　OとA，BとB′が一致するような巻き方で得られるカーボンナノチューブの構造は(4, 2)と表現される

のベクトルによって指定されるため，このカーボンナノチューブの構造を $\boldsymbol{a}_1$ と $\boldsymbol{a}_2$ の係数である 4 と 2 を用いて (4, 2) と表現する．カーボンナノチューブの電子構造はこの数字の組合わせによって決まり，一般に (n, m) の構造において，$n-m$ が 3 の倍数のときに金属，それ以外の場合には半導体となる．(n, n) で表されるアームチェア型，$(n, 0)$ で表されるジグザグ型，(n, m) $(n > m \geq 1)$ で表されるキラル(カイラル)型が知られている．カーボンナノチューブは特異な形状と電子物性を活かして，微小電子デバイスの配線，電子銃，走査型プローブ顕微鏡の探針，電極材料，ガス吸着材料，水素吸蔵材料などへの応用が期待されている．

グラフェンでは炭素原子が sp^2 混成軌道により 2 次元構造を形成しており，残りの 2p 軌道が 2 次元全体に広がる π 電子を供給している．グラファイトではこの π 電子が層間の弱い結合を担っており，グラフェンではこれが特異な電子状態の立役者となる．π 電子の波数とエネルギーの関係は模式的に図 6・29 のようになることが知られている．6・1 節で述べたように，一般に結晶中の電子のエネルギーは波

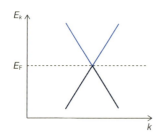

図 6・29 **グラフェンの電子構造** 電子のエネルギーは波数に対して直線的に変化し，二つの直線の交点にフェルミ・エネルギー(E_F)がある

数に対して放物線を描くが(図 6・2 参照)，グラフェンでは電子のエネルギーが波数に対して直線的に変化する．図中の二つの直線が交わる点の位置にフェルミ・エネルギーがあるため，グラフェンは半金属とみなせるが，エネルギーの波数依存性が直線的であるという点できわめて特異である．このような関係は光子に見られるものであり，実際，光子のエネルギー($E_p = h\nu$，h はプランク定数，ν は振動数)と波数 k および波長 λ との関係は，光の速さを c とおいて，

$$E_p = h\nu = \frac{hc}{\lambda} = \frac{hc}{2\pi} k \qquad (6 \cdot 43)$$

と表される．すなわち，光子のエネルギーは波数に比例する．このような類似性を考慮すれば，光子の静止質量はゼロであるから，グラフェン中の π 電子の質量もゼロであると考えることができる．ただし，ここでの質量は**有効質量**(effective mass)，

6・4 金属および半導体となる物質

すなわち，散乱などの影響を考慮した固体中での実効的な電子の質量である．このような電子は，相対論的量子力学に基づくディラック方程式（Dirac equation）に従うことから"ディラック電子"とよばれる．また，図6・29のエネルギーと波数の関係は，2次元の波数の関数としてエネルギーをとらえると円錐（cone）の形状となる．これを"ディラック・コーン"という．

伝導電子の有効質量が小さいことから直感的に想像できるように，グラフェンの電子移動度は大きく，室温で数万 $cm^2 V^{-1} s^{-1}$ に達する．これは，実用的な半導体である Si の 1400 $cm^2 V^{-1} s^{-1}$ や GaAs の 8500 $cm^2 V^{-1} s^{-1}$ と比べると一桁大きい．また，グラフェンは超伝導を示すことが理論的に予測されているが，実証には至っていない．一方で，ジョセフソン接合を利用してグラフェンにクーパー対を注入することは実現している．超伝導については9章を参照されたい．このほか，グラフェンは炭素の原子番号が小さいためスピン-軌道相互作用が小さいこと，自然界に存在する ^{12}C が核スピンをもたないことから，伝導電子のスピンは散乱を受けることなく長距離を移動できる．このため，スピントロニクス素子への応用が期待されている（8章参照）．

6・4・4　1次元金属錯体

これまでに述べた2次元的な構造が特徴的な層状の結晶から一つ次元を下げて，**1次元伝導体**（one-dimensional conductor）について考えてみよう．特にここでは1次元金属錯体に着目する．平面的な構造をもつ錯体が重なり合って1次元的な構造をつくった化合物のなかには高い電気伝導率を示すものがある．一つはテトラシアニド白金酸塩に代表されるような錯体で，錯体の中心にある金属同士が互いにd軌道を介して結合をつくり，結晶全体ではバンド構造が形成される．特に適当なドーピングにより中心金属が部分酸化されると，d軌道に正孔が発生するので電気伝導率は高くなる．もう一つはフタロシアニンなどの共役二重結合からなる系で，この場合は錯体の配位子間のπ結合によるバンドが形成される．ここでは白金錯体について詳しく述べる．

白金錯体の分子が結合してできる1次元伝導体の例を表6・5にまとめた．たとえばシアニド白金酸塩では，テトラシアニド白金イオン $[Pt(CN)_4]^{2-}$ が白金原子の $5d_{z^2}$ 軌道を介して1次元的につながり，図6・30に示すような構造をつくる．シアニド白金酸塩の一つである $K_2[Pt(CN)_4]\cdot3.2H_2O$（略称はKCP）に臭素を添加して生じる $K_2[Pt(CN)_4]Br_{0.3}\cdot3.2H_2O$（KCP(Br)と略す）は，$5d_{z^2}$ 軌道の電子に基づく金属

的な電気伝導を示す．KCPでは白金が形式的にPt(II)の価数をもち，しかもシアン化物イオンが平面四角形(正方形)の形で配位することでヤーン-テラー効果が働

表6・5 1次元伝導体となる白金酸塩

テトラシアニド白金酸塩	ジオキサラト白金酸塩
$K_2[Pt(CN)_4]Br_{0.3} \cdot 3.2H_2O$	$Li_{1.64}[Pt(ox)_2] \cdot 6H_2O$
$K_2[Pt(CN)_4]Cl_{0.32} \cdot 2.6H_2O$	$Na_{1.67}[Pt(ox)_2] \cdot xH_2O$
$Cs_2[Pt(CN)_4]Cl_{0.30}$	$(NH_4)_{1.64}[Pt(ox)_2] \cdot H_2O$
$Mg[Pt(CN)_4]Cl_{0.38} \cdot 7H_2O$	$Mg_{0.82}[Pt(ox)_2] \cdot 5.3H_2O$
$(NH_4)_2[Pt(CN)_4]Cl_{0.32} \cdot 3H_2O$	$Ca_{0.84}[Pt(ox)_2] \cdot H_2O$
	$H_{1.60}[Pt(ox)_2] \cdot xH_2O$
	マグナス塩
	$Pt_6(NH_3)_{10}Cl_{10}(HSO_4)_4$

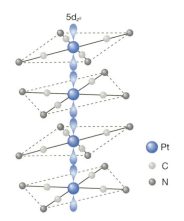

図6・30 $[Pt(CN)_4]^{2-}$ の1次元構造

き，一つの白金原子に対して$5d_{z^2}$軌道に2個の電子が入る．したがって，$5d_{z^2}$軌道がつくるバンドは電子によって完全に占有され，電子あるいは正孔の移動はない．KCPに臭素が添加されると臭素原子は白金原子から電子を引き抜いて，臭化物イオンとなって安定化する．白金原子1個当たり0.3個の臭素原子が添加されたKCP(Br)では，その分だけ$5d_{z^2}$軌道がつくるバンドに正孔が生成するため，電気伝導が起こる．KCP(Br)は，高温では電気伝導率が温度上昇とともに減少する金属的な電気伝導を示し，逆に低温では温度が下がると電気伝導率が減少する半導体の挙動を示す．また，c軸方向の電気伝導率はc面内方向より4桁ほど高い．すなわち，電気伝導は$5d_{z^2}$軌道が結合してできる鎖状構造に沿って起こる．

6・4・5 電荷移動錯体

高い電気伝導率をもつ有機化合物として,TTF-TCNQ に代表される電荷移動錯体や,ドーピングを施したポリアセチレンのような導電性高分子などが知られている.このような有機固体は不対電子や π 電子が電荷を運ぶ担い手となる.1・7・4 節で述べたように**電荷移動錯体**は分子間での電子の移動により電荷に偏りが生じ,電荷移動力によって結び付いたものである.**電子供与体**を D(ドナー,donor の頭文字),**電子受容体**を A(アクセプター,acceptor の頭文字)の記号で表すと,1 電子が完全に移動した電荷移動錯体は D^+A^- という形で書くことができる.このとき,D と A はいずれも不対電子をもち,ラジカルイオンとして存在している.このような分子の形態を表す意味で,**EDA 錯体**(electron-donor-acceptor complex)という名称も用いられる.また,分子 D^+ と BF_4^-,ClO_4^-,PF_6^- のような陰イオンとを組合わせたラジカルカチオン塩もよく知られており,広義には電荷移動錯体とみなされる(9・3・3節参照).さらに,電荷移動錯体の結晶では電子供与体から電子受容体に完全に 1 電子が移動しない場合も多い.すなわち,電子状態は $D^{\delta+}A^{\delta-}$ $(0<\delta<1)$ のように表される.δ を電荷移動度という.

代表的な電子供与体と電子受容体の例を,表 6・6 と 6・7 にそれぞれまとめた.これらの分子はいずれも二重結合を有する π 電子系であり,平面構造をもつことが大きな特徴である.電子供与体では,TTF(テトラチアフルバレン)およびその誘導体や,TTF の硫黄原子を他のカルコゲン原子で置き換えた TSF や TTeF が知られている.S や Se のようなカルコゲン原子は非共有電子対を提供するので,た

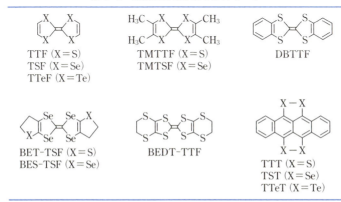

表 6・6 代表的な電子供与体(ドナー)

206　　　　　　　　　　　6. 電子構造と電気伝導

表6・7　代表的な電子受容体（アクセプター）

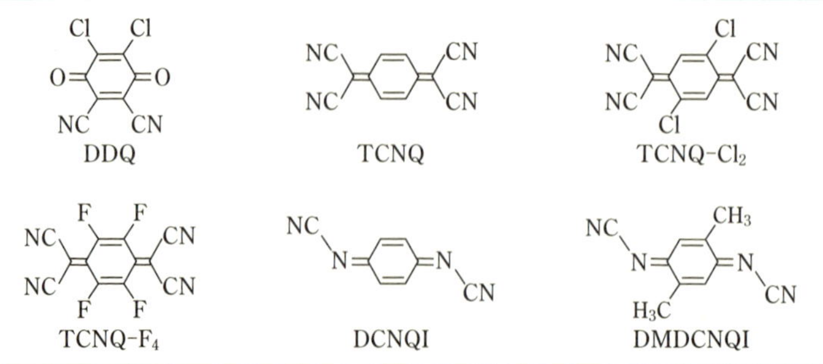

DDQ　　　　　　　TCNQ　　　　　　TCNQ-Cl$_2$

TCNQ-F$_4$　　　　　DCNQI　　　　　DMDCNQI

とえばTTFでは図6・31のように二つのS原子を含む5員環には7個のπ電子が存在し，ここから1個の電子が抜けるとπ電子が6個になり安定化する．よって，TTFは電子供与体となりうる．一方，電子受容体ではTCNQ（テトラシアノキノジメタン）とその誘導体がよく知られている．これらの分子内に存在するCNやハロゲンは電子求引基であり，分子は電子を受け取り，それが非局在化して安定な状態を保つ．特に図6・32に示すように，キノイドに1個の電子が入ると6個のπ電子が存在するベンゼン環に変わると考えられている．表6・8にいくつかの電荷移動錯体の室温での電気伝導率を示した．表6・1にあげた種々の物質の電気伝導率と比較していただきたい．電荷移動錯体のなかには金属や合金と同程度の高い電気伝導率をもつ化合物もある．TTF-TCNQの電気伝導率は，58Kより高温側では温度が下がれば増加し，典型的な金属の挙動を示す．58K以下では温度の低下にともない急激に電気伝導率が減少する．これは，金属から絶縁体への転移が起こるた

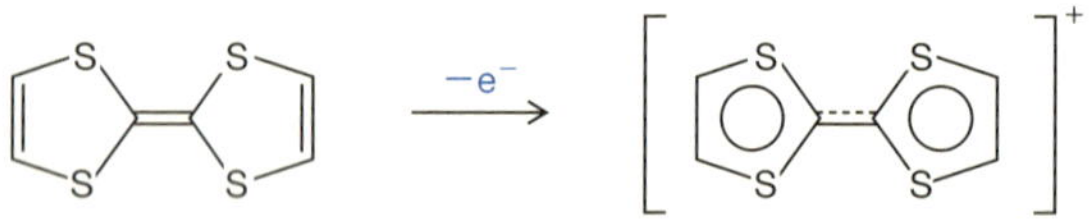

図6・31　TTFから電子が引き抜かれることによる5員環の安定化

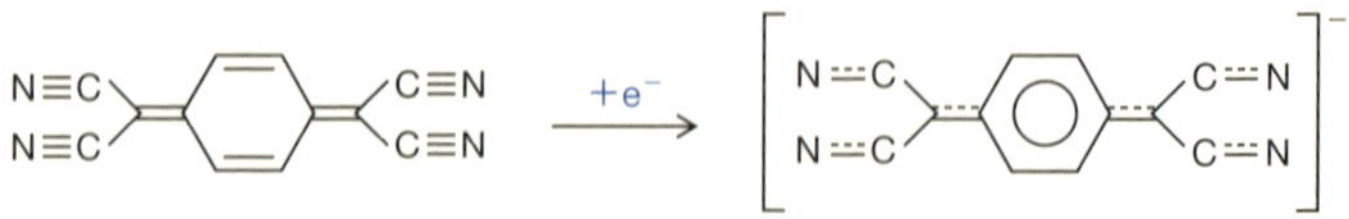

図6・32　TCNQに電子が入ることによる6員環の安定化

めであり，パイエルス転移(p.196 のコラム参照)であると考えられている．このため，電気伝導性を高めるためにパイエルス転移を抑制することが重要となる．1次

表 6・8　電荷移動錯体の室温での電気伝導率

電荷移動錯体	電気伝導率($S\,m^{-1}$)
TTF-TCNQ	5×10^4(カラムの軸に平行)
	1.6×10^2(カラムの軸に垂直)
TMTTF-TCNQ	7.0×10^4
TSF-TCNQ	8.0×10^4
TTeF-TCNQ	2.2×10^5
TMTSF-TCNQ	1.0×10^5

元的な構造をもつ物質はパイエルス転移を起こしやすく，それを防ぐために電子供与体への分極率の大きなカルコゲン原子やアルキル基の導入により，分子間相互作用を大きくして多次元的に電子を非局在化させ，カラム構造(後述)の次元性を高める試みなどがなされている．TSF-TCNQ と TTeT-TCNQ では，パイエルス転移温度がそれぞれ 40 K および 2 K 以下であり，TTF-TCNQ の場合よりも低下している．また，表 6・6 と表 6・7 にあげた電子供与体と電子受容体のなかで超伝導状態を示すものがある(9・3・3 節参照)．

　電荷移動錯体の結晶における高い電気伝導率や金属的な電気伝導は，上で述べた平面的な分子構造と π 電子の挙動によって説明することができる．図 6・33 にTTF-TCNQ の結晶構造を示す．TTF 分子は分子面を平行にしながら互いに重なり合って 1 次元的な構造をつくる．TCNQ 分子も同様である．分子が重なり合ってできるこのような 1 次元の構造を"カラム"とよぶ．図 6・33 はカラムを真横から見た図である．一般に，電子供与体と電子受容体の重なり方には図 6・34(a)およ

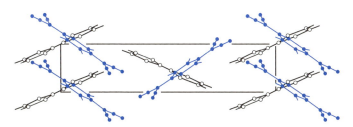

図 6・33　**TTF-TCNQ 結晶の構造**　カラムを横から見た図．白丸は TTF，青丸は TCNQ

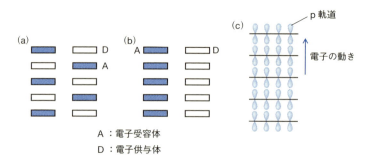

図6・34 **電荷移動錯体における分子の重なり方** (a) 交互積層型, (b) 分離積層型, (c) 分子間のp軌道の重なりと電子の移動方向

び(b)の2種類があり, それぞれ, "交互積層型"および"分離積層型"とよばれる. TTF-TCNQは分離積層型の構造をもつ. 高い電気伝導率は分離積層型において得られ, 交互積層型は絶縁体となる. このような分子の積み重なりにおいて, π電子が収容されるp軌道は分子間で結合をつくる. この様子を図6・34(c)に示す. 電子供与体では, 電子によって占められたエネルギーの最も高い軌道, すなわち, 最高被占軌道(highest occupied molecular orbital, HOMO)にあるπ電子が抜ける. 一方, 電子受容体では, この電子をエネルギーの最も低い空の軌道, すなわち, 最低空軌道(lowest unoccupied molecular orbital, LUMO)に受け入れる. このようにしてHOMOからなるバンドには正孔が生成し, LUMOからなるバンドには電子が存在して各々が電気伝導に寄与できる. しかし, 電子供与体から電子受容体に移動する電子の個数に注意が必要である. 電子供与体ならびに電子受容体の分子1個あたり1個の電子が移動したとすれば, たとえば電子受容体のLUMOからなるバンドは図6・35(a)のように一つの準位に1個の電子が入った状態となる. このとき, 一つの準位から隣の準位に電子が移ることを考えると, 移る先には必ず電子があるから強いクーロン斥力を受ける. このため電子の移動は困難になる. これは6・4・1節で述べたNiOと同様のモット絶縁体の状態である. これに対し, 電荷移動度が1より小さければ, 電子受容体のLUMOには図6・35(b)のように完全に空の準位が存在し, 電子の移動に際してクーロン斥力は減少するため電子は容易に隣の準位に移ることができるようになって, 金属的な電気伝導が起こる. TTF-TCNQでは電荷移動度が0.59である. このとき, 電子はp軌道の結合が存在するカラムに沿った方向に移動する. 逆にカラムに垂直な方向では, ほとんど電子の移動は起こらない.

6・4 金属および半導体となる物質　209

図6・35 **電荷移動錯体の電子受容体におけるLUMOの準位と電子の占有** (a) 電荷移動度 δ＝1のとき，モット絶縁体である，(b) 電荷移動度 δ＜1のとき，金属的な電気伝導を示す

電荷移動錯体は有機電界効果トランジスター(有機FET)としての応用が図られている．DBTTF-TCNQ の単結晶，TMTSF-TCNQ の単結晶および薄膜などで有機FET が試作されている．たとえば DBTTF-TCNQ ではこれが n 型半導体として動作した場合，電子移動度は $1.0\,\mathrm{cm}^2\,\mathrm{V}^{-1}\,\mathrm{s}^{-1}$ 程度である．このほか，次節で述べる導電性高分子の一種である P3HT(10・3・3節参照)などのポリチオフェン誘導体や，低分子のペンタセンなどが有機FETの材料として研究されている．有機FETは無機半導体から作製されるトランジスターと比べると柔軟性に富むという利点がある．この種のエレクトロニクス素子はフレキシブルデバイスと称されている．

6・4・6 導電性高分子

有機高分子においてもドーピングによって高い電気伝導率をもつようになる物質が多く存在する．これらは**導電性高分子**(conducting polymer)と称され，図6・36に示したポリアセチレン，ポリフェニレンビニレン，ポリアニリン，ポリピロー

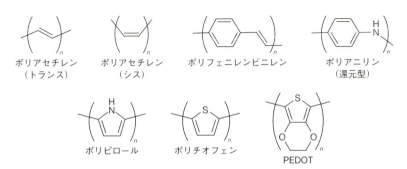

図6・36 **導電性高分子の構造** PEDOT: ポリ(3,4-エチレンジオキシチオフェン)

ル，ポリチオフェン，PEDOTなどがある．ポリアセチレンは単量体であるアセチレンを気相で重合させて作製する．チーグラー・ナッタ触媒としてトリエチルアンモニウム Al(C_2H_5)$_3$ とテトラブトキシチタン Ti(OC_4H_9)$_4$ をトルエンのような溶媒に溶解し，これを反応容器の壁に塗ってアセチレンガスを流すと，壁の表面にポリアセチレンの薄膜が生成する(図6・37)．この方法は発見者の白川英樹の名を冠して白川法とよばれる．導電性高分子は軽量で柔軟性をもつことなどが実用上の最大の利点であり，帯電防止フィルム，2次電池の電極材料，コンデンサー，有機EL材料などの用途がある．また，透明電極の代替材料としても期待されている．

図6・37　ポリアセチレン薄膜　写真は赤木和夫 京都大学名誉教授のご好意による

図6・36に示したように，ポリアセチレンにはシス形とトランス形がある．室温での電気伝導率は前者が $10^{-7}\,\mathrm{S\,m^{-1}}$，後者が $10^{-3}\,\mathrm{S\,m^{-1}}$ 程度とそれほど高くないが，電子受容体(アクセプター)や電子供与体(ドナー)を添加すると電気伝導率は劇的に上昇する．アクセプターには臭素，ヨウ素，五フッ化ヒ素などがあり，ドナーにはナトリウムやカリウムなどがある．たとえばドーパントとして五フッ化ヒ素を添加したポリアセチレン (CH[AsF_5]$_y$)$_x$ では，ドーパントの濃度が $y=0.05$ に達すると電気伝導率は $10^4\,\mathrm{S\,m^{-1}}$ 程度まで上昇する．

ポリアセチレンでは興味深い電子状態が提案されている．図6・38(a)に示すように，トランス形のポリアセチレンでは単結合と二重結合の繰返しに不規則性が生じ欠陥が生成する．この欠陥は局在化した不対電子であり，ソリトン(soliton)とよばれる．この状態は電気的に中性であるため電気伝導には寄与しない．これを特に中性ソリトンとよんでS^{0}で表す．アクセプターが添加されると，これが不対電子

を受け取るため正に帯電した荷電ソリトン(S^+ と書かれる)が生成する(図6・38b). 逆にドナーが存在すると負に帯電した荷電ソリトン(S^- と書かれる)に変わる(図6・38c). 電子構造に関するこのような考え方は, 磁化率(8・1節参照)の温度依存性などから, ポリアセチレンに加えられるドーパントの濃度が低いときには局在化したスピンが存在し, ドーパントが中間的な濃度のときにはスピンが観察されないという実験事実に基づく. ドーパントが少ないと中性ソリトンが支配的となる. これは電荷はもたないが不対電子であるためスピンが1/2の状態である. それに対してドナーやアクセプターが増えると荷電ソリトンが生成する. これは電荷をもつため電気伝導を引き起こすが, 不対電子をもたないためスピンの総和はゼロである. このようにソリトンの存在を仮定することによって実験事実を説明できる.

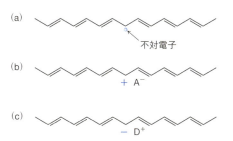

図6・38　ポリアセチレンにおけるソリトン　(a) 中性ソリトン(S^0), (b) 荷電ソリトン(S^+), (c) 荷電ソリトン(S^-), AおよびDは, それぞれ電子受容体(アクセプター)と電子供与体(ドナー)である

導電性高分子の多くは上記のような有機高分子であるが, 無機高分子のなかにも電気伝導率の高い物質が存在する. その代表例として, $(SN)_x$ について述べておく. この化合物はポリチアジルとよばれ, 二硫化二窒素(N_2S_2)の重合によって得られる. N_2S_2 は四硫化四窒素(N_4S_4)の熱分解で生成する. N_4S_4 の合成には, 主として,

$$6SCl_2 + 16NH_3 \longrightarrow N_4S_4 + 2S + 12NH_4Cl \qquad (6・44)$$

の反応が利用される. 図6・39に示すように, ポリチアジルの結晶では硫黄原子と窒素原子が交互に結合して1次元的な高分子を形成し, それらが互いに規則的に配列している. 高分子内での結合は共有結合であり, 高分子間には弱いファンデルワールス力が働く. 鎖方向に沿った電気伝導率は $10^5\,\mathrm{S\,m^{-1}}$ のオーダーであり, 電気伝導率の温度依存性は金属的である. また, 0.26 K 以下で超伝導(9章参照)を示

すことが知られている．ポリチアジルの超伝導の発見は1975年であり，これは1次元電気伝導体として，また，金属元素を含まない物質として最初の超伝導の例である．

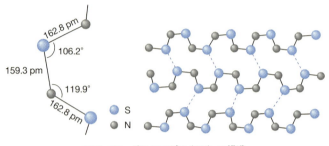

図6・39　ポリチアジル(SN)$_x$ の構造

6・5　イオン伝導
6・5・1　イオン伝導を示す固体

　これまでに取上げた固体の電気伝導では，電子あるいは正孔が電荷を運ぶキャリヤーとなっている．これに対し，電場の存在下で固体中をイオンが移動して電気伝導を起こす場合もある．この現象を**イオン伝導**(ionic conduction)という．結晶中に点欠陥(2・4・2節)が存在すると，イオンが存在しない位置を利用したイオンの移動が可能になる．イオンの空格子点はショットキー欠陥においてもフレンケル欠陥においても存在する．フレンケル欠陥の場合には，格子間のすき間に存在するイオンがすき間の位置を移動することも可能である．また，このような点欠陥が存在しなくても，構造中に大きなすき間がある結晶や層状構造をもつ結晶では，開いた空間を通ってイオンが移動できる．

　イオンが結晶格子中を移動するときには，他のイオンから静電的な引力や斥力を及ぼされる．また，大きいイオンほど立体的な障害を受けやすく，格子中を移動しにくい．これらのことから，電荷の絶対値が小さく，イオン半径が小さいイオンほど，イオン伝導を起こしやすい．Li$^+$，Na$^+$ などがこれに相当する．また，Cu$^+$ やAg$^+$ はイオン半径が大きいものの分極率(7・1・3節参照)が大きいため，電子雲をひずませて結晶中のすき間を通り抜けることが可能である．陽イオンが伝導する結晶に，β-アルミナ，α-CuI，α-AgI，α-Ag$_2$S などがある．β-アルミナは純粋なAl$_2$O$_3$ ではなく，Na$_2$O・nAl$_2$O$_3$($n = 5\sim11$)という組成の結晶であって，構造中にNa$^+$ を含んでおり，これがイオン伝導に寄与する．この結晶は図6・40のような

層状構造をもつ. Al^{3+} と O^{2-} がスピネル型構造からなる層を形成し,層間に存在する Na^+ が層内を 2 次元的に移動する.

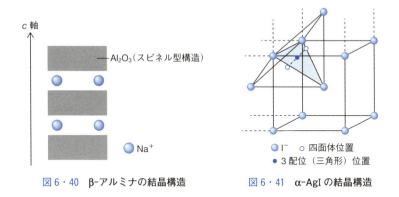

図 6・40 β-アルミナの結晶構造　　図 6・41 α-AgI の結晶構造

　α-AgI は AgI 結晶の多形の一つである.AgI では,室温から 137 ℃ までは γ-AgI が安定相であり,137 ℃ から 146 ℃ までは β-AgI が安定相として存在する.α-AgI は 146 ℃ 以上の高温において見られる結晶である.これらの多形のうち,γ-AgI はセン亜鉛鉱型構造であり,β-AgI はウルツ鉱型構造であるのに対し,α-AgI は図 6・41 に示すようなヨウ化物イオンの体心立方格子を基本とした構造をとり,格子のすき間の位置を Ag^+ が占める.Ag^+ が入りうる位置は非常に多く存在する.図 6・41 では,Ag^+ が入りうるサイトのうち,ひずんだ四面体位置とひずんだ三角形の位置が示されている.このため,Ag^+ は多くの空の位置を通って移動する

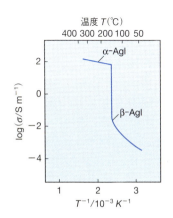

図 6・42　β-AgI から α-AgI への相転移にともなう電気伝導率の変化

ことが可能となる．結果として，図6・42に示すように146 °Cにおけるβ-AgIからα-AgIへの相転移に対応して電気伝導率は急激に増加する．たとえば，200 °Cにおける電気伝導率は 1.9×10^2 S m^{-1} である．

一方，陰イオンが伝導する結晶として安定化ジルコニア，PbF$_2$，CaF$_2$ などが知られている．これらの結晶はいずれもホタル石型構造をもつ．**安定化ジルコニア**(stabilized zirconia)とは，酸化ジルコニウム(ZrO$_2$，ジルコニアともよばれる)にMgO，CaO，Y$_2$O$_3$ といった2価や3価の陽イオンを含む酸化物が加えられて固溶体を形成したものである．ZrO$_2$ は室温付近では単斜晶であり，約1170 °C以上では正方晶に転移する．ZrO$_2$ を高温で焼結してセラミックスを作製し，これを室温まで冷却すると，正方晶から単斜晶への相転移にともない数%の体積増加が起こるため，セラミックスに応力が発生して破壊に至る．CaOやY$_2$O$_3$ を添加して固溶体を形成したZrO$_2$ では，高温相である正方晶や立方晶が室温でも安定または準安定となるため，相転移にともなう破壊を防ぐことができる．この結晶ではCaOなどの固溶により酸化物イオンの位置の一部が空格子点となるため(図6・43)，酸化物イオンの伝導が可能となる．同時に，ホタル石型構造に存在する大きな空隙もイオン伝導が起こりやすい状態をつくり出している．PbF$_2$ やCaF$_2$ ではフッ化物イオンによるイオン伝導が起こる．PbF$_2$ では450 °Cにおける電気伝導率は約 10^2 S m^{-1} である．

● Zr　◯ O　● Ca　□ 空格子点

図6・43　ZrO$_2$ 格子中にCaOを固溶してできた空格子点

このようにイオン伝導に基づく高い電気伝導率を示す固体は**超イオン導電体**(superionic conductor)とよばれる．超イオン導電体には，電池における固体電解質などとしての用途がある．安定化ジルコニアは酸化物イオン伝導の観点から燃料電池の固体電解質としての利用が考えられる(2章p.64のコラム参照)．また，酸素センサーへの応用もある．

以上は無機結晶におけるイオン伝導であるが，無機ガラスや有機高分子において

6・5 イオン伝導　　215

もイオン伝導に基づいて高い電気伝導率を示す物質が知られている．無機ガラスでは，イオン伝導に寄与できる Li^+，Cu^+，Ag^+ などを高濃度に含有する組成が探索されており，酸化物とハロゲン化物の混合系などにおいて電気伝導率の高いガラスが報告されている．たとえば Ag_2O と AgI を基礎成分とするガラスでは，室温での電気伝導率が $1\,S\,m^{-1}$ に達する．有機高分子では，ポリエチレンオキシドなどのポリエーテルにリチウム塩が加えられた系において Li^+ によるイオン伝導が観察される．また，高分子にリチウム塩と有機溶媒を加えてゲル化した固体も Li^+ イオンによるイオン伝導を示す．これはゲル電解質とよばれるイオン導電体の一種である．ゲル電解質に用いられる高分子にはポリエチレンオキシドのほか，ポリフッ化ビニリデン(7・3・3節参照)などがある．Li^+ を含む有機高分子系はつぎに述べるリチウム2次電池の固体電解質としての応用が図られている．

6・5・2　電　　池

　イオン伝導ならびにこれまで述べてきた電子伝導のいずれもが寄与するデバイスの一つに**電池**(cell, battery)がある．電池には，酸化還元反応によって化学的なエネルギーを電気エネルギーに変える化学電池と，太陽電池のように光エネルギーなどを電気エネルギーに変える物理電池とがある．ここでは前者について述べる．化学電池のうち，燃料電池については2章 p.64 のコラムで紹介した．他の化学電池には1次電池と2次電池がある．"1次電池"は一度の酸化還元反応で電気エネルギーが取出されたら，それ以降は電池としては機能しない，つまり充電ができない電池である．一方，"2次電池"は放電ののちに外部から電気エネルギーを与えると放電過程とは逆の酸化還元反応が起こり，系にエネルギーが蓄えられる．1次電池としてはアルカリマンガン乾電池や酸化銀電池などが知られている．2次電池としては，鉛蓄電池，リチウムイオン2次電池，ニッケル・カドミウム蓄電池，ナトリウム・硫黄電池などがある．

　とりわけ本章で述べてきた固体中の電子やイオンの移動の観点からは，電極での反応や固体電解質の性質が重要である．前者の電極反応の例として**リチウムイオン2次電池**(lithum ion secondary battery)を取上げよう．この電池では一般に，正極には $LiCoO_2$，$LiMn_2O_4$，$LiFePO_4$，$LiNi_{1/3}Mn_{1/3}Co_{1/3}O_2$ などの Li を含む遷移金属酸化物が，負極にはグラファイトのような炭素系材料をはじめ $Li_4Ti_5O_{12}$ などが用いられる．また，電解質は炭酸エチレン(エチレングリコールと炭酸とのエステル)，炭酸ジエチル(エタノールと炭酸とのエステル)といった有機溶媒に $LiPF_6$ などのリ

チウム塩を溶かしたものが使われている．一般的なリチウムイオン2次電池の構造と原理を模式的に図6・44 に示す．正極は遷移元素 M を含み，充電の過程ではこれが酸化され，価数が $+m$ から $+(m+n)$ に変わる（n は正の整数）．同時に正極の

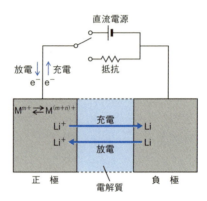

図6・44 リチウムイオン2次電池の構造と原理 M は正極中に含まれる遷移元素，$m+$，$(m+n)+$ はこの遷移元素の還元体と酸化体の酸化状態を表す

結晶内から Li^+ が抜け，電解質を通って負極に向かう．この反応により正極内に発生した電子は外部回路を通って直流電源に達する．一方，直流電源から放出された電子は負極に達し，正極から到達した Li^+ と一緒になって Li 原子として負極の結晶内に挿入される．これは6・4・2節で述べたインターカレーションである．たとえば，正極物質が $LiFePO_4$ であれば，この充電の反応は，

$$LiFePO_4 \longrightarrow Li_{1-x}FePO_4 + xLi^+ + xe^- \qquad (6・45)$$

と書くことができる．この過程で一部の鉄イオンは Fe^{2+} から Fe^{3+} に酸化される．一方，放電の過程では，上記とまったく逆の反応

$$Li_{1-x}FePO_4 + xLi^+ + xe^- \longrightarrow LiFePO_4 \qquad (6・46)$$

が起こる．すなわち，負極に挿入されていた Li が Li^+ として電解質内を進んで正極に達し，同時に負極で生成した電子が外部回路に電気エネルギーとして取出される．電子が正極に至ると Fe^{3+} は Fe^{2+} に還元され，電解質中を移動した Li^+ と一緒になって正極の結晶は $LiFePO_4$ に戻る．

固体電解質に関しては前節でも少しふれた．酸化物イオン伝導が起こる安定化ジルコニアは燃料電池の固体電解質として，Li^+ を含有する有機高分子系ゲルはリチ

6·5 イオン伝導　217

ウム2次電池の固体電解質としての用途がある．また，β-アルミナはナトリウム・硫黄電池の固体電解質として実用化されている．この電池は負極がナトリウム，正極が硫黄で，β-アルミナのイオン伝導を活性化するため $300 \sim 350\,{}^{\circ}\mathrm{C}$ 程度の高温で用いられる．負極と正極の単体はいずれも液体の状態であり，放電の初期過程では各電極において，

$$\mathrm{Na} \longrightarrow \mathrm{Na^+} + \mathrm{e^-} \tag{6・47}$$

$$5\mathrm{S} + 2\mathrm{Na^+} + 2\mathrm{e^-} \longrightarrow \mathrm{Na_2S_5} \tag{6・48}$$

の酸化還元反応が起こる．このほか，高いイオン伝導率を示す酸化物や硫化物の結晶およびガラスが固体電解質として期待されている．たとえば，ペロブスカイト型酸化物の $\mathrm{La_{0.51}Li_{0.34}TiO_{2.94}}$ や，硫化物結晶の $\mathrm{Li_{10}GeP_2S_{12}}$ などが見いだされている．室温での電気伝導率は，前者が $1.4 \times 10^{-3}\,\mathrm{S\,m^{-1}}$，後者が $1.2 \times 10^{-2}\,\mathrm{S\,m^{-1}}$ である．

7

誘　電　体

　6章では，固体に電場が加えられたとき，それに応答して電子，正孔，イオンが固体内を移動して電荷を運ぶ現象について述べた．そこでは，電子や正孔による電気伝導の観点からは固体は導体(金属)，半導体，絶縁体に分かれること，これらの電気的性質の違いはバンド構造に基づいて解釈できることなどを説明した．絶縁体のなかには，電場の印加にともない電荷の偏りを生じることで外部電場に応答するものがある．本章では，このような電気的性質を示す物質である**誘電体**について解説する．誘電体は電気双極子の挙動が物性を支配する固体である．外部からの電場がなくても電気双極子モーメントの向きがそろって自発的に誘電分極を発生する誘電体は**焦電体**とよばれ，そのうち，外部電場によって自発的な誘電分極の向きを変えることのできる誘電体は**強誘電体**とよばれる．また，誘電体のなかには，電場や誘電分極といった電気的な量と，応力やひずみといった機械的な量とを互いに変換できる機能をもつ物質もある．これらは**圧電体**とよばれる．圧電体，焦電体，強誘電体は実用的な材料としても非常に重要な位置を占め，コンデンサー，マイクロ波用の共振器やフィルター，発振器，サーミスター，表示素子などに利用される．本章では誘電体における電場，電気双極子，誘電分極などの基礎的な概念について説明したあと，特徴的な誘電的性質を示す物質および誘電体材料について概説する．

7・1　誘電性の基礎

7・1・1　電気双極子と誘電分極

　固体に外部から電場が印加されたときの電気的な応答について考えてみよう．6

7·1 誘電性の基礎

章で述べたとおり，金属に代表される導体に電場が加えられると伝導電子が移動して電流が流れる．特に金属では単位体積あたりの伝導電子の数が多いため，電気伝導率は高い．対照的に絶縁体では，イオン伝導を考えないとすれば電気伝導は起こらず，外部電場は固体内の正電荷と負電荷の分離を引き起こし，それぞれがわずかな距離だけ負極と正極に引き寄せられる．外部電場に対して電荷の微小な偏りが生じるような物質の性質を**誘電的性質**(dielectric property)といい，この種の現象を"誘電性"とよんでいる．また，誘電的性質を示す固体を**誘電体**(dielectrics)とよぶ．以下では，固体の誘電的性質を考察するうえで不可欠な静電気学の基礎を復習しておこう．

すでに1·7·1節で述べたように，互いに大きさが同じで符号の異なる電荷 $+q$ と $-q(q>0)$ が，ある一定距離 d だけ離れて対をなして存在しているとき，これを電気双極子あるいは単に双極子とよび，

$$\boldsymbol{p} = q\boldsymbol{d} \tag{7·1}$$

を**電気双極子モーメント**(electric dipole moment)あるいは単に**双極子モーメント**と定義する．このとき，電荷は大きさをもたない点電荷であると考える．単位体積あたりに存在する電気双極子モーメントをすべて足し合わせたものが**誘電分極**(dielectric polarization)である．誘電体に電場 $\boldsymbol{E}$ が加えられることによって誘電体内に誘電分極 $\boldsymbol{P}$ が生成するとき，$\boldsymbol{E}$ が小さい範囲では，

$$\boldsymbol{P} = \varepsilon_0 \chi_{\mathrm{e}} \boldsymbol{E} \tag{7·2}$$

のように誘電分極は電場に比例する．ここで ε_0 は真空の誘電率とよばれる量で，

$$\varepsilon_0 = 8.854 \times 10^{-12}\,\mathrm{F\,m^{-1}} \tag{7·3}$$

の値をとる．Fは電気容量の単位でファラッドとよむ．また，χ_{e} は電気感受率とよばれ，次元をもたない．さらに，

$$\boldsymbol{D} = \varepsilon_0 \boldsymbol{E} + \boldsymbol{P} \tag{7·4}$$

とおくと，$\boldsymbol{D}$ は誘電体において誘電分極に基づく電荷(これを分極電荷という)を除いた真電荷のみによってつくられる場となることが知られている．$\boldsymbol{D}$ は電束密度あるいは電気変位とよばれる．(7·2)式と(7·4)式から，

$$\boldsymbol{D} = \varepsilon_0 \boldsymbol{E} + \varepsilon_0 \chi_{\mathrm{e}} \boldsymbol{E} = \varepsilon_0 (1 + \chi_{\mathrm{e}}) \boldsymbol{E} = \varepsilon \boldsymbol{E} \tag{7·5}$$

が得られる．ここで ε を対象としている物質の**誘電率**(dielectric constant)とよび，物質の誘電率と真空の誘電率の比 $\varepsilon/\varepsilon_0$ を**比誘電率**(relative dielectric constant)という．真空中では $\boldsymbol{P}=0$ であり，(7·2)式から $\chi_{\mathrm{e}}=0$ が得られ，(7·4)式と(7·5)式から $\varepsilon=\varepsilon_0$ となる．物質の誘電率は(7·5)式より $\varepsilon=\varepsilon_0(1+\chi_{\mathrm{e}})$ で与えられるか

ら，真空の誘電率との差は χ_e に帰すことができ，ε は物質が誘電分極を生成する能力の指標となる．

7・1・2 誘電分散と誘電損失

固体において誘電分極の起源となるのは，原子やイオンの原子核に対する電子雲の偏り，陽イオンと陰イオンの位置の相対的なずれ，分子や構造単位が有している永久双極子(H_2O などの非対称な構造に基づく電気双極子)の配向の三つである．これらの誘電分極を，それぞれ，**電子分極**(electronic polarization)，**イオン分極**(ionic polarization)，**配向分極**(orientation polarization)という．それぞれの分極を模式的に図7・1に示す．原子やイオンにおいて電子が偏って誘電分極を生む過程(電子分極)は，永久双極子をもつ分子が回転して配向する過程(配向分極)と比べる

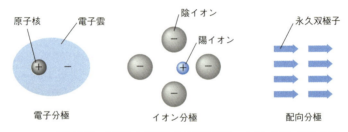

図7・1 誘電分極の微視的な起源となる電子分極，イオン分極，配向分極

と速やかであるため，外部電場に対する電気的な応答の速度は電子分極において最も速く，逆に配向分極において最も遅い．したがって，誘電体に交流電場が印加されたときの誘電率と交流電場の角振動数 ω との関係は図7・2のようになる．すなわち，角振動数の低い領域でまず配向分極が電場に追随できなくなり，続いて角振動数が増加するとイオン分極が電場の変化についていけなくなる．図中，ω_2 で示した誘電率が急激に変化する領域では，イオン分極の変化の速さが外部電場の角振動数 ω_2 に一致しており，これより大きい角振動数をもつ電場の変化に対してイオン分極は追随できない．最も高い角振動数まで応答できるのは電子分極である．図7・2に示したような誘電率と角振動数または振動数との関係を**誘電分散**(dielectric dispersion)とよぶ．

誘電体に交流電場が印加される場合を改めて考えよう．交流電場の時間変化を

$$E(t) = E_0 \exp(i\omega t) \tag{7・6}$$

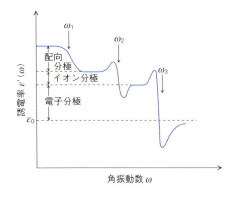

図7・2 交流電場の角振動数と誘電率の関係（誘電分散）

のように書く．(7・6)式は角振動数が ω の波を表している．上で述べたように，印加された電場によって生じる誘電分極は電場の変化に対して時間的に遅れるため，電束密度 $D(t)$ も時間的に遅れて変化する．この時間的な遅れを δ と表すと，$D(t)$ の時間変化は，

$$D(t) = D_0 \exp[i(\omega t - \delta)] \quad (7\cdot 7)$$

で表される．ここで，

$$D_0 \exp(-i\delta) = \varepsilon(\omega) E_0 \quad (7\cdot 8)$$

とおくと，(7・5)式に相当する関係として，

$$D(t) = \varepsilon(\omega) E(t) \quad (7\cdot 9)$$

が得られ，角振動数に依存する誘電率 $\varepsilon(\omega)$ は複素数となる．これを**複素誘電率**(complex dielectric constant)といい，

$$\varepsilon(\omega) = \varepsilon'(\omega) - i\varepsilon''(\omega) \quad (7\cdot 10)$$

のように表す．図7・2の縦軸の誘電率は $\varepsilon'(\omega)$ を表している．D が E に対して遅れないとすれば，(7・8)式で $\delta = 0$ となって $\varepsilon(\omega)$ は実数となる．つまり，(7・10)式の虚部 $\varepsilon''(\omega)$ は電束密度の変化が電場の変化から遅れることによって生じている．$\varepsilon''(\omega)$ は誘電体に交流電場が加えられたときに単位時間に失われるエネルギーに比例する．このエネルギーの損失を**誘電損失**(dielectric loss)とよぶ．(7・6)式〜(7・10)式より，

$$\tan \delta = \frac{\varepsilon''(\omega)}{\varepsilon'(\omega)} \quad (7\cdot 11)$$

となることがわかる．δ は損失角とよばれる．また，$\tan \delta$ を**誘電正接**(dielectric loss tangent)といい，この値によって誘電体材料の誘電損失の大きさを評価する．

222   7. 誘 電 体

絶縁体として実用的に用いられる酸化物セラミックスの誘電正接の値を表7・1にまとめた．誘電正接が小さい材料ほど，特に高周波領域における絶縁性にすぐれている．

表7・1 絶縁体材料として実用化される酸化物セラミックスの誘電正接($\tan \delta$)の値 比誘電率および電気伝導率の値も載せた

材　料	比誘電率	$\tan \delta^*$ (10^{-4})	電気伝導率 $(\mathrm{S\,m^{-1}})$
MgO	8.0〜9.0	3〜50	10^{-14}〜10^{-12}
Al_2O_3	8.0〜11.2	0〜20	10^{-14}〜10^{-12}
$MgSiO_3$	5.5〜7.5	3〜35	10^{-15}〜10^{-11}
Mg_2SiO_4	5.8〜7.2	60〜200	10^{-15}〜10^{-11}
$2MgO \cdot 2Al_2O_3 \cdot 5SiO_2$	4.0〜6.2	40〜70	10^{-12}〜10^{-10}
$ZrSiO_4$	5.3〜10.5	3〜20	10^{-13}〜10^{-11}

＊　交流電場の振動数が 1 MHz での値

7・1・3 分極率と誘電率

固体の巨視的な誘電率と原子レベルでの分極との関係についてもう少し考察しておこう．固体中の一つの原子に加えられる局所的な電場を E_{loc} とすると，この原子のつくる電気双極子モーメントント $\boldsymbol{p}$ は，

$$\boldsymbol{p} = \alpha E_{loc} \tag{7・12}$$

で与えられる．α を**分極率**(polarizability)という．E_{loc} には外部電場のほか，着目している原子以外の原子がもつ電気双極子モーメントによる電場が寄与する．着目している原子が立方対称の場に置かれている場合，E_{loc} は，

$$E_{loc} = E + \frac{1}{3\varepsilon_0} P \tag{7・13}$$

で与えられる．ここで，P は誘電分極である．(7・13)式を**ローレンツ**(Lorentz)の**関係式**という．固体中の j 番目の原子がもつ電気双極子モーメントの大きさが p_j であり，この原子が単位体積あたりに N_j 個あって，電気双極子モーメントがすべて同じ方向にそろっているとすれば，誘電分極の大きさ P は，

$$P = \sum_j N_j p_j = \sum_j N_j \alpha_j E_{loc}(j) \tag{7・14}$$

となる．(7・14)式に(7・13)式を代入すると，

$$P = \left(\sum_j N_j \alpha_j \right) \left(E + \frac{1}{3\varepsilon_0} P \right) \tag{7・15}$$

7・1 誘電性の基礎

が得られ, (7・2)式と(7・5)式から得られる関係

$$\chi_e = \frac{P}{\varepsilon_0 E} = \frac{\varepsilon}{\varepsilon_0} - 1 \tag{7・16}$$

を用いると,

$$\frac{\varepsilon - \varepsilon_0}{\varepsilon + 2\varepsilon_0} = \frac{1}{3\varepsilon_0} \sum_j N_j \alpha_j \tag{7・17}$$

が導かれる. (7・17)式をクラウジウス-モソッティ(Clausius-Mosotti)の式という.

(7・17)式は固体の誘電的性質を原子や化学結合のレベルから考察する際に用いられる. 表7・2にさまざまな原子やイオンの分極率をまとめた. ただし, これらは分極率 α を $4\pi\varepsilon_0$ で割った値である. 原子半径あるいはイオン半径が大きく, 相対的に負の電荷の多い原子やイオンほど分極率が大きいことがわかる. 一方, 有機

表7・2 原子およびイオンの分極率(単位は 10^{-25} cm^3)

		He	Li$^+$	Be^{2+}	B^{3+}	C^{4+}
		2.01	0.29	0.08	0.03	0.013
O^{2-}	F$^-$	Ne	Na$^+$	Mg^{2+}	Al^{3+}	Si^{4+}
38.8	10.4	3.90	1.79	0.94	0.52	0.165
S^{2-}	Cl$^-$	Ar	K$^+$	Ca^{2+}	Sc^{3+}	Ti^{4+}
102.0	36.6	16.2	8.30	4.70	2.86	1.85
Se^{2-}	Br$^-$	Kr	Rb$^+$	Sr^{2+}	Y^{3+}	Zr^{4+}
105.0	47.7	24.6	14.0	8.60	5.50	3.70
Te^{2-}	I$^-$	Xe	Cs$^+$	Ba^{2+}	La^{3+}	Ce^{4+}
140.0	71.0	39.9	24.2	15.5	10.4	7.30

分子の電気双極子モーメントを決めるのは分子を構成する化学結合がもつ分極率と分子の構造の対称性である. 種々の化学結合の分極率を表7・3に示す. これらの値は, 結合に平行に電場が加えられたときの分極率 $\alpha_{//}$ と垂直に加えられたときの分極率 $\alpha_\perp$ の平均値

$$\alpha = \frac{\alpha_{//} + 2\alpha_\perp}{3} \tag{7・18}$$

である. 結合にあずかる原子の種類や結合様式の違いに応じて, 分極率は一桁ほど変化している. 同じ炭素原子間の結合でも単結合から二重結合, 三重結合へと結合様式が変わると分極率は単調に増加する. 各結合が大きな分極率をもっていても分

7. 誘 電 体

表7・3 化学結合の分極率

化学結合	$\alpha(10^{-25}\,\mathrm{cm}^3)$	化学結合	$\alpha(10^{-25}\,\mathrm{cm}^3)$
C−C（脂肪族）	6.4	C−F	7.26*
C−C（芳香族）	10.7	C−Cl	26.1*
C＝C	16.6	C−Br	37.6*
C≡C	20.3	C−I	57.5*
C−O	5.99*	C−S−C	36.4*
C＝O	11.8	C−Te−C	69.2*
C−N	6.11*		

*　屈折率から求めた値

子構造の対称性が高いと永久双極子は現れない．たとえば，ベンゼン分子の電気双極子モーメントはゼロである．しかし，ベンゼンに電子求引基や電子供与基のような置換基を導入すれば電子の偏りが生じて電気双極子が現れる．この結果，シアノベンゼン，ニトロベンゼン，クロロベンゼン，アニリンなどでは電気双極子モーメントがゼロではなくなる．特にシアノベンゼンやニトロベンゼンは大きな電気双極子モーメントと誘電率をもつ．結晶のベンゼンの比誘電率が2.284であるのに対して，ニトロベンゼンでは20℃において35.704となる．

7・2 巨 視 的 な 誘 電 性

7・2・1 焦 電 性 と 焦 電 体

外部から電場が加えられなくても自ら誘電分極を発生させることのできる結晶を**極性結晶**(polar crystal)といい，自発的に生じる誘電分極を**自発分極**(spontaneous polarization)とよんでいる．1・1・5節で述べた結晶構造を表す点群において（表1・3参照），極性結晶は，C_1, C_2, C_4, C_3, C_6, C_s, C_{2v}, C_{4v}, C_{3v}, C_{6v} の10種類のいずれかの対称性をもつ．このような結晶では，自発分極のために結晶の表面に分極電荷が生成する．分極電荷は，結晶の表面に空気中のイオンや分子が吸着することによって電気的に中和されているが，温度が変化すると分極電荷の大きさも変わり，吸着しているイオンや分子がこの変化に追随できないため，分極電荷が現れる．この様子を模式的に図7・3に示す．このように温度変化にともなって結晶の表面に分極電荷が生じる性質を**焦電性**(pyroelectricity)とよぶ．焦電性を示す結晶は**焦電体**(pyroelectrics)とよばれる．焦電体は主として赤外線センサーに応用され，火や炎の検知，調理器の温度制御，自動車の排ガスの分析などに利用されている．

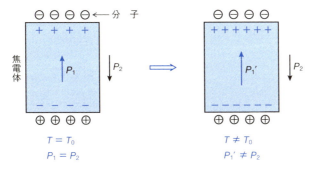

図7・3　焦電体において温度変化にともない分極電荷が現れる様子　左図では温度が $T = T_0$ で，焦電体の誘電分極の大きさ P_1 と表面に吸着した分子による誘電分極の大きさ P_2 は等しい ($P_1 = P_2$)．温度が変わる ($T \neq T_0$) と右図のようになり，焦電体の誘電分極 P_1' は P_2 とは異なる

7・2・2　圧電性と圧電体

　極性結晶に反転操作を施すと，得られる構造は元の構造と一致しない．すなわち，極性結晶には対称中心が存在しない．このような性質をもつ結晶構造は，前節の10種類の対称性のほか，D_2, S_4, C_{3h}, T, O, T_d, D_4, D_{2d}, D_3, D_6, D_{3h} のいずれかに属する．これらのうち，点群 O 以外の20種類の対称性のいずれかをもつ結晶では，外部から応力が加えられたり，ひずみが生じたりすると，それに起因して誘電分極が現れる．逆に結晶に外部から電場が加えられると，それに対応して結晶にひずみが発生する．前者の現象を**圧電効果**(piezoelectric effect)あるいは**圧電性**(piezoelectricity)といい，後者を**逆圧電効果**とよぶ．圧電性や逆圧電効果を示す結晶は**圧電体**(piezoelectrics)とよばれる．圧電体の具体例については後述する．結晶に加えられる応力の成分を σ_j とし，応力によって発生する誘電分極の成分を P_i で表すと，応力と誘電分極は，

$$P_i = \sum d_{ij} \sigma_j \tag{7・19}$$

によって関係づけられる．ここで d_{ij} は**圧電率**(piezoelectric modulus)あるいは圧電定数とよばれ，結晶の圧電体としての性質を見積もるうえで重要なパラメーターである．応力 σ_j には互いに独立な6個の成分がある．一方，誘電分極 P_i には x 軸，y 軸，z 軸に沿った3個の成分がある．このため，d_{ij} は18個の成分をもつテンソルで表されることになる．上述の20種類の点群に属さない結晶では，(7・19)式に対して結晶構造に応じた対称操作を施すことにより，すべての圧電率の成分において

$d_{ij} = 0$ となることを示すことができる．逆に圧電性を示す($d_{ij} \neq 0$ となる成分が存在する)結晶は，20種類の点群のいずれかに属するものに限られる．また，圧電体の一部が前述の焦電性を示す．圧電体はアクチュエーターやセンサーなどに利用される．アクチュエーターは電気的な信号やエネルギーを機械的な信号やエネルギーに変換する素子である．日常的に目にすることのできるマイク，スピーカー，エレクトリック・ギター，点火器具(ライター，ガスコンロなど)，インクジェットプリンター，エアバッグなど多くの製品において，圧電体が重要な役割を担っている．

7・2・3 強誘電性と強誘電体

自発分極をもつ結晶のなかで，外部から加える電場の向きによって誘電分極の向きを変えることができるものを**強誘電体**(ferroelectrics)という．強誘電体は焦電体の一部である．したがって，圧電体，焦電体，強誘電体の関係において，強誘電体は焦電体に含まれ，焦電体は圧電体の一部となる．強誘電体における外部電場と誘電分極の関係は模式的に図7・4のように描くことができる．始めに電場がゼロであり，誘電分極もゼロである状態から出発して電場を徐々に増加させると，それにともない誘電分極も増加する(図中の原点から矢印の方向にそった変化)．電場がさらに増加してある値に達すると，誘電分極は飽和する傾向を示す(図中の点A)．ほぼ一定となった誘電分極を電場がゼロの状態にまで外挿した値 P_s が**自発分極**である．続いて電場を減少させると誘電分極の値も小さくなるが，電場をゼロに戻しても誘電分極はゼロにはならず一定の値をとる(図中の点B)．このときの誘電分極 P_r を**残留分極**(remanent polarization)とよぶ．さらに始めと逆向きの電場を加えていくと，誘電分極はさらに減少して，図中の点Cにおいてゼロとなる．誘電分極

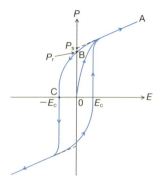

図7・4 **強誘電体における電場 E と誘電分極 P の関係** P_s は自発分極，P_r は残留分極，E_c は抗電場である

をゼロにするために必要な始めと逆向きの電場 E_c を**抗電場**(coercive field)という．このように強誘電体の電場と誘電分極の関係は図7・4に示したような履歴に依存するループを描く．すなわち，電場が同じであってもそれに対応する誘電分極の値はどのような経路でその電場に至ったかによって変わる．このような現象を**ヒステリシス**(hysteresis)という．図7・4のループは"ヒステリシスループ"とよばれる．このような現象が見られるのは，作製したばかりの強誘電体が図7・5に模式的に示すような微視的構造をもつためである．すなわち，強誘電体は**分域**(domain あるいは ferroelectric domain)とよばれる領域から構成されており，分域間は**分域壁**(domian wall)とよばれる境界領域で隔てられていて，一つの分域内ではすべての電気双極子の向きがそろい大きな自発分極を生じているものの，異なる分域間では自発分極同士が互いに打ち消し合い，強誘電体全体としての誘電分極はゼロになる．これは図7・4における原点の状態である．ここからある方向に電場が加わると，電気双極子は電場の方向に向く方が安定であるから，電場の方向を向いていない個々の分域の電気双極子は徐々に向きを変え，やがてすべての電気双極子が同じ方向に並んで強誘電体全体にわたる自発分極を生じる．この過程は，分域壁が電場によって徐々に移動し，やがて消失すると見ることもできる．

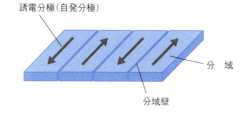

図7・5 強誘電体における分域構造の模式図

　強誘電体において自発分極が発生する機構として，主として永久双極子の配向によるものと，イオン分極に基づくものとがある．前者の機構で強誘電性を示す結晶を**秩序無秩序型強誘電体**(order-disorder ferroelectrics)，後者を**変位型強誘電体**(displacive type ferroelectrics)という．秩序無秩序型強誘電体では永久双極子の配列が温度の影響を受けて変化する．低温では永久双極子の電気双極子モーメントの向きが一方向にそろって巨視的に大きな自発分極が現れ強誘電体としての性質を示すが，温度が上昇すると熱エネルギーの影響を受けて永久双極子の運動が活性化され，個々の永久双極子の電気双極子モーメントの向きは無秩序になって，その総和として観察される誘電分極はゼロになる．いい換えれば，高温ではエントロピーの

228　　　　　　　　　　　　　　　7. 誘　電　体

効果が大きくなるため系は無秩序になり，低温ではエントロピーよりもエンタル
ピーの影響が大きくなって秩序構造が現れる．高温での自発分極が現れない状態の
結晶を**常誘電体**(paraelectrics)という．温度(熱)による同じような効果が変位型強
誘電体でも見られる．変位型強誘電体は，高温では対称性の良い結晶構造をとり，
陽イオンと陰イオンの重心の位置が一致しているため電気双極子は存在せず常誘電
体となるが，低温では対称性の低い構造に相転移すると同時に局所的にイオンが重
心の位置から偏り，陽イオンと陰イオンの重心の位置が一致しなくなる．このため
イオン分極による電気双極子が生じ，これが自発分極をもたらして強誘電体とな
る．このように強誘電体は低温では安定であるが温度が上昇するとある温度で常誘
電体へ相転移する．相転移が起こる温度は**キュリー温度**(Curie temperature)とよば
れる．代表的な強誘電体とそのキュリー温度を表7・4にまとめておく．積層コン
デンサーなどの実用材料としても有名なチタン酸バリウム($BaTiO_3$)はキュリー温
度を120℃にもつ典型的な変位型強誘電体であり，キュリー温度ではイオン分極
をともなって結晶構造が変化する．結晶構造が変わることによって強誘電性が現れ
る機構については7・3・1節で詳しく述べる．秩序無秩序型強誘電体としては，
$NaNO_2$，$KNaC_4H_4O_6 \cdot 4H_2O$(カリウムおよびナトリウムの酒石酸塩の4水和物で，
ロッシェル塩ともよばれる)などが知られている．

表7・4　酸化物およびオキソ酸塩の強誘電体と
キュリー温度

化　合　物	キュリー温度（℃）
$BaTiO_3$	120
$PbTiO_3$	490
$LiNbO_3$	1210
$KNbO_3$	435
$LiTaO_3$	665
$Ba_2NaNb_5O_{15}$	560
$KNaC_4H_4O_6 \cdot 4H_2O$	$-18,\ 24^*$
$NaNO_2$	163
KH_2PO_4	-150

＊　ロッシェル塩は -18 ℃ と 24 ℃ の間の温度領
域でのみ，強誘電性を示す．

　強誘電体と同じように電気双極子モーメントの配列に秩序があるものの，電気双
極子モーメントが互いに反平行に並ぶためにそれらが打ち消し合って大きな誘電分
極が現れないような誘電体も存在する．これは**反強誘電体**(antiferroelectrics)とよ

ばれる．強誘電体とは異なり反強誘電体には自発分極は現れない．しかし，印加電場が十分に強くなると電気双極子モーメントが反転して電場の方向を向き，自発分極を生じる．このため，反強誘電体における電場と誘電分極の関係は図7・6のように二重のヒステリシスループを描く．

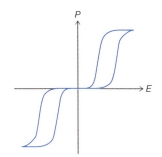

図7・6 反強誘電体における電場 E と誘電分極 P の関係

7・3 さまざまな誘電体と誘電体材料
7・3・1 酸化物誘電体

酸化物のなかには，基礎的に興味深い物性や実用的にすぐれた特性をもつ誘電体が多く存在する．強誘電体となる酸化物やオキソ酸塩のなかで実用的に利用される物質は，上記の $BaTiO_3$，ロッシェル塩のほか，$PbZrO_3$-$PbTiO_3$ 系固溶体，$LiNbO_3$，$LiTaO_3$，$Ba_2NaNb_5O_{15}$，KH_2PO_4 などである．強誘電体ではないが，圧電体として実用化されている結晶では石英(あるいは水晶，SiO_2)が有名である．また，強誘電体や圧電体ではないが，誘電率の大きい結晶として高電圧用の絶縁体材料などに利用される酸化物に Al_2O_3，TiO_2，$3Al_2O_3 \cdot 2SiO_2$(ムライト)などがある．以下，代表的な酸化物の強誘電体と圧電体について見ていこう．

$BaTiO_3$ はペロブスカイト型構造をもつ結晶であり，正方晶と立方晶の間の相転移がキュリー温度において起こる．これは表7・4に示したとおり 120 ℃ である．正方晶は 0 ℃ 付近まで安定で，それ以下では単斜晶に転移し，さらに低温では −80 ℃ 付近において菱面体晶に相転移する．立方晶では立方格子の頂点に Ba^{2+}，面心に O^{2-}，体心に Ti^{4+} がそれぞれ存在して，陽イオンと陰イオンの重心の位置が互いに一致しているので電気双極子モーメントはゼロであり，常誘電体となる．正方晶になると図7・7に示すように Ti^{4+} が重心の位置からずれるため，自発分極が生じる．このイオン分極の向きは外部電場によって変えることができるので，正

方晶は強誘電体である．正方晶において対称性を下げるような Ti^{4+} の自発的な変位が起こる機構は**2次ヤーン-テラー効果**(second-order Jahn-Teller effect)とよばれ，Ti^{4+} の 3d 軌道が空であることに起因した現象である．

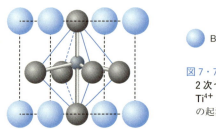
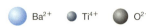

図 7・7　正方晶 $BaTiO_3$ における2次ヤーン-テラー効果による Ti^{4+} の変位　これが強誘電性の起源である

$BaTiO_3$ は高い誘電率をもつためコンデンサーとして実用化されている．誘電率はキュリー温度付近において最も高くなるが，この温度領域では誘電率の温度依存性も大きいため，$BaTiO_3$ に他の結晶を添加して多結晶焼結体（セラミックス）をつくることによって，キュリー温度を室温付近まで下げて室温での誘電率を高くしたり，誘電率の温度依存性を小さくしたりして，$BaTiO_3$ の実用的な特性を改善している．また，$BaTiO_3$ に La^{3+} など 3 価の陽イオンを不純物として添加したり，還元処理を施して欠陥を導入したりすると，Ti^{4+} の位置に電子が注入されて n 型半導体としての性質を示すようになる．半導体化した $BaTiO_3$ の多結晶焼結体に対して電気抵抗の温度依存性を測定すると，図 7・8 に示すようにキュリー温度を境にして電気抵抗が大きく変化する．半導体化した $BaTiO_3$ の多結晶焼結体では，結晶粒子間の界面（粒界）は絶縁体層となる．一方，粒界との近傍に存在する $BaTiO_3$ 層は強誘電体となり，キュリー温度以下では自発分極を生じる．このため粒界には大きな電場がかけられることになり，トンネル効果などによって電子の移動が可能になっ

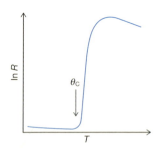

図 7・8　n 型半導体の $BaTiO_3$ における温度 T と電気抵抗 R との関係　θ_C はキュリー温度．PTC 効果が見られる

マルチフェロイクス

"強誘電体"（ferroelectrics）では外部から電場が加わらなくても自発的な誘電分極が生じ，電場によってその向きを変えることができる．同様に，外部から応力が加わらなくても自発的にひずみが生じ，その向きを応力によって変えられるような物質は"強弾性体"（ferroelastics）とよばれる．さらに，8・2・3節で説明するように，磁性体の範ちゅうでは，外部からの磁場がない状態でも自発的に磁気分極（あるいは磁化）が現れ，その向きを磁場によって変えることのできる物質が多く知られている．これらは"強磁性体"（ferromagnet）とよばれる．以上の3種類の物質を表現する術語に含まれる「フェロ（ferro-）」という言葉は"強い"を意味し，「フェロ」的な性質，すなわち，"強い"性質が二つ以上共存するような物質群を**マルチフェロイクス**（multiferroics）と総称している．とりわけ，強誘電性と強磁性が共存する物質は，電場による磁化の制御と磁場による誘電分極の制御が可能であることから，物性が現れる機構の解明といった基礎的な側面のみならず，電場でスピンを制御することによってトランジスターの機能を発揮するデバイス（スピントランジスターとよばれる）や高密度記録材料（電気的および磁気的な自発分極の向きをともに情報量として利用する）など，応用の観点からも興味がもたれている．ここで，誘電体，弾性体，磁性体にかかわる物理量には表1に示すような類似性があることを注意しておこう．場と応答とは一般に比例関係にある．また，異なる性質を反映する物理量の間にも関係性があり，たとえば電荷 q に電場 E が作用したときには $F = qE$ と表される機械的な力 F が生じ，電荷とひずみの積は電気双極子モーメントや誘電分極に対応する量となる．

表1　誘電体，弾性体，磁性体を特徴づける典型的な物理量とそれらの関係
表中の記号のうち，ε_0 は真空の誘電率，χ_e は電気感受率，Y はヤング率あるいは剛性率（5・6節），χ_m は磁化率（8・1節）である

	場	応答	場と応答の関係
誘電体	電場 E	誘電分極 P	$P = \varepsilon_0 \chi_e E$；（7・2）式
弾性体	応力 σ	ひずみ ε	$\varepsilon = (1/Y)\sigma$；（5・44）式，（5・50）式
磁性体	磁場 H	磁化 M	$M = \chi_m H$；（8・4）式

現在では，マルチフェロイクスは広義にとらえられ，強磁性ばかりでなく 8・2 節で説明するさまざまな磁気秩序と電気的な自発分極が共存する物質を指すようになっている．2003 年に $TbMnO_3$ において磁場により誘電分極の向きを変えられることが見いだされて以来，$BiMnO_3$，RMn_2O_5（R は希土類元素），$CoCr_2O_4$，$MnWO_4$，$LiNiPO_4$，$Ni_3V_2O_8$，$CuFeO_2$ などがマルチフェロイクスとして報告され

コラム（つづき）

ている．このようにマルチフェロイクスのほとんどが酸化物結晶である．

電気的な自発分極と磁気秩序が共存する機構にはさまざまなものがある．金属酸化物において巨視的な磁性を担うのは不対電子をもつ遷移金属イオンや希土類イオンであり，局所的な磁気的相互作用の種類や大きさは，このような磁性イオン間の距離や，酸化物イオンを挟んだ二つの磁性イオンのなす角（結合角）に依存する（8・3節参照）．外部から磁場が加えられたり，温度が低下したりすると，金属酸化物において最も都合の良い磁気的相互作用を実現するために磁性イオンや酸化物イオンが変位することがありうる．この結果として磁性イオン（陽イオン）と酸化物イオン（陰イオン）との重心の位置がずれることになれば，強誘電性が生じる．このようにして磁気秩序と強誘電性が同時に現れることが可能となる．

て，電気抵抗は減少する．このように温度の増加とともに電気抵抗が急激に増加する現象を **PTC 効果**という．PTC は positive temperature coefficient of resistivity の略である．PTC 効果を示す物質に電圧を印加すると，始めは電気抵抗が低いため大量の電流が流れるが，発生するジュール熱によって温度が上がると電気抵抗が増加するため電流の量が減少し，ジュール熱も小さくなる．この電流の特性はモーターの始動装置などに応用される．また，ジュール熱の増加と減少の繰返しにより系の温度が一定に保たれるため，保温器への利用がある．このような機能をもつデバイスを"サーミスター"とよぶ．

$PbZrO_3$（ジルコン酸鉛）と $PbTiO_3$（チタン酸鉛）の固溶体はすぐれた特性をもつ圧電体材料となることが知られている．この系の物質や材料を構成元素の頭文字をとって"PZT"とよぶことが多いが，この呼称はもともとは商品名である．$PbTiO_3$ は強誘電体であって，キュリー温度は 490 ℃ である．一方，$PbZrO_3$ は反強誘電体であるが，$PbZrO_3$ に $PbTiO_3$ が 10 mol％ 程度加えられた固溶体は強誘電体となる．$PbZrO_3$-$PbTiO_3$ 系の誘電的性質に関する状態図を図 7・9 に示す．強誘電体相について見ると，Zr と Ti の比が 1：1 の付近で組成にともなって結晶構造が変化し，$PbZrO_3$ の割合が多い組成では菱面体晶が，$PbTiO_3$ の割合が多い組成では正方晶が安定相となる．二つの結晶相を隔てる境界付近の組成（$PbTi_{0.45}Zr_{0.55}O_3$ を中心とする組成領域）では電気機械結合係数 k_{ij} が大きくなり，すぐれた圧電特性が現れる．ここで電気機械結合係数とは（7・19）式と同じ形式で機械エネルギーを電気エネルギーに変換するパラメーターである．PZT はアクチュエーターやセンサーなどと

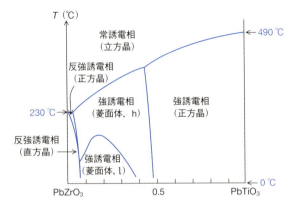

図 7・9 PbZrO$_3$-PbTiO$_3$ 系の誘電的性質に関する状態図　縦軸は温度．h は高温型，l は低温型を示す

して幅広く実用化されている．PZT の Pb の位置を La で置換した誘電体 (Pb, La)-(Zr, Ti)O$_3$ は "PLZT" とよばれ，多結晶焼結体でも緻密なものは光の散乱が抑えられ透明であるため，圧電性と透明性とを活かして電気光学材料 (10・5・2 節参照) として利用される．

LiNbO$_3$ も上述の BaTiO$_3$ や PZT と並ぶ有名な強誘電体結晶であり，表 7・4 に示したようにキュリー温度が高い．この結晶は圧電体としてもすぐれた特性をもち，電気光学効果や非線形光学効果 (10・5 節参照) も大きい．このため，圧電素子，光変調素子，波長変換材料などとして利用される．"光変調"とは，物質に加えられた電圧などの波形に応じて，この物質に入射した光の振幅や位相を変化させる機能を指す．LiNbO$_3$ と同じような用途のある結晶には，LiTaO$_3$，Ba$_2$NaNb$_5$O$_{15}$，KH$_2$PO$_4$ などがある．LiTaO$_3$ は LiNbO$_3$ と同じイルメナイト類似の結晶構造 (ニオブ酸リチウム型構造，図 1・30(c) 参照) をもつ．Ba$_2$NaNb$_5$O$_{15}$ は構成元素に基づいて "BNN" と略称される．この結晶はキュリー温度が 560 ℃ であって，室温において強誘電体となる．特に非線形光学効果が大きく，レーザーのような高出力の光に対する耐性も大きいことから，光変調素子や波長変換材料として利用される．KH$_2$PO$_4$ はリン酸二水素カリウムのドイツ語名 Kaliumdihydrogenphosphat から "KDP" と略される．キュリー温度が －150 ℃ と室温以下であるが，常誘電体相も圧電性を示す．また，非線形光学効果も大きいことから，レーザーの波長変換材料として利用されている．

強誘電体ではないが圧電体として広く実用化されている結晶の一つである**石英**(quartz)にふれておく．これは SiO_2 結晶の多形の一つである．石英は圧電素子の一つである"水晶振動子"として実用化されているほか，非線形光学測定の標準物質としても広く利用されている．水晶振動子に水晶(石英)のひずみの振動数に対応する交流電場を加えると，圧電効果により水晶が発振する．発振の振動数の温度変化は $10^{-8} \mathrm{K}^{-1}$ 程度で，この値はほかの圧電体と比べると非常に小さいため，水晶時計をはじめ種々の発振器に応用される．また，水晶振動子の共振特性は，特定の振動数の信号のみを通すデバイスの作製に利用される．このようなデバイスは水晶フィルターとよばれる．

7・3・2 液晶の誘電的性質

2・5・3節で述べたように，分子の形状とその配列状態に応じてさまざまな種類の液晶が形成される．このうち，分子構造と分子の配列の対称性が7・2節で述べた点群に属するような液晶は強誘電体や圧電体となる．棒状の分子が層状に並ぶスメクチック液晶のうち，図7・10(a)のように層に垂直な軸に沿って平行に分子が並ぶものをスメクチック A 相，(b)のように分子が軸に対して傾いて配列したものをスメクチック C 相(S_C 相)という．S_C 相を構成する分子が不斉炭素原子をもち，加えてラセミ体ではないときに，分子の置かれている場の対称性は C_2 となり，7・2節で述べた極性結晶の対称性にあてはまる．この条件を満たすスメクチック相をキラルスメクチック C 相(S_C^* 相)という．もともと S_C 相を形成する棒状の分子では，図7・11に示すように中央にパラ置換フェニル基やビフェニル基のような硬い骨格構造が存在し，その両端にアルキル基のような軟らかい鎖状構造が結合している．中央の骨格構造をメソゲンあるいはコアという．図7・11のように鎖状構造の

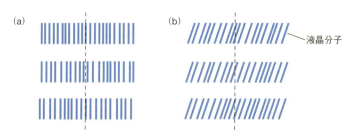

図7・10 棒状分子からなるスメクチック液晶の構造 (a)スメクチック A, (b)スメクチック C

7・3 さまざまな誘電体と誘電体材料

図 7・11 キラルスメクチック相(S_C^*相)をつくる分子の模式的な構造

部分に不斉炭素原子があれば,この分子は S_C^* 相をつくり強誘電体となりうる.このような発想でつくられた最初の強誘電性液晶は,1975 年に報告された S-2-methylbutyl-p-[(p-n-decyloxybenzylidene)amino]cinnamate(DOBAMBCと略称)である.

$$C_{10}H_{21}O-\text{〔}-CH=N-\text{〔}-CH=CH-COO-CH_2-\overset{*}{CH}-C_2H_5$$
$$\qquad\qquad\qquad\qquad\qquad\qquad\qquad\qquad|$$
$$\qquad\qquad\qquad\qquad\qquad\qquad\qquad\qquad CH_3$$

この分子では長軸に垂直な方向に沿って電気双極子モーメントが存在し,S_C^* 相の一つの層内ですべての電気双極子モーメントが同じ方向を向いて強誘電性を発現する.図 7・11 に模式的に示したような構造をもつ分子は多数存在し,それに応じて多くの強誘電性液晶が報告されているが,それらは大別すると,アゾメチン系(シッフ系),アゾキシ系,フェニルエステル系の 3 種類となる.いくつかの強誘電性液晶分子の例を表 7・5 にまとめた.たとえば,フェニルエステル系の分子

$$(R,S)-C_6H_{13}O-\overset{*}{CH}-COO-\text{〔}-\text{〔}-COO-\text{〔}-CO-\overset{*}{CH}-C_6H_{13}$$
$$\qquad\qquad\qquad|\qquad\qquad\qquad\qquad\qquad\qquad OH\quad\;|$$
$$\qquad\qquad\qquad CH_3\qquad\qquad\qquad\qquad\qquad\qquad\qquad CH_3$$

は自発分極が比較的大きく,10 °C で 11.3×10^{-3} C m^{-2} の値をとる.これは上記の DOBAMBC の約 400 倍である.二つの不斉炭素原子に隣接した C=O 基の電気双極子モーメントにより,大きな自発分極が発現すると考えられている.

一方,強誘電性液晶と比べて報告例は少ないものの,反強誘電体となる液晶も知られている.反強誘電性の液晶では棒状分子の長軸に垂直な方向の電気双極子モーメントが,図 7・12(a)に示すように隣接する層間で互いに反平行になるように配列する(図 7・12(a)の中央の AF で示された相が反強誘電体である).この液晶に外部から電気双極子モーメントに平行な電場を加えると,電場と逆の方向を向いていた電気双極子モーメントが反転して,すべての電気双極子モーメントが同じ方向に

表7・5 強誘電性液晶をつくる分子の例

アゾメチン系（シッフ系）

$C_nH_{2n+1}O-\bigcirc-CH=N-\bigcirc-CH=C-COCH_2\overset{*}{C}H-Y$
                                    $|\ \ \ \ \ \ \ \ |$
                                    $X\ \ O\ \ \ \ \ CH_3$

X	H	H	CH₃	CN
Y	C₂H₅	Cl	C₂H₅	C₂H₅

$C_nH_{2n+1}O-\bigcirc-N=CH-\bigcirc-O(CH_2)_m\overset{*}{C}H-C_2H_5$
                              $|\ |$
                              $HO\ \ \ \ \ \ \ \ \ \ \ \ \ \ \ CH_3$

アゾキシ系

$H_5C_2-\overset{*}{C}H-(CH_2)_7OCCH=CH-\bigcirc-N=N-\bigcirc-CH=CHCO(CH_2)_n\overset{*}{C}H-C_2H_5$
        $|\ \ \ \ \ \ \ \ \ \ \ \ \ \|\ \downarrow\ \ \ \ \ \ \ \ \ \ \ \ \ \ \ \ \ \ \ \|\ \ \ \ \ \ \ \ \ \ |$
        $CH_3\ \ \ \ \ \ O\ O\ \ \ \ \ \ \ \ \ \ \ \ \ \ \ \ \ O\ \ \ \ \ \ CH_3$

$H_5C_2-\overset{*}{C}H-(CH_2)_nO-\bigcirc-N=N-\bigcirc-O(CH_2)_n\overset{*}{C}H-C_2H_5$
        $|\ \downarrow\ |$
        $CH_3\ \ \ \ \ \ \ \ \ \ \ \ \ \ \ \ \ \ O\ \ \ \ \ \ \ \ \ \ \ \ \ \ \ \ \ CH_3$

フェニルエステル系

$X-\bigcirc-CO-\bigcirc-Y$
           $\|$
           O

	X	Y
	$C_nH_{2n+1}O-$	$-OCH_2\overset{*}{C}H-C_2H_5$ $|$ CH_3
	$C_nH_{2n+1}-\bigcirc-$	$-CH_2\overset{*}{C}H-C_2H_5$ $|$ CH_3
	$C_2H_5\overset{*}{C}H(CH_2)_3-\bigcirc-$ $|$ CH_3	$-OC_nH_{2n+1}$

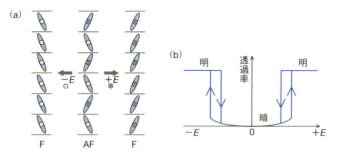

図7・12　**反強誘電性液晶**　(a)棒状分子の配列(AF)と外部電場 E による強誘電性液晶 (F)への変化．棒状分子中の◎および⊗は電気双極子モーメントの向きを表す(いずれも紙面に垂直)．強誘電体ではすべての電気双極子モーメントが電場の方向に向く．(b)電場による反強誘電体-強誘電体間の転移にともなう光の透過率の変化

そろい，液晶は強誘電性を示すようになる．強誘電体と反強誘電体で光の透過率（10・1・1 節参照）が異なるため，図7・12(b)のように電場の印加に応じて状態が急激に変化するスイッチングが起こる．この現象は表示素子として応用することができる．反強誘電体となる液晶分子の例を表7・6 に示す．基本的に不斉炭素原子をもち，スメクチック C 相をつくる分子であるが，電気双極子モーメントの配列は温度に依存してさまざまに変化する．表7・6 には各分子がつくる液晶において反強誘電体相が安定に存在する温度領域も示した．なかには，図7・13 に示すように反平行に並ぶ電気双極子モーメントの数が互いに異なる液晶もある．このような電気双極子モーメントの配列では，互いに逆向きの電気双極子モーメントが完全に打ち消し合わないため自発分極が現れる．これをフェリ誘電性（ferrielectricity）と

表7・6 反強誘電体となる液晶分子と反強誘電体相が存在する温度領域

分 子	反強誘電性の温度範囲（℃）
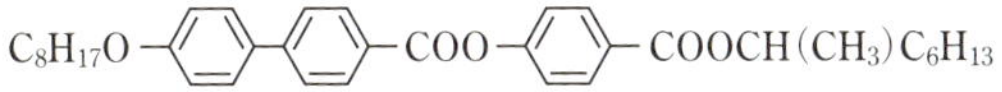 $C_8H_{17}O$——COO——COOCH$(CH_3)C_6H_{13}$	72.5〜117
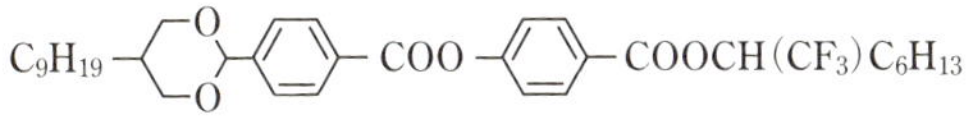 C_9H_{19}——COO——COOCH$(CF_3)C_6H_{13}$	18〜70.4
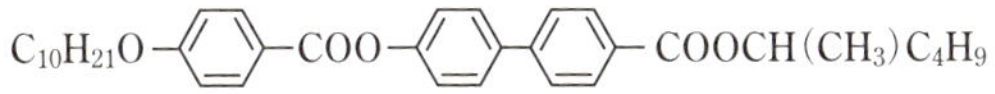 $C_{10}H_{21}O$——COO——COOCH$(CH_3)C_4H_9$	48〜73
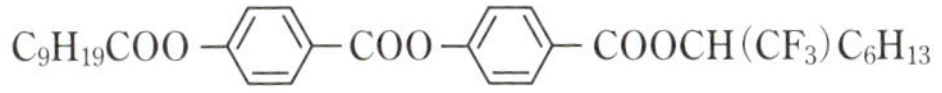 $C_9H_{19}COO$——COO——COOCH$(CF_3)C_6H_{13}$	-42〜-13
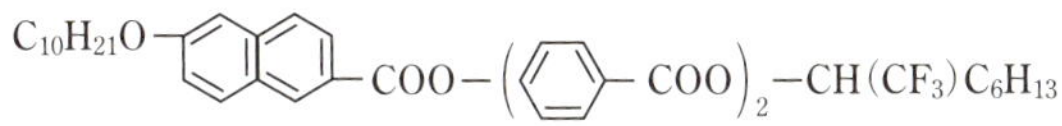 $C_{10}H_{21}O$——COO—$\left(\text{——COO}\right)_2$—CH$(CF_3)C_6H_{13}$	100〜140

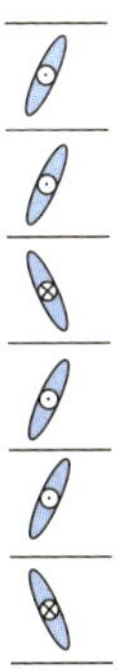

図7・13 フェリ誘電性液晶における分子および電気双極子モーメントの配列の例 紙面より上方向に向いた電気双極子モーメント○の数と紙面より下方向に向いた電気双極子モーメント⊗の数が異なる

液晶と表示素子

　液晶の応用で最もよく知られているものは表示材料であろう．表示方法の原理には種々のものがあるが，基本的には液晶の配列の相違に起因する光の透過率の違いを利用する．ここでは電場を利用する方法について具体例を紹介しよう．

　セル（容器）にネマチック液晶（2・5・3節参照）を入れ，セルの基板は無機ガラスのような透明な材料としておく．基板の表面に導入された界面活性剤などの分子の配向，基板表面に蒸着された酸化物薄膜などの形状，あるいは基板表面につくられた微細な溝などに起因して，ネマチック液晶の棒状分子は基板に対して一定の方向を向いて並ぶ．液晶分子が基板の表面に平行に並んだ状態をホモジニアス（homogeneous）といい，基板に垂直に並んだ状態をホメオトロピック（homeotropic）とよぶ．液晶を挟んだ二つの基板の状態を変えることにより，液晶分子の方向が基板から基板に向かって 90°回転するような状況をつくりだすことができる（図1の上図参照）．このような液晶には旋光性（直線偏光の電気ベクトルの振動面を回転させる性質，10・6・1節参照）が現れ，振動面が液晶分子の向きと平行な状態の直線偏光が入射すると，液晶を通り抜けたあと振動面は 90°回転する．一方，この液晶の基板に電場を印加すると，液晶分子の方向は電場の向きと平行になるため，液晶の旋光性は消える．図1に示すように，互いに直交している偏光子と検光子（いずれも一定方向に振動する偏光の成分のみを通すことができる素子）の間にこのような液晶をおいて光を照射すると，電場のない状態では直線偏光は検光子を透過するが，電場が加えられると光は遮断される．このため，基板の一部に電極を取付けておけば，電場の印加によってその部分だけが暗くなり表示ができる．このような原理の表示方法を，ねじれネマチック（twisted nematic）液晶を使うことから TN 型とよんでいる．

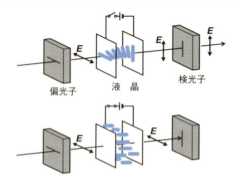

図1　TN 型表示の原理
ねじれネマチック液晶に電場が加えられていないときは偏光子を通った直線偏光は検光子を透過するが，電場が加えられると透過できない

いう．たとえば表7・6中の

$$C_8H_{17}O-\!\!\!\bigcirc\!\!\!-\!\!\!\bigcirc\!\!\!-COO-\!\!\!\bigcirc\!\!\!-COO-\overset{*}{C}H-C_6H_{13}$$
$$|$$
$$CH_3$$

では，低温からの昇温過程を考えると，反強誘電体相と強誘電体相の間にフェリ誘電性を示す相が現れる．

7・3・3 圧 電 性 高 分 子

有機高分子固体のうち非晶質であるものや，結晶性であっても個々の結晶の粒子が互いに無秩序な方向を向いて集合したものでは，固体全体にわたって巨視的な反転対称性が存在する．よって，このような高分子固体は圧電性をもちえない．しかし，これらに高温で直流の高電場を印加すると誘電分極が誘起され，その後，電場を印加しながら室温まで冷却すると，誘起された誘電分極が高分子固体内に凍結され，それにより巨視的な反転対称性が消失して圧電性が現れる場合がある．このような高分子固体を**圧電性高分子**(piezoelectric polymer)という．圧電性高分子として，ポリフッ化ビニリデン(フッ化ビニリデンは $H_2C=CF_2$)，フッ化ビニリデンとトリフルオロエチレン(FHC=CF_2)の共重合体，フッ化ビニリデンとテトラフルオロエチレン($F_2C=CF_2$)の共重合体，シアン化ビニリデン($H_2C=C(CN)_2$)と酢酸ビニル($H_2C=CHOCOCH_3$)の交互共重合体などが知られている．これらのうち，フッ化ビニリデンを含む高分子では CF_2 結合が，また，シアン化ビニリデンを含む系では CN 基が大きな電気双極子モーメントをもち，これらが外部電場方向に配向して圧電性を生じる．電気機械結合係数は 0.2〜0.3 であり，PZT の値と比べても遜色はない．圧電性高分子は無機化合物の圧電体と比べると加工性にすぐれているなどの特徴をもち，広い周波数範囲において音の信号と電気信号を変換するトランスデューサーとして超音波探傷や超音波診断などに用いられるほか，振動制御用のセンサー，血圧計やペースメーカーのような医療機器，キーボードのスイッチなどに広く利用されている．

8

磁　性　体

　6章と7章では，電場に対する固体の応答について解説した．そこでは，固体の電気的性質には電気伝導と誘電性という大きく2種類の現象が観察されることを述べた．本章では，固体に磁場が加えられたときに見られる現象について説明する．7章で取上げた誘電体と本章で解説する磁性体にはさまざまな類似点がある．誘電体における電気双極子，誘電分極，誘電率，電気感受率，電束密度に対応する物理量が，磁性体ではそれぞれ，磁気双極子，磁気分極（磁化），透磁率，磁化率，磁束密度であり，これらの物理量の互いの関係も誘電体と磁性体とでよく似たものとなっている．たとえば，誘電分極が電場に比例する際の比例定数が真空の誘電率と電気感受率の積であることと同様に，磁性体において磁気分極が磁場に比例するときの比例定数は真空の透磁率と磁化率の積である．また，強誘電体と類似な特徴を示す磁性体として強磁性体が存在し，そこでは外部から磁場を加えなくとも磁気双極子モーメントが自ら向きをそろえて配列している．一方で，電気双極子モーメントが電荷の空間的な位置に関係するのに対して，磁気双極子モーメントの起源は角運動量であるといった相違点もある．磁性体も実用的な材料として古くから利用されており，永久磁石，磁心材料，磁気カードや光磁気記録のような記録媒体，磁気ヘッド，光アイソレーターなどへの応用がある．本章では，磁性体における磁場，磁気双極子，磁化などの基礎的な概念について説明したあと，特徴的な磁気的性質をもつ物質，および材料としての応用について概説する．

8・1 磁 性 の 基 礎

　誘電体では正・負の点電荷の対を電気双極子と定義した. 同じように点磁荷を考え, 正の点磁荷 $+q_m(q_m>0)$ と負の点磁荷 $-q_m$ がある距離 d だけ離れて対をなしている状態を磁気双極子とよび, **磁気双極子モーメント**(magnetic dipole moment)を

$$\boldsymbol{\mu}_m = q_m\boldsymbol{d} \tag{8・1}$$

によって定義する. 点電荷とは異なり実際には点磁荷は存在しないが, 仮想的な粒子として点磁荷を考え, 電気双極子になぞらえて磁気双極子の概念を導入する. (8・1)式の磁気双極子モーメントを真空の透磁率 μ_0 で割ったものを磁気モーメントという. この定義を使わずに(8・1)式を磁気モーメントとよんでいる専門書もかなり多いが, ここでは(8・1)式を磁気双極子モーメントと定義するやり方で話を進める.

　磁気モーメントは電気双極子モーメントと同様ベクトルであり, 単位体積中に含まれる磁気モーメントを足し合わせたものを**磁化**(magnetization)$\boldsymbol{M}$ とよぶ. また, 単位体積あたりの磁気双極子モーメントの総和は**磁気分極**(magnetization)とよばれ, 磁化に真空の透磁率をかけた $\mu_0\boldsymbol{M}$ で表される. 真空の透磁率は,

$$\mu_0 = 1.257\times10^{-6}\,\mathrm{H\,m^{-1}} \tag{8・2}$$

の値をとる(単位の H はヘンリーとよむ). (7・3)式で与えた真空の誘電率と(8・2)式の真空の透磁率とは,

$$\frac{1}{\sqrt{\varepsilon_0\mu_0}} = c \tag{8・3}$$

によって互いに関係づけられている. ここで, c は真空中の光の速さである.

　外部磁場 $\boldsymbol{H}$ が印加されたときの磁化と磁場との関係は,

$$\boldsymbol{M} = \chi_m\boldsymbol{H} \tag{8・4}$$

のようになる. χ_m を**磁化率**(magnetic susceptibility)といい, 電気感受率と同様, 無次元である. 磁気分極と磁場の関係

$$\mu_0\boldsymbol{M} = \mu_0\chi_m\boldsymbol{H} \tag{8・5}$$

は誘電分極の(7・2)式に対応する. さらに, **磁束密度**(magnetic flux density)$\boldsymbol{B}$ を

$$\boldsymbol{B} = \mu_0\boldsymbol{H} + \mu_0\boldsymbol{M} \tag{8・6}$$

で定義すると, (8・5)式と(8・6)式より,

$$\boldsymbol{B} = \mu_0\boldsymbol{H} + \mu_0\chi_m\boldsymbol{H} = \mu_0(1+\chi_m)\boldsymbol{H} = \mu\boldsymbol{H} \tag{8・7}$$

となって, 誘電体の(7・5)式と同じような関係が導かれる. μ を対象としている

242   8. 磁 性 体

磁性体の**透磁率**(magnetic permeability)という. また, μ/μ_0 を**比透磁率**(relative permeability)とよぶ. 磁化率と透磁率(比透磁率)は固体の磁気的性質を特徴づける重要なパラメーターの一つである.

ここで, 磁性体に関係する物理量の単位を整理しておこう. SI単位系では, 磁場は電流によって発生するという視点から, その単位は $A\,m^{-1}$ で与えられる(A はアンペア). 磁束は Wb(ウェーバ), 磁束密度の単位は $Wb\,m^{-2}$ であるが, これを T(テスラ)とおく. (8・6)式より磁場と磁化は同じ次元をもつので, 磁化の単位は $A\,m^{-1}$, 磁気モーメントは $A\,m^2(=J\,T^{-1})$ となる. また, 磁性体の論文などでは真空の透磁率を $\mu_0 = 1$ とおくCGS電磁単位系(emuと略称)が用いられることが多い. この単位系では磁気双極子モーメントと磁気モーメント, 磁気分極と磁化の数値がそれぞれ等しくなる. 磁束密度の単位は G(ガウス)で与えられ, $1\,T = 10^4\,G$ の関係がある. 磁場には Oe(エルステッド)という単位が用いられ, $1\,Oe = (10^3/4\pi)\,A\,m^{-1}$ である.

固体の磁性を担う磁気モーメントは電子の軌道運動と電子のスピンに起因する. 電子の軌道運動は閉じた回路を電流が流れることに等価であると考えれば, 軌道運動による磁気モーメントは, 電流によって磁場が生じるという古典的な描像, すなわち, ビオ-サバールの法則から導かれる. 電子の軌道運動とスピンによる磁気モーメントを μ_L, μ_S とおくと, これらは,

$$\mu_L = -\mu_B \boldsymbol{l} \tag{8・8}$$

$$\mu_S = -g\mu_B \boldsymbol{s} \tag{8・9}$$

と書くことができる. ここで, 換算プランク定数を $\hbar$ とすると, $\hbar \boldsymbol{l}$, $\hbar \boldsymbol{s}$ はそれぞれ軌道角運動量およびスピン角運動量の量子力学的な表現になる. また, μ_B は,

$$\mu_B = \frac{e\hbar}{2m} \tag{8・10}$$

で表される定数であり, **ボーア磁子**(Bohr magneton)とよばれ, $\mu_B = 9.27 \times 10^{-24}$ $J\,T^{-1}$ の値をとる. ここで e は電気素量, m は電子の質量である. さらに, (8・9)式中の g は**ランデ**(Landé)**の g 因子**とよばれ, 電子の場合には $g \sim 2$ となる.

ここで, スピンと軌道角運動量にかかわる重要な現象にふれておこう. スピンは軌道角運動量と**スピン-軌道相互作用**(spin-orbit coupling, spin-orbit interaction)とよばれる磁気的な相互作用を行う. 一つの電子に対してそのエネルギーは $\zeta \boldsymbol{l} \cdot \boldsymbol{s}$ で表される. ζ は相互作用の大きさを反映する量であり, 原子番号に比例することが知られている. したがって, 第6周期の遷移元素や Bi などではスピン-軌道相互作

用が大きくなる．この現象は古典的な立場からは以下のように説明される．原子やイオンでは原子核のまわりを電子が運動しているが，1個の電子を中心に考えると原子核は相対的にこの電子のまわりで軌道運動を行う．原子核は正電荷をもつから，原子核の相対的な運動は電流を生じることになり，これは電子の位置に磁場をつくる．この磁場は電子のスピンからなる磁気モーメントに影響を及ぼす．これがスピン-軌道相互作用であるが，本質的にはディラックが考案した相対論的量子力学に立脚する方程式から自然に導かれる．いい換えると，この相互作用は相対論的な効果である．

結晶格子を形成するイオンや原子の示す磁気モーメントには，そこに存在するすべての電子の軌道角運動量とスピン角運動量が寄与する．そこで，一つのイオンや原子に対して，それに属するすべての電子によってもたらされる総和としての軌道角運動量およびスピン角運動量をそれぞれ $\hbar L$, $\hbar S$ と書くと，全角運動量 $\hbar J$ は，

$$J = L + S \tag{8・11}$$

によって表され，磁気モーメントは，

$$\mu_J = -g\mu_B J \tag{8・12}$$

で与えられる．(8・12)式の磁気モーメントについては，さらに8・2・2節で考察する．

8・2 巨 視 的 な 磁 性

8・2・1 反 磁 性

固体が示す巨視的な磁性のうち，外部から固体に加えられた磁場と逆向きの方向をもつ磁化が発生する現象を**反磁性**(diamagnetism)という．これは固体のみならずあらゆる物質において見られる磁性であり，特に不対電子が存在しない物質において顕著に観察される．(8・4)式からわかるように，反磁性では磁化率が負になる．不対電子が存在しない原子やイオンからなる固体に外部から磁場が印加されると，図8・1に模式的に示すようにファラデーの電磁誘導の法則に従って原子やイオン内では外部磁場とは逆向きの磁力線を発生させようとする誘導電流が流れる．原子核のまわりに電子が球対称に分布すると仮定すると，誘導電流のつくる磁気双極子モーメントから導かれる磁化率は次式で表される．

$$\chi_m = -\frac{\mu_0 N_Z e^2 Z}{6m} \langle r^2 \rangle \tag{8・13}$$

ここで N_Z は単位体積あたりの原子あるいはイオンの個数，Z は1個の原子または

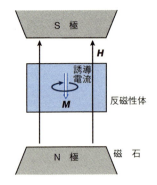

図 8・1 反磁性体における磁化発生の機構 外部磁場 H と磁化 M は向きが逆になる

イオンに存在する電子の個数，$\langle r^2 \rangle$ は原子核から電子までの距離の 2 乗の平均である．この式より，原子に含まれる電子の数が多く，原子核から電子までの平均距離が長いほど，反磁性の磁化率の絶対値は大きくなることがわかる．すなわち，原子番号の大きな元素で構成される固体ほど反磁性の効果が大きくなる傾向がある．

8・2・2 常 磁 性

固体中に不対電子をもつ原子やイオンが存在すると，外部磁場に対する磁気的な振舞いは反磁性とは異なる．たとえば少量の遷移金属イオンや希土類イオンを含む結晶などでは，これらのイオンの不対電子に起因する磁気モーメントが外部磁場の方向に磁化を生成する．特に，磁気双極子の間に働く磁気的相互作用が無視できるくらい小さいか，十分に温度が高く熱エネルギーが磁気的相互作用に打ち勝っている場合，外部磁場が加えられると磁気モーメントは一斉に磁場の方向にそろって配列する．一方で磁場を取除くと個々の磁気双極子の運動がランダムになり，向きが無秩序な磁気モーメントは互いに打ち消し合って磁化がゼロになる．このような磁性を**常磁性**（paramagnetism）とよばれる．磁化の向きは磁場の方向と一致するので，磁化率は正の値をとる．磁気モーメントは常に熱エネルギーの影響を受けて無秩序に向きを変えるような運動をしているため，図 8・2 に示すように各々の磁気モーメントの向きは時間とともに変化する．

常磁性をもう少し定量的に扱ってみよう．外部磁場 H が存在するとき，全角運動量が $\hbar J$ である磁気双極子モーメント μ_J のもつエネルギー E_J は，

$$E_J = -\mu_J \cdot H = g\mu_B J \cdot H \tag{8・14}$$

で与えられる．外部磁場方向に量子化された z 軸をとり，J の z 成分 J_z のみを考慮

8・2 巨視的な磁性

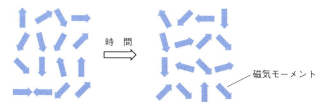

図 8・2 常磁性体における磁気モーメントの配列と，その時間変化

して，この磁気双極子モーメントの集団が温度 T で熱平衡状態にあるという条件のもとで平均の磁気分極(磁化)を計算することができる．J の大きさを J とすると，J_z は $-J$ から $+J$ までの値をとることができるため，磁気分極の平均値は，

$$M = \frac{\sum_{J_z=-J}^{J}(-g\mu_B J_z)\exp\left(-\dfrac{g\mu_B J_z H}{k_B T}\right)}{\sum_{J_z=-J}^{J}\exp\left(-\dfrac{g\mu_B J_z H}{k_B T}\right)} \tag{8・15}$$

で与えられる．ここで，N は単位体積あたりの磁気双極子の数で，k_B はボルツマン定数である．(8・15)式から最終的に，

$$M = Ng\mu_B J\left(\frac{2J+1}{2J}\coth\frac{2J+1}{2J}x - \frac{1}{2J}\coth\frac{x}{2J}\right) \tag{8・16}$$

が導かれる．(8・16)式の括弧の中はブリユアン関数とよばれる．ただし，x は，

$$x = \frac{g\mu_B HJ}{k_B T} \tag{8・17}$$

である．図 8・3 は $J=3/2$ (曲線 I)，$5/2$ (曲線 II)，$7/2$ (曲線 III)に対して(8・16)式を描いたものであり，縦軸は磁気双極子をもつ原子(イオン)1個あたりのボーア磁子単位での磁気双極子モーメント，横軸は H/T である．実験データと(8・16)式とはよく一致することが知られており，たとえば，$J=S=3/2$ である Cr^{3+} を含むカリウムクロムミョウバンの実測値は曲線 I の上に乗る．また，低温で磁場が十分強いとき(すなわち，H/T が十分に大きいとき)にそれぞれの磁気双極子モーメントは飽和する傾向を示し，飽和の値は結晶中のすべての磁気双極子が磁場の方向(この場合は z 軸の方向)を向いたときの値，すなわち，$g\mu_B J$ と等しくなっている．

また，低磁場あるいは高温の極限では，(8・17)式より $x \ll 1$ であるから，

$$\coth x = \frac{1}{x} + \frac{x}{3} - \frac{x^2}{45} + \cdots \tag{8・18}$$

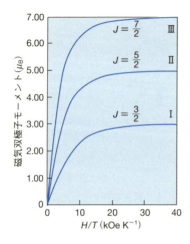

図 8・3 常磁性体のイオン 1 個あたりの磁気双極子モーメント（ボーア磁子単位）と磁場 H および温度 T との関係　実線はブリユアン関数（(8・16) 式) であり，Ⅰ．$J=3/2$，Ⅱ．$J=5/2$，Ⅲ．$J=7/2$ である

と展開できることを利用すると，磁化率は，

$$\chi_{\mathrm{m}} = \frac{Ng^2 J(J+1)\mu_{\mathrm{B}}^2}{3\mu_0 k_{\mathrm{B}} T} \tag{8・19}$$

で表されることになる．すなわち，常磁性体では磁化率は温度に反比例する．この関係を**キュリー (Curie) の法則**とよぶ．(8・19) 式に現れる量のうち，

$$p_{\mathrm{eff}} = g\sqrt{J(J+1)} \tag{8・20}$$

を**有効ボーア磁子数** (effective number of Bohr magnetons) という．(8・12) 式より，

$$\mu_J^2 = (g\mu_{\mathrm{B}})^2 J^2 \tag{8・21}$$

であるが，量子力学において J^2 の固有値は $J(J+1)$ となることが知られているため，有効ボーア磁子数はボーア磁子単位の磁気双極子モーメントの大きさに対応する．遷移金属イオンでは磁性を担うのが d 軌道に存在する不対電子であり，d 軌道は外殻にあって電子は結晶内において結晶場の影響を受けるため，d 軌道のエネルギー準位の縮退はとけている．このような状況下では，軌道角運動量の平均値はゼロになることが知られている．縮退がとけたエネルギー準位の波動関数が実関数であり，軌道角運動量演算子は虚数を含んでいるため，このような結果が導かれる．この現象を**軌道角運動量の消失**という．軌道角運動量の消失が起こる系では全角運動量はスピン S のみに依存し，有効ボーア磁子数は，

$$p_{\mathrm{eff}} = 2\sqrt{S(S+1)} \tag{8・22}$$

で表される．表 8・1 に遷移金属イオンの高スピン状態に対して計算される p_{eff} の値と，いろいろな錯体の磁化率測定により実験的に求められた平均値としての p_{eff}

8・2 巨視的な磁性 247

を比較して示す．各イオンにおいて計算値と実験値はほぼ一致しており，(8・22)式が遷移金属イオンの磁気双極子モーメントを与える表現として適切であることがわかる．一方，希土類イオンでは不対電子の存在する 4f 軌道が内殻に存在するため軌道角運動量の消失は見られない．よって有効ボーア磁子数の表現としては，(8・22)式ではなくむしろ(8・20)式が適切である．

表8・1 遷移金属イオンの電子配置と有効ボーア磁子数

イオン	電子配置	有効ボーア磁子数	
		理論値*	実験値
Ti^{3+}，V^{4+}	$3d^1$	1.73	1.8
V^{3+}	$3d^2$	2.83	2.8
Cr^{3+}，V^{2+}	$3d^3$	3.87	3.8
Mn^{3+}，Cr^{2+}	$3d^4$	4.90	4.9
Fe^{3+}，Mn^{2+}	$3d^5$	5.92	5.9
Fe^{2+}	$3d^6$	4.90	5.4
Co^{2+}	$3d^7$	3.87	4.8
Ni^{2+}	$3d^8$	2.83	3.2
Cu^{2+}	$3d^9$	1.73	1.9

* $p_{\text{eff}} = 2\sqrt{S(S+1)}$ ((8・22)式)により計算

8・2・3 強 磁 性

固体中の磁気双極子の間に強い磁気的相互作用が働き，この相互作用のためにすべての磁気モーメントが同じ方向を向いて配列すると非常に大きな磁化が現れる．この場合，常磁性とは異なり，磁気モーメントの規則的な配列は外部磁場が加えられていない場合にも存在する．すなわち，7・2・3 節で述べた強誘電体における電気双極子モーメントの秩序構造と同じような構造が磁気モーメントの配列にも見られる．このような磁性を**強磁性**(ferromagnetism)とよび，強磁性を示す固体を**強磁性体**(ferromagnet)という．強磁性体において外からの磁場の印加なしに現れる磁化を**自発磁化**(spontaneous magnetization)という．強誘電体の自発分極に対応した現象である．強磁性体における磁気モーメントの配列の仕方とその時間変化を模式的に図8・4に示す．常磁性体とは違い，磁気モーメントの向きは時間によらず一定である．

強磁性体中に存在する一つの磁気双極子モーメントに着目し，これと同じ方向を向いて整列した他の磁気双極子モーメントの集団が，着目している磁気双極子モー

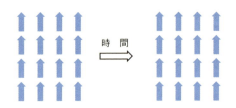

図 8・4 強磁性体における磁気モーメントの配列と、その時間変化

メントに対してそれを同じ方向に向けようとする力を及ぼすと仮定する．この力の大きさは磁気分極に比例すると考えてよい．そこで，(8・15)式で H を $H + wM$ に置換すれば強磁性体を記述する妥当なモデルが構築できるはずである．ここで w は正の比例定数である．このようなモデルを**ワイスの分子場近似**(Wiess' molecular field approximation)という．wM の項は内部磁場あるいは分子磁場とよばれる．この理論により，(8・19)式に対応する磁化率と温度の関係として，

$$\chi_m = \frac{Np_{eff}^2\mu_B^2}{3\mu_0 k_B(T-\theta)} \tag{8・23}$$

が導かれる．ただし，θ は，

$$\theta = \frac{Ng^2\mu_B^2 J(J+1)w}{3k_B} \tag{8・24}$$

で与えられる．(8・23)式を**キュリー-ワイスの法則**という．新たに導入されたパラメーター θ は**キュリー温度**(Curie temperature)とよばれる．(8・19)式と同様，(8・23)式は高温，低磁場の条件下で成り立つ．強磁性体では，温度が高くなると熱エネルギーが磁気双極子間の磁気的相互作用に打ち勝って，系は常磁性体へと変化する．強磁性から常磁性への変化(またはその逆の変化)が起こる温度がキュリー温度であり，キュリー温度における強磁性-常磁性間の転移は 2 次相転移である(2・1・2節参照)．したがって，(8・23)式はキュリー温度以上での磁化率の挙動を表現している．強磁性状態では磁化と温度の関係はキュリー温度の近くにおいて，

$$M \propto \left(1 - \frac{T}{\theta}\right)^\beta \tag{8・25}$$

で与えられることが知られている．分子場近似では，$\beta = 1/2$ となる．また，絶対零度において磁化は，

$$M_0 = Ng\mu_B J \tag{8・26}$$

で与えられる．キュリー温度を含む温度領域における磁化および磁化率と温度との関係を模式的に表すと，図8・5のようになる．キュリー温度以上では，磁化率の逆数が $T-\theta$ に比例する((8・23)式参照)．

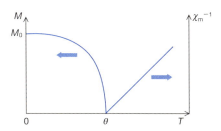

図8・5 **強磁性体における温度 T と磁化 M および磁化率 χ_m との関係**
θ はキュリー温度

強磁性体に対して外部から磁場を印加し，磁場と磁化あるいは磁気分極との関係を調べると，図7・4に示した強誘電体の電場と誘電分極の関係とまったく同様の図が得られる．これを模式的に図8・6に示す．図中の磁場と磁化の関係を表す曲線は**磁化曲線**(magnetization curve)とよばれ，強誘電体の場合と同じようにヒステリシスが現れる．強磁性体に磁場を加えていくと磁化は増加し，十分に強い磁場下では磁化は一定の値 M_s をとる．これを**飽和磁化**(saturation magnetization)という．続いて磁場を減少させゼロに戻しても，強磁性体内には磁化が残る．これを**残留磁化**(residual magnetization)という(図中の M_r)．さらに，磁化をゼロにするためには，始めと逆向きの磁場(図中の H_c)を加えなければならない．この磁場を**保磁力**あるいは**抗磁力**(coercive force)とよぶ．図8・6のような現象が見られるのは，強誘電体の場合(図7・4および図7・5)と同様，強磁性体が図8・7に模式的に示す

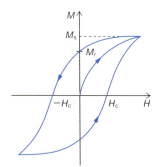

図8・6 **強磁性体における磁場 H と磁化 M の関係** M_s は飽和磁化，M_r は残留磁化，H_c は保磁力

ような構造をもつためである．強磁性体は**磁区**(magnetic domain)とよばれる領域からなり，各磁区において磁気双極子の向きはそろっており，大きな磁気分極(磁化)が生じているが，それらは互いに打ち消し合い，強磁性体全体ではゼロになる(図8・6の原点の状態)．異なる磁区の境界は**磁壁**(magnetic domain wall)とよばれる．磁場が加われば，磁壁が移動して異なる磁区に存在していた磁気分極は同じ方向(磁場の方向)を向いて安定化する．

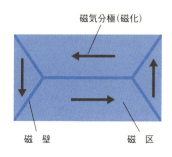

図8・7　強磁性体における磁区構造の模式図

実用的な磁性材料の特性を評価する場合には，磁場Hと磁束密度Bとの関係を用いることが多い．これを**B-H曲線**という．一般にB-H曲線における保磁力は磁化曲線の保磁力より小さい．ヒステリシスの形状は図8・8(a)に示すような保磁力が大きくループの面積が大きいものと，(b)のように保磁力が小さくB-H曲線が原点付近から鋭く立ち上がりループの面積が小さいものに大別される．前者のようなB-H曲線を描く磁性体を**硬磁性体**(hard magnet)，後者のヒステリシス曲線に対応する磁性体を**軟磁性体**(soft magnet)という．硬磁性体は永久磁石に利用される．軟磁性体には主に磁心材料としての用途がある．

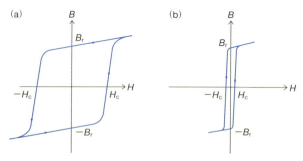

図8・8　硬磁性体(a)および軟磁性体(b)において観察されるB-H曲線
　　　B_rは残留磁束密度，H_cは保磁力

8・2・4 反強磁性とフェリ磁性

隣合った電気双極子モーメントが互いに逆向きに並んで誘電分極がゼロになる反強誘電体と同様に，磁気モーメントが互いに反対方向を向く配列が繰返されて磁化がゼロになる磁性体を**反強磁性体**(antiferromagnet)という(図8・9)．反強磁性体

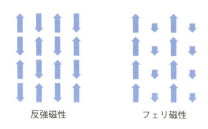

反強磁性　　　　フェリ磁性

図8・9　**反強磁性およびフェリ磁性における磁気モーメントの配列の模式図**

では，同じ方向を向いた磁気モーメントと逆方向を向いた磁気モーメントの集合に対してそれぞれ分子磁場を仮定し，強磁性で扱った方法と同じような取扱いを実行すれば，磁化率の温度依存性に対して(8・23)式と類似の関係が得られる．ただし，$\theta < 0$ である．反強磁性体では θ を**漸近キュリー温度**あるいは**ワイス温度**とよぶ．磁気モーメントが反平行に並ぶ構造は強磁性体と同じくエントロピーの低い状態であるから，温度が下がれば反強磁性秩序が現れる．高温では常磁性が安定であり，反強磁性-常磁性の変化は2次相転移となる．相転移の起こる温度を**ネール温度**(Néel temperature)という．反強磁性体に見られる磁化率と温度の関係を模式的に図8・10に示す．常磁性の領域では温度の低下とともに磁化率は増加するが，ネール温度以下では磁気モーメントが反平行にそろうため，外部磁場が磁気モーメントの向きに加えられている場合には磁化率は温度が低下すると減少する．外部磁場の

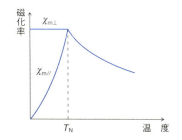

物　質	T_N (K)
Cr	308
MnO	120
NiO	520
MnS	152
MnF_2	68
$FeCl_2$	24

図8・10　**反強磁性体の磁化率と温度の関係**　T_N はネール温度．$\chi_{m\perp}$ および $\chi_{m//}$ は，外部磁場が磁気モーメントに対して垂直および平行な場合の磁化率．右は代表的な反強磁性体のネール温度

向きが磁気モーメントと垂直であれば，ネール温度以下では磁化率は温度によらず一定となる．

反強磁性体と同じように隣接する磁気モーメントを互いに反平行に並べる力が働いている場合でも，互いに逆向きの磁気モーメントの大きさや数が異なるときには，磁気モーメントの総和がゼロにならないため強磁性体と同様の大きな磁化が生じる．このような磁性を**フェリ磁性**(ferrimagnetism)という．実用的にも重要なフェライトのような酸化物結晶の強い磁化はフェリ磁性に基づくことが多い．フェリ磁性体における磁気モーメントの配列を模式的に図 8・9 に示した．強磁性体と同様，磁気モーメントの配列は時間が経過しても変化しない．

8・3 磁気秩序の機構

8・3・1 交換相互作用と超交換相互作用

磁気的な相互作用の一つに磁気双極子相互作用がある．これは一つの磁気モーメントがつくる磁場の影響を受けて，もう一つの磁気モーメントの向きが定まるというものである．強磁性体や反強磁性体において働く磁気的相互作用は単純な磁気双極子相互作用と比べると桁違いに大きいことが知られている．強磁性や反強磁性を担うのは共有結合の起源ともなる**交換相互作用**(exchange interaction)である．鉄のような金属の単体や合金の強磁性の場合，鉄原子の不対電子によってつくられる磁気モーメントが電子を交換し合って同じ向きにそろう．交換相互作用はワイスの理論で導入された分子磁場の起源であるとみなされる．ただし，金属の単体や合金のように容易に格子内を動き回る電子が存在する系では，局在化した電子が隣接する原子(陽イオン)間で交換されるという描像は厳密ではない．これに関しては，次節で議論する．

一方，酸化物やハロゲン化物の反強磁性体やフェリ磁性体では，不対電子をもつ遷移金属イオンや希土類イオンが不対電子のない酸化物イオンやハロゲン化物イオンを介して化学結合を形成しており，磁性イオン同士での電子の交換はそれらの間に存在する非磁性の陰イオンを通して間接的に行われる．このような相互作用を**超交換相互作用**(superexchange interaction)という．例として，酸化物結晶中で $Fe^{3+}-O^{2-}-Co^{2+}$ が一直線上に並んで化学結合をつくる場合を考えよう．実際に化学結合にあずかるのは，Fe^{3+} と Co^{2+} の 3d 軌道ならびに O^{2-} の 2p 軌道である．図 8・11 に，これらの軌道に存在する電子の状態をスピンの向きを考慮して示す．Fe^{3+} と O^{2-} の間の交換相互作用では，すべての準位が電子で占められている 2p

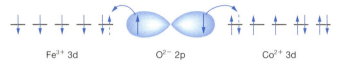

図8・11 直線状の $Fe^{3+}-O^{2-}-Co^{2+}$ 結合における超交換相互作用

軌道から，空の準位が存在する3d軌道へある確率で電子が飛び移る．このとき，2p軌道の上向きのスピンをもつ電子が移動するためには，パウリの排他律とフントの規則に従い Fe^{3+} の五つの3d軌道を占める電子のスピンは下向きでなければならない．O^{2-} の2p軌道に存在するもう一つの電子は，Co^{2+} の3d軌道の空の準位に飛び移ることができる．移動する電子のスピンは下向きであるから，空の軌道に下向きのスピンをもつ電子が収まるように Co^{2+} の他の3d電子の配置が決められなければならず，必然的に Co^{2+} の3d軌道では上向きのスピンをもつ電子が5個，下向きが2個と決まる．結果として Fe^{3+} の磁気モーメントと Co^{2+} の磁気モーメントは反平行になる．後述するように，実用的な酸化物磁性体の一つでもあるコバルトフェライト ($CoFe_2O_4$) ではこのような機構でフェリ磁性が現れる．磁気モーメントを互いに反平行にするような超交換相互作用を**負の超交換相互作用**という．これに対し，磁気モーメントが互いに平行に並ぶような相互作用は**正の超交換相互作用**とよばれる．

超交換相互作用の大きさと符号(強磁性的か反強磁性的か)は酸化物イオンを挟んだ二つの磁性イオンがなす結合角と磁性イオンの電子配置に依存する．符号に関しては，以下に示すような**金森-グッドイナフ則**(Kanamori-Goodenough rule)が知られている．たとえば，磁性イオンがd軌道に不対電子をもつ遷移金属イオンのとき，結合角が180°の場合，二つの遷移金属イオンが同種であれば相互作用は反強磁性的であり，一方のd電子が5個より多く，もう一方のd電子が5個より少ないような遷移金属イオンの組合わせであれば，強磁性的になる．結合角が90°の場合，d^5 の電子配置を除く同種の遷移金属イオン間には強磁性的な相互作用が働き，種類が異なる場合には相互作用は反強磁性的となる．また，結合角が90°の場合と比べて，180°の場合の方が，超交換相互作用は大きくなる．

8・3・2 金属と合金の強磁性

金属や合金は磁性体の代表例である．始めに，これらの常磁性について考えよう．6章で述べたように，金属や合金の電子構造はバンド理論とフェルミ-ディラッ

スピングラス

　強磁性体や反強磁性体では相転移の温度以下で磁気モーメントは規則正しく配列している．物質によっては，図1に示すように磁気モーメントが無秩序な方向を向いて固定される場合がある．熱エネルギーの影響を受けて磁気モーメントが不規則に運動している常磁性とは異なり，図1の場合には時間が経っても基本的に磁気モーメントの向きは変化しない．このような磁性体あるいは磁気的な相を**スピングラス**(spin glass)という．原子や分子の配列が無秩序な状態で固体となったものをガラスとよぶことになぞらえて，磁気モーメント(スピン)の無秩序な凍結を表現する術語となっている．

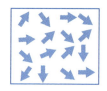 

図1　スピングラスにおける磁気モーメントの配列とその時間変化(模式的な図)

　スピングラスは最初，AuやCuのような常磁性の金属にFeやMnといった磁気モーメントが付随した原子を少量固溶させた合金で観察されたが，その後の研究でスピングラスとなる酸化物，カルコゲン化物，ハロゲン化物などが多く見いだされている．Au-Fe系のスピングラスではAu原子のつくる結晶格子中でFeの磁気モーメントが空間的に無秩序に分布している．局在化した磁気モーメントは伝導電子と相互作用することにより無秩序な配列の状態で凍結される．酸化物やハロゲン化物のスピングラスでは，たとえば $Rb_2Mn_{1-x}Cr_xCl_4$ のように種類の異なる磁気モーメントが存在し，それらが無秩序に分布しているものがある．このような磁性体では磁気モーメントの配列にフラストレーションが現れ，強磁性や反

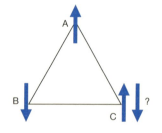

図2　三角格子上の磁気モーメント(矢印)の配列　隣接する磁気モーメント間に反強磁性的相互作用が働く場合，三つの磁気モーメントが互いに安定な相互作用を行う配列は存在せず，フラストレーションが生じる

8・3 磁気秩序の機構

コラム（つづき）

強磁性は安定な状態とはならない．たとえば，図2のように正三角形の頂点に磁気モーメントが存在し，相互作用が反強磁性的であるとすれば，三つのすべての磁気モーメントが安定に存在できるような状態が存在しない．いま，頂点AとBの磁気モーメントがそれぞれ上向きと下向きであると仮定すると（頂点AとBの間には反強磁性的相互作用が働いている），頂点Cの磁気モーメントは，上向きであっても下向きであっても，隣接する二つの磁気モーメントとの相互作用がともに反強磁性的になることはない．この状態をフラストレーションをもつと表現する．このような状況では磁気モーメントは互いに"妥協"し，磁気モーメントを傾けた状態で安定になろうとする．このため結晶格子全体では磁気モーメントの向きが無秩序になったスピングラス相が現れる．

スピングラスは磁性材料としての応用はほとんど見いだされていないが，スピングラスの理論的なモデルがニューラルネットワーク，最適化問題など，情報工学の分野に大きな波及効果をもたらしている．

ク統計によって記述される．金属に外から磁場が加えられている場合，(8・14)式から明らかなようにスピンの向きによって電子のエネルギーは異なる．図8・12に示すように，たとえば下向きのスピンをもつ電子のエネルギーが上向きの電子のスピンをもつエネルギーより低くなれば，一部の上向きスピンの電子が下向きに変わり，磁場下での系のエネルギーを低下させる．この結果，上向きスピンと下向きスピンの電子の数に違いが生じ，この差が磁化となって現れる．定量的な計算によると磁化率は一定の値となり，ほとんど温度に依存しない．この磁性を**パウリのスピン常磁性**という．アルカリ金属の常磁性は定性的にこの理論で説明できる．

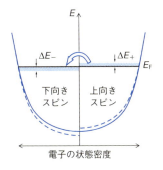

図8・12 **外部磁場が存在するときの金属の電子構造（破線）** 磁場がない状態（実線）と比べてたとえば下向きスピンのエネルギーが下がる．そうすると影の部分の電子が上向きスピンの状態から下向きスピンの状態へ移り，磁化が生じる

256　　　　　　　　　　　　8. 磁　性　体

　一方，強磁性の金属や合金では 8・2・3 節で述べた分子磁場が上向きスピンと下向きスピンの数に差をもたらすと考える．分子磁場は磁化 M に比例すると考え，分子磁場による電子のエネルギーを wM とおくと，分子磁場がない状態での電子のエネルギー E はつぎのように変化する．

$$E_\pm = E \pm wM \tag{8・27}$$

ただし，± は上向きスピンと下向きスピンに対応する．温度 T での電子の分布状態をフェルミ–ディラック分布によって表現し，上向きスピンと下向きスピンの総数の差が磁化を反映すると考える．上向きスピンと下向きスピンの電子の数は，それぞれつぎのように表される．

$$N_+ = \int_{-\infty}^{\infty} \frac{\rho(E)}{\exp[(E + wM - \mu)/k_\mathrm{B}T] + 1} \, \mathrm{d}E \tag{8・28}$$

$$N_- = \int_{-\infty}^{\infty} \frac{\rho(E)}{\exp[(E - wM - \mu)/k_\mathrm{B}T] + 1} \, \mathrm{d}E \tag{8・29}$$

ただし，$\rho(E)$ は一つのスピンをもつ電子の状態密度である．磁化は $N_- - N_+$ に比例する．一方，(8・28)式と(8・29)式からわかるように，それぞれのスピンをもつ電子の数は磁化に依存するから，自己無撞着(self-consistent)な結果となるように磁化を求める．金属の強磁性に対するこのようなアプローチを**ストーナー模型**(Stoner model)という．

　金属の単体のうち強磁性体となるものは第 4 周期の遷移元素である鉄，コバルト，ニッケルと，希土類元素のガドリニウム，テルビウム，ジスプロシウム，ホルミウム，エルビウム，ツリウムである．なかでも鉄，コバルト，およびニッケルは室温でも強磁性を示し，特にコバルトのキュリー温度は非常に高く 1388 K である．これら強磁性金属のなかで，ニッケルに対して行われた強磁性状態のバンド構造の計算結果を図 8・13 に示す．図の横軸はエネルギー，縦軸は状態密度であって，上側が下向きスピンの電子，下側が上向きスピンの電子に対応する．下向きスピンの状態密度が低エネルギー側にシフトしており，自発磁化をつくり出している．Ni 1 原子あたりの磁気双極子モーメントの計算値はボーア磁子単位で 0.62 であって，実験値として得られる 0.606 とよく一致している．

　第 4 周期の遷移元素からなる合金について，3d 軌道と 4s 軌道に存在する電子の数の平均値に対して原子 1 個あたりの磁気双極子モーメントをプロットすると，図 8・14 に示すようにデータは合金の種類によらず，おおよそ一つの曲線上にのる．図 8・14 に描かれている曲線を**スレーター–ポーリング曲線**(Slater-Pauling curve)

8・3 磁気秩序の機構

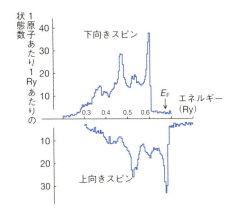

図8・13 **ニッケルの強磁性状態について計算された電子の状態密度** 下向きスピンと上向きスピンについて示されている。E_F はフェルミ・エネルギーである。また、エネルギーの単位として、1 Ry(リュードベリ)= 13.6 eV = $2.18×10^{-18}$ J を用いている

という。この現象は、d 軌道がつくるバンドの状態密度曲線が、合金の組成が変わってもあまり変化しないことを意味する。たとえば Ni では d 軌道に上向きスピンの電子が 4.4 個、下向きスピンの電子が 5 個入って、原子 1 個あたりの磁気双極子モーメントが 0.6 μ_B となる(図 8・14 参照)。これに Cu が加えられると上向きスピンの軌道が埋められていき、Ni 40% および Cu 60% の組成ですべての d 軌道が電子で満たされ、磁気双極子モーメントはゼロになる。また、Fe-Co の系では、Fe の d 軌道において上向きスピンが 2.4 個、下向きスピンが 4.6 個存在して 2.2 μ_B の磁気双極子モーメントをつくっており、Co が添加されると最初は下向きスピンの準位が占められるため磁気双極子モーメントが増加していき、添加量がある濃度

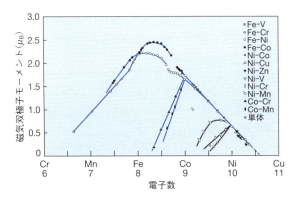

図8・14 **スレーター–ポーリング曲線** 縦軸の磁気双極子モーメントは 1 原子あたりボーア磁子単位での値

量子スピン系

8・2・3節などで述べたように，磁性体では一般に温度が下がれば熱による磁気モーメントの動きは抑えられ，強磁性や反強磁性といった秩序構造が熱力学的に有利となる．しかし，反強磁性的相互作用が働く1次元系や，隣接する磁気モーメントが強い反強磁性的カップリングによりダイマー(二量体)を生じる系などでは，極低温になると量子ゆらぎ(ハイゼンベルクの不確定性原理)の結果，基底状態において磁気モーメントが秩序構造，すなわち，反強磁性相を形成せず，スピン一重項の非磁性状態となる．また，基底状態と励起状態の間にスピンギャップとよばれるエネルギーギャップが生じる．このような磁性体は**量子スピン系**(quantum spin system)とよばれ，巨視的な磁性にも特徴的な挙動が現れる．たとえば，磁場と磁化の関係には，模式的に図1に示したようにプラトー(磁場が変化しても磁化が一定な領域)が見られる．これは磁化の量子化を反映した現象である．量子スピン系とみなされる具体的な化合物として，$KCuCl_3$，$CsFeF_3$，

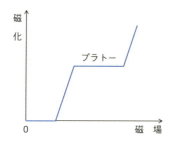

図1 量子スピン系に現れるスピンギャップ

$Ba_3Mn_2O_8$，$Ni(C_2H_8N_2)_2NO_2(ClO_4)$ などが知られている．特に，スピンが整数の1次元系におけるスピンギャップは，その存在を理論的に予言した物理学者の名を冠して**ハルデンギャップ**(Haldane gap)とよばれる．ハルデンは，2次元スピン系における長距離相関のない相転移である**コスタリッツ-サウレス転移**(Kosterlitz-Thouless transition)を発見したコスタリッツ，サウレスとともに2016年にノーベル物理学賞を受けた．サウレスはスピングラスの理論でも多くの研究成果をあげた物理学者である．

一方，本章のコラム「スピングラス」でもふれたフラストレーションのある系では，上記の系と同様に磁気モーメントの秩序構造は形成されにくい．そのため量子効果が優位になると極低温でも磁気秩序が現れない可能性があることが，理論的に指摘されている．これを**量子スピン液体**(quantum spin liquid)，あるいは単に**スピン液体**という．表1に示したように，原子・分子の集合状態がつくる相

コラム（つづき）

である気体，液体，固体(結晶)，ガラス状態には，それぞれ，スピンの集合状態である常磁性，量子スピン液体，強磁性などの秩序磁性，スピングラスが対応することになる．図2のような正六角形が並んだ蜂の巣状の2次元格子に$S=1/2$のスピンが置かれた系は量子スピン液体状態となることが理論的に示されている．これは，モデルを提唱した物理学者の名をとって**キタエフ模型**(Kitaev model)とよばれている．

図2　キタエフ模型の2次元蜂の巣格子　量子スピン液体状態が理論的に予想されている

表1　原子・分子系とスピン系の巨視的な挙動の類似性

原子・分子	スピン
気体	常磁性
固体(結晶)	強磁性・反強磁性・フェリ磁性
ガラス状態	スピングラス
液体	量子スピン液体

を超えると上向きスピンの軌道が占められるようになるため磁気双極子モーメントは減少する．

8・4　さまざまな磁性体と磁性材料
8・4・1　金属と合金の磁性材料

金属や合金は磁性材料としてさまざまな分野で実用化されている．ここでは，永久磁石，軟磁性材料，巨大磁気抵抗を示す材料にふれる．

a. 永久磁石(permanent magnet)

永久磁石の性能は B-H 曲線におけるヒステリシスループの面積で評価される．図 8・15 に示す B-H 曲線の第2象限における部分を**減磁曲線**(demagnetization curve)とよび，この曲線上の点に対応する磁場 H と磁束密度 B の積を**エネルギー積**あるいは **BH 積**という．減磁曲線において，保磁力に相当する点を X，残留磁束密度に対応する点を Y とおき，これらと原点を結ぶ線分 OX，OY でできる長方形 OYZX の対角線 OZ と B-H 曲線との交点を Q とすると，点 Q におけるエネルギー積がこの曲線上のあらゆる点のなかで最も大きくなる．これを**最大エネルギー積**といい，$(BH)_{max}$ と書く．永久磁石の性能は $(BH)_{max}$ で評価される．

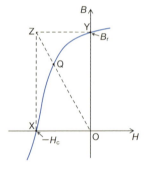

図8・15 *B-H* 曲線における最大エネルギー積 $(BH)_{max}$ を与える点 Q　図8・8も参照

永久磁石として古くは本多光太郎らが発明したKS鋼(Fe-Co-W系合金)やFe-Co-Ni-Al-Cu系合金に基づくアルニコ(Alnico)磁石などが有名であり，1970年代に入ると$SmCo_5$やSm_2Co_{17}などSm-Co系合金磁石が広汎に用いられるようになった．$SmCo_5$結晶では，SmとCoの磁気モーメントが平行に並ぶため高磁化が得られる．また，結晶構造の異方性のために磁化は特定の方向を向きやすくなっている．このように，方向によって磁化の向きやすさが異なる現象を**磁気異方性**(magnetic anisotropy)という．すなわち，$SmCo_5$結晶では磁気異方性が大きいため保磁力も大きくなり，最大エネルギー積の大きな硬磁性体となる．$(BH)_{max}$に対応する単位体積あたりのエネルギーを比較すると，KS鋼で$4.0 kJ m^{-3}$，アルニコで$20 kJ m^{-3}$，$SmCo_5$で$100 kJ m^{-3}$などとなっている．さらに，1984年に見いだされた新規な金属間化合物$Nd_2Fe_{14}B$を基本とする永久磁石は，$SmCo_5$と比較すると最大エネルギー積が2倍も大きい．$SmCo_5$と$Nd_2Fe_{14}B$の結晶構造を図8・16に示す．いずれも結晶構造の異方性に基づく磁気異方性のために保磁力が大きく，硬磁性材料とし

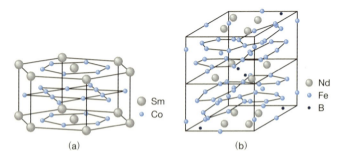

図8・16　$SmCo_5$(a)と$Nd_2Fe_{14}B$(b)の結晶構造

8・4 さまざまな磁性体と磁性材料

てすぐれた特性を示す。$Nd_2Fe_{14}B$ 結晶の発見ののち，Sm-Fe-N 系など新たな磁性体も合成されている．

b. 軟磁性材料

透磁率が高く保磁力の小さい強磁性材料を**軟磁性材料**という．これは主として変圧器や発電機などの磁心材料として利用される．Fe-Si 系，Fe-Ni 系，Fe-Co 系などの合金が知られている．Fe-Si 系では Fe に 3～4 wt％の Si が添加された合金が実用化されている．特に結晶粒子の向きをそろえて磁化しやすくしたものは方向性ケイ素鋼とよばれ，変圧器の鉄心などに用いられる．Fe-Ni 系では 78.5 wt％の Ni と 21.5wt％の Fe とからなる合金であるパーマロイ（Permally）や，79 wt％の Ni，16 wt％の Fe，5 wt％の Mo からなるスーパーマロイ（Supermalloy）が有名である．いずれも透磁率が高く，保磁力の小さい典型的な軟磁性材料である．たとえば，パーマロイの保磁力は 4 A m^{-1}，スーパーマロイの保磁力は 0.16 A m^{-1} である．これらの値は，KS 鋼の保磁力（2×10^4 A m^{-1}）や $SmCo_5$ の保磁力（7.9×10^5 A m^{-1}）と好対照である．なお，Fe-Ni 系にはインバー合金が存在する．これは熱膨張が極端に小さい合金で，発見者のギョーム（Guillaume）は 1920 年にノーベル物理学賞を受賞している．Fe-Ni 系合金は Fe が多い組成では体心立方構造をとり，Ni が多い組成では面心立方構造となる．インバー合金は結晶構造の変わる境界に近い 35 wt％ Ni-65 wt％ Fe の組成をもつ．図 8・14 のスレーター-ポーリング曲線からもわかるように，この組成で合金の磁化は減少し，同時にキュリー温度も急激に低下する．このような磁性の大きな変化とともに膨張率が極端に小さくなる．磁性と熱膨張の特異的な変化に関する微視的な機構はインバー問題とよばれ，バンド構造やスピンの状態に基づく考察が試みられている．

以上は結晶の合金に関係する事項であるが，結晶とは異なり原子配列の長範囲秩序と並進対称性が欠如した非晶質合金も軟磁性材料として知られている．特に Fe，

表 8・2　いくつかの強磁性非晶質合金の保磁力と比透磁率
（交流磁場の周波数: 1 kHz）

非晶質合金	保磁力 (A m^{-1})	比透磁率
$Co_{70.3}Fe_{4.7}Si_{15}B_{10}$	0.5	8500
$Co_{65.7}Fe_{4.3}Si_{17}B_{13}$	0.5	55000
$Co_{61.6}Fe_{4.2}Ni_{4.2}Si_{10}B_{20}$	0.2	120000
$Co_{70}Mn_6B_{24}$	0.4	26000
$Co_{81.5}Mo_{9.5}Zr_{9.0}$	0.2	21000

Co, Niを基本とする非晶質合金は結晶と同様の強磁性体となり、キュリー温度も高い。結晶(多結晶)と比較すると、非晶質合金は理想的には均質な構造をもっているため、軟磁性の特性にすぐれている。また、電気抵抗が比較的高いため、高周波用の磁心などに適している。表8・2にいくつかの非晶質合金の保磁力と比透磁率(交流磁場の周波数が1kHzでの値)を掲げておく。軟磁性の応用の観点からすれば、上記のパーマロイに匹敵する非晶質合金も存在する。

c. 巨大磁気抵抗

金属の複合材料の強磁性と電気伝導にかかわる興味深い現象にふれておこう。外部磁場の印加によって電気抵抗が変化する現象を**磁気抵抗効果**(magnetoresistance)という。特に電気抵抗の変化が大きい場合を**巨大磁気抵抗**(giant magnetoresistance)といい、GMRと略称する。室温でのGMRは、1988年にFeとCrの薄膜が交互に貼り合わされた多層膜で見いだされた。GMRを示す多層膜は強磁性と常磁性の金属薄膜、あるいは強磁性と反強磁性の金属薄膜からなる。また、常磁性あるいは反強磁性の金属のマトリックスに強磁性金属の微粒子を分散させたグラニュラー磁性体とよばれる材料においてもGMRが見られる。強磁性と常磁性の金属薄膜からなる多層膜を例にとって、GMRの機構を説明しよう。薄膜の内部に存在する電子とスピンの状態を模式的に図8・17に示す。各層の厚さを制御して、外部磁場がなければ強磁性金属の各層の磁化は互いに逆向きとなる状態としておく。薄膜の面に平行に外部磁場が印加された状態ではすべての強磁性層の磁化が外部磁場と

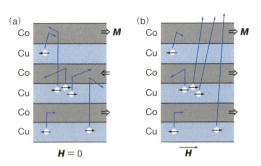

図8・17 強磁性金属と常磁性金属の多層膜における巨大磁気抵抗(GMR)
ここではコバルト(強磁性体)と銅(常磁性体)からなる多層膜を例として示す。白丸は伝導電子で小さい矢印は電子のスピンがつくる磁気モーメントを表す。(a)は外部磁場 $H=0$ の場合、(b)は H が存在するときで、後者ではコバルト層に存在する磁化 M の向きがそろう。(b)では磁化と同じ方向を向いた磁気モーメントをもつ電子が散乱されずに伝導する

同じ方向を向いて安定化する．電子が薄膜の界面を横切って伝導するとき，強磁性層の磁化をつくる電子のスピンと同じ向きのスピンをもつ伝導電子は，逆向きのスピンをもつ伝導電子より散乱されにくくなる．これはパウリの排他律により同じ向きのスピンをもつ電子同士は近づきにくいためである．この結果，外部磁場の印加により電気抵抗は劇的に減少し，GMRが観察される．GMRを示す材料ではわずかな磁場の変化で電気抵抗が大きく変化するため，微量の磁場の検出が可能である．GMR材料を記録再生用磁気ヘッドとする高密度磁気記録システムへの応用が図られている．

　GMR素子では電子のスピンの状態に応じて電気伝導率が変化することを利用している．このように電子の電荷のみならずスピンの自由度も考慮して電気信号を制御するようなデバイスやシステムを構築する工学の分野を**スピントロニクス**(spintronics)という．これはスピンとエレクトロニクスを組合わせた造語である．GMRとよく似たスピントロニクスデバイスにTMR素子がある．これは図8・18(a)のように磁化の向きが固定された強磁性体と，外部磁場によって磁化の向きを自由に変えられる強磁性体とからなり，両者の間には薄い絶縁体層があって，電子はトンネル効果で強磁性体金属間を移動できる．GMRの場合と同様，二つの強磁性体層の磁化の向きが同じであれば電気抵抗は小さく，磁化が逆向きであれば電気抵抗は大きくなる．これを**トンネル磁気抵抗効果**(tunneling magnetoresistive effect, TMR)という．強磁性体は磁気ヒステリシスを示すため，図8・18(b)に示すように，外部磁場がゼロのとき2種類の磁化の状態が存在しうる．これを記録材料に応用すれば，電源を切っても記録が失われない不揮発性メモリーが実現できる．こ

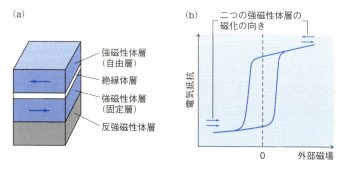

図8・18　トンネル磁気抵抗効果を利用したTMR素子の構造(a)と動作原理(b)
自由層の磁化の向きに応じて，高抵抗状態と低抵抗状態が現れる

れは，パーソナルコンピューターで使われてきた揮発性の DRAM(dynamic random access memory)に変わるもので，MRAM(magnetoresistive random access memory)とよばれる.

スピントロニクスでは，このほかゲート電圧によってスピンを制御することで電流の大きさを変えるスピン電界効果トランジスター(スピン FET)が考案されている．ここではソースとドレインをいずれも強磁性金属としておき，いずれの磁化も同じ向きとしておけば，磁化と反対方向の向きのスピンをもつ電子のみが流れやすくなる．そこで，半導体(たとえば，GaAs)に磁化と逆向きのスピンをソース電極から注入し，ドレイン電極まで移動する間にゲート電圧でスピンの向きを変えると(スピン–軌道相互作用を利用する)，電子の移動は妨げられる．スピン FET ではこのような原理で電流の大きさを制御できる.

8・4・2　酸化物結晶の磁性

酸化物結晶には基礎的にも実用的にも重要な磁性体が多く存在する．特に酸化鉄を基本とする化合物のフェライト(ferrite)は興味深い磁気構造や磁性をもつばかりではなく，さまざまな分野で実用化されている．フェライトは，結晶構造の違いに基づいて，スピネル型フェライト，マグネトプランバイト型フェライト，ガーネット型フェライトの3種類に分けられる.

スピネル型フェライトは1・5・3節で説明したスピネル型構造をもつ結晶で，組成は MFe_2O_4 で表される．M は2価の陽イオンで，Mg, Mn, Fe, Co, Ni, Cu, Zn, Cd などが知られている．$ZnFe_2O_4$ と $CdFe_2O_4$ が正スピネル型構造をとり，他のスピネル型フェライトには逆スピネル型構造が見られるが，四面体間隙の Fe^{3+} と八面体間隙の Fe^{3+} の数の比が完全に1:1になっていない場合も多い．$ZnFe_2O_4$ と $CdFe_2O_4$ では八面体間隙の Fe^{3+} イオン間に酸化物イオンを介した負の超交換相互作用が働くため，反強磁性体となる．$ZnFe_2O_4$ のネール温度は約 10 K である．M^{2+} の磁気モーメントがゼロではない MFe_2O_4(M は Mn, Fe, Co, Ni, Cu)では四面体間隙の磁気モーメントと八面体間隙の磁気モーメントが負の超交換相互作用のために反平行に並ぶが(図 8・19)，八面体間隙と四面体間隙で磁気双極子の数や磁気モーメントの大きさが異なるため，フェリ磁性が現れる．$MgFe_2O_4$ 結晶では Mg^{2+} は磁気モーメントをもたないが，四面体間隙と八面体間隙の Fe^{3+} の数が互いに等しくないため，やはりこの結晶もフェリ磁性体となる．逆スピネル型構造のフェライトでは四面体間隙と八面体間隙の磁気双極子同士の超交換相互作用が強い

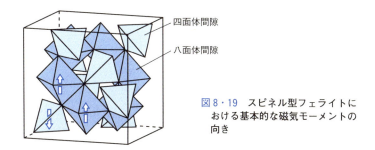

図8·19 スピネル型フェライトにおける基本的な磁気モーメントの向き

ため,フェリ磁性の秩序は高温まで安定であり,室温でも強い磁化が現れる.

MFe_2O_4(M は Mg, Mn, Fe, Co, Ni)に $ZnFe_2O_4$ が固溶すると,$ZnFe_2O_4$ が低温にネール温度をもつ反強磁性体であるにもかかわらず,固溶体の磁化は MFe_2O_4 と比較して大きくなる.例として $CoFe_2O_4$ に $ZnFe_2O_4$ が固溶する場合を考えよう.$CoFe_2O_4$ は完全な逆スピネル型構造をとると仮定する.$CoFe_2O_4$ において Co^{2+} と Fe^{3+} が 1:1 の割合で存在している八面体間隙の磁気双極子モーメントと Fe^{3+} のみが存在する四面体間隙の磁気双極子モーメントとの差が結晶全体の磁気双極子モーメントとなり,(8·26)式より絶対零度における Co^{2+} 1個あたりの磁気双極子モーメントは $3\mu_B$,Fe^{3+} 1個あたりでは $5\mu_B$ であるから,1組成式あたりの $CoFe_2O_4$ に対して磁気双極子モーメントは,

$$\mu = (3\mu_B + 5\mu_B) - 5\mu_B = 3\mu_B \quad (8·30)$$

と計算できる.$CoFe_2O_4$ に $ZnFe_2O_4$ が固溶すると,構造中にもち込まれる Zn^{2+} は四面体間隙を占め Fe^{3+} は八面体間隙に入るので,固溶量を x としたときの磁気双極子モーメントは,

$$\mu = [3\mu_B(1-x) + 5\mu_B(1+x)] - 5\mu_B(1-x) = (3+7x)\mu_B \quad (8·31)$$

で与えられる.すなわち,フェリ磁性の $CoFe_2O_4$ に反強磁性の $ZnFe_2O_4$ が固溶するとむしろ磁化が増加する.このような挙動は $CoFe_2O_4$ 以外のスピネル型フェライトにおいても見られ,$ZnFe_2O_4$ の固溶量が少ない組成領域では $ZnFe_2O_4$ の固溶量に比例して磁化が増加する.$ZnFe_2O_4$ の固溶量が多くなると,四面体間隙における Zn^{2+}(磁気双極子モーメントがゼロ)の割合が増す.すると,八面体間隙と四面体間隙の磁気双極子モーメント間に強い負の超交換相互作用が働くという,(8·31)式を導く際の仮定が成り立たなくなるので,実測値は(8·31)式で予想される直線の値よりも小さくなる.

Fe_3O_4 は磁鉄鉱(マグネタイト)の主成分で,組成を $Fe^{2+}Fe_2^{3+}O_4$ と書くことがで

き，逆スピネル型構造をとるため八面体間隙には Fe^{2+} と Fe^{3+} が存在する．Fe^{2+} は Fe^{3+} が電子を1個捕獲した状態とも考えることができ，この電子は Fe^{3+} の位置に移ることができるので，形式的には，

$$Fe^{2+}(Fe^{3+} + e^-) + Fe^{3+} \longrightarrow Fe^{3+} + Fe^{2+}(Fe^{3+} + e^-) \quad (8・32)$$

のような機構で電子の移動が起こり，高い電気伝導率が観察される．室温での電気伝導率は約 $2.5\times10^4\,\mathrm{S\,m^{-1}}$ である．温度を下げると，電気伝導率は 125 K 付近より低温で急激に減少する．この電気伝導率の急激な変化を**フェルベー転移**(Verwey transition) という．転移温度より高温側では電子の移動が活発で，八面体間隙に存在する鉄イオンの平均の価数が +2.5 となっているのに対し，転移温度以下では電子が Fe^{2+} の位置に局在化するというモデルが提案されている．このようにフェルベー転移は電子の分布に関する一種の秩序–無秩序転移であると考えられている．

一方，マグネトプランバイト型フェライトには $BaFe_{12}O_{19}$，$SrFe_{12}O_{19}$ および $PbFe_{12}O_{19}$ などがある．イオン半径の大きい2価の陽イオンを含むことが特徴で，図 8・20 に示すように結晶構造中で Ba^{2+}，Sr^{2+}，Pb^{2+} は酸化物イオンを置換する形で存在する．Fe^{3+} は四面体間隙，八面体間隙に加えて酸素5配位の三方両錐の位置を占める．これらの位置の Fe^{3+} イオン間の超交換相互作用によりフェリ磁性が現れ，絶対零度で1組成式あたりの磁気双極子モーメントは $20\,\mu_B$ と大きな値になる．結晶構造の異方性のために，磁化は c 軸方向に向きやすい磁気異方性を示す．この磁気異方性のためマグネトプランバイト型フェライトは硬磁性体となるので，永久磁石として実用化されている．

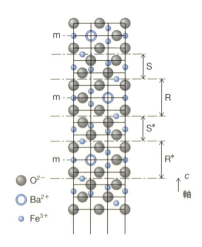

図 8・20 マグネトプランバイト型フェライトの結晶構造 ここでは $BaFe_{12}O_{19}$ の構造を示す．Sは Fe^{3+} のみを含む層，Rは Fe^{3+} と Ba^{2+} を含む層，S* と R* はそれらをそれぞれ c 軸のまわりに 180°回転した層である．m は鏡映面である．結晶構造は c 軸方向に異方性をもつ

8・4 さまざまな磁性体と磁性材料

ガーネット型フェライトはガーネット型構造をもち，$R_3Fe_5O_{12}$（R はおもに 3 価の希土類元素）で表される．結晶構造は図 1・29 に示したとおりで，単位胞中に 96 個の酸化物イオンが含まれ，陽イオンが入る位置として，24 個の四面体位置，16 個の八面体位置，および 24 個の十二面体位置（酸素 8 配位）がある．四面体位置と八面体位置を Fe^{3+} が占め，イオン半径の大きな希土類イオンが十二面体位置に入る．Fe^{3+} が中心に存在する酸素の四面体と八面体が頂点を共有して交互に連結する．

希土類イオンでは磁性の起源となる 4f 電子が内殻に存在するので，超交換相互作用が小さい．このため高温では Fe^{3+} イオン間に働く超交換相互作用が支配的となり，四面体位置と八面体位置の Fe^{3+} の磁気双極子モーメントが互いに逆向きになる．両者の位置に存在する磁気双極子モーメントの数が異なるので磁気分極が生じる．低温では希土類イオンの 4f 電子が関係する超交換相互作用が出現し，四面体位置と八面体位置の Fe^{3+} の数の差として生じる磁気双極子モーメントと希土類イオンの磁気双極子モーメントが超交換相互作用により反平行に並ぶ．この状況では，希土類イオンの磁気双極子モーメントの方が Fe^{3+} より数が多く，また磁気双極子モーメントの大きさでも希土類イオンが勝っている場合が多いので，磁気分極は希土類イオンの磁気双極子モーメントの方向を向く．このため，図 8・21 に示すように高温での磁気分極の向きが低温で逆転するような現象が起こる．磁気分極の向きが逆転する温度は"補償温度"とよばれる．

酸化物結晶に現れる強い磁化はフェライトに見られるようなフェリ磁性の結果である場合が多いが，磁気モーメントの配列が平行になり強磁性を示す酸化物結晶も少なからず存在する．強磁性体となる酸化物結晶の例をキュリー温度ならびに結晶

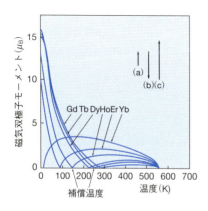

図 8・21 ガーネット型フェライト $R_3Fe_5O_{12}$（R は 3 価の希土類）の磁気分極と温度の関係　希土類の種類は図中に示されている．各曲線で磁気分極がゼロとなる温度は補償温度とよばれる．図中，右上の三つの矢印は八面体位置(a)，四面体位置(b)，および十二面体位置(c)の磁気双極子モーメントの向きと大きさを表す．組成式あたりで考えると(a)には 2 個の Fe^{3+}，(b)には 3 個の Fe^{3+}，(c)には 3 個の R^{3+} が入る

構造とあわせて表8・3に示す．ペロブスカイト型構造をとる(La, Sr)MnO₃ および (La, Sr)CoO₃ では固溶体をつくることによって強磁性が現れ，キュリー温度は固溶

表8・3 強磁性体となる酸化物結晶の組成，結晶構造およびキュリー温度

結晶組成	結晶構造	キュリー温度(K)
BiMnO₃	ペロブスカイト	103
BaFeO₃	ペロブスカイト	260
(La, Sr)MnO₃	ペロブスカイト	*
(La, Sr)CoO₃	ペロブスカイト	*
EuO	塩化ナトリウム	69
CrO₂	ルチル	399

＊ これらの酸化物ではキュリー温度が固溶体の組成に応じて変化する．

体の組成に応じて変化する．たとえば，$La_{1-x}Sr_xMnO_3$ において $0.2 < x < 0.3$ の組成範囲でキュリー温度は 47 ℃ から 97 ℃ までの値をとる．LaMnO₃ では Mn^{3+} の電子は局在化して $3d^4$ の電子状態に対応する磁気モーメントを生じ，それらの負の超交換相互作用によって反強磁性が安定となっているが，La^{3+} が Sr^{2+} で置換されると電荷補償のために Mn^{3+} に正孔が注入され，これが図8・22 に模式的に示すように Mn^{3+} と Mn^{4+} の磁気モーメントを平行にそろえながら両イオン間を移動するため強磁性秩序がつくられる．このような機構を**二重交換相互作用**(double exchange interaction)という．したがって，(La, Sr)MnO₃ では強磁性と電気伝導とに相関があり，キュリー温度の近くで結晶に外部磁場を加えると磁場によってスピンが平行にそろうため電気伝導率が増加する．いい換えると，この結晶は負の磁気抵抗効果を示す．(La, Ca)MnO₃ および (La, Ba)MnO₃ でも同じような現象が観察される．また，(La, Sr)MnO₃ 結晶には菱面体晶と直方晶が存在し，$La_{0.830}Sr_{0.170}MnO_3$ 組成で

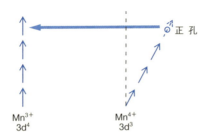

図8・22 Mn^{3+} と Mn^{4+} の二重交換相互作用

はキュリー温度付近において直方晶の方がわずかに低い自由エネルギーをもつ．一方で，結晶構造の相違が原因となって磁化は菱面体晶において大きくなる．すなわち，磁場の存在下では，磁気エネルギーの分だけ菱面体晶の自由エネルギーが低くなる．このため，直方晶-菱面体晶間の相転移が磁場によって誘起されるという興味深い現象が観察される．同じペロブスカイト型構造をもつ $(Ca, Pr)MnO_3$ は極低温において荷電担体が規則的に配列するため絶縁体となるが，外部磁場を印加すると電気抵抗が劇的に減少する．たとえば液体ヘリウムの沸点付近では 3 T の外部磁場によって電気抵抗が 10 桁も変化する．このような現象は**超巨大磁気抵抗**(colossal magnetoresistance，CMR)とよばれる．

表 8・3 の他の酸化物についても概観しておこう．$BiMnO_3$ および $BaFeO_3$ では，遷移金属イオン間に正の超交換相互作用が働くことによって強磁性が出現する．CrO_2 はルチル型構造をとる強磁性体であり，キュリー温度が比較的高いため磁気記録媒体として利用される．EuO は塩化ナトリウム型構造の結晶で，強磁性体であると同時に半導体の性質を備えているため**磁性半導体**(magnetic semiconductor)とよばれる．伝導電子が Eu^{2+} の局在化した $4f^7$ 状態の電子と磁気的に相互作用して，局在化した電子のスピンの向きをそろえながら動き回るため強磁性が現れる．この状態は**磁気ポーラロン**(あるいは**磁性ポーラロン**，magnetic polaron)とよばれる．EuO を Gd^{3+} でドープすると電荷補償のために同時に電子が注入され，生成する磁気ポーラロンの数が増えるので，キュリー温度が上昇する．たとえば 2% の Gd^{3+} が固溶した EuO のキュリー温度は約 140 K である．

8・4・3 有 機 磁 性 体

有機磁性体(organic magnet)の概念が提唱され，実際の物質の合成に関する研究が始まったのは，無機物質の磁性の研究と比較するまでもなく，最近のことである．有機磁性体，特に有機強磁性体を作製するうえで考慮すべき重要な点は主として二つある．一つは不対電子をもつ安定な分子の合成であり，もう一つはその分子からなる結晶における不対電子の強磁性的な配列の実現である．最も難しいのは，有機分子の構造を支配する共有結合において分子軌道にスピンの向きの異なる電子が 1 個ずつ入る状態(つまり，一重項状態)がエネルギー的に安定になることである．加えて，ラジカルのように不対電子をもつ安定な分子が合成できたとしても，そのスピンを互いに平行に並べることも容易ではない．さらに，強磁性的相互作用を十分に大きくしてキュリー温度を室温以上にもつ有機磁性体をつくるためには，

さまざまな工夫が必要であることは想像に難くない．

　有機分子からなる固体において強磁性的なスピンの配列を実現する方法として，つぎのような機構が提案されている．一つは不対電子をもつ基がそれに化学結合した原子にある確率で不対電子を誘起し，この相互作用が隣接する原子の間を順に伝わり，最終的に隣の分子の不対電子と相互作用して，互いの分子の不対電子を強磁性的にそろえる機構である．たとえば，TEMPO ラジカル(2,2,6,6-tetramethyl-1-piperidinyloxyl)に見られる分子間の磁気的相互作用は模式的に図 8・23 のようになる．不対電子は NO 基に存在し，これが隣接する炭素原子や水素原子に不対電子を誘起して分子の磁気モーメントの向きをそろえる．もう一つの機構は電荷移動錯体(6・4・5 節参照)の生成を利用して，固体中の分子がもつ不対電子のスピンの向きをそろえるというものである．たとえば電子供与体 D の電子の配列が図 8・24(a)のように一重項状態をつくっていれば，生じる電荷移動錯体も一重項状態となって強磁性は現れないが，図 8・24(b)や(c)のように電子供与体あるいは電子受

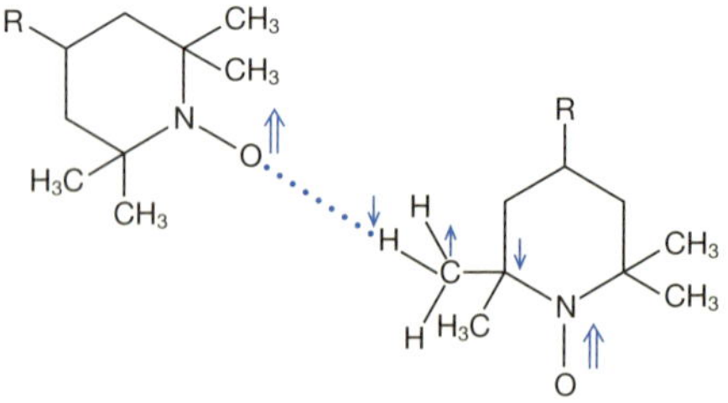

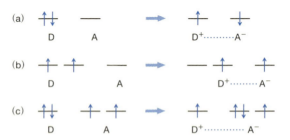

図 8・23　**TEMPO ラジカルの強磁性的相互作用**　不対電子は NO 基に存在する

図 8・24　**電荷移動錯体における強磁性発現の機構**　D は電子供与体，A は電子受容体．(a)では強磁性は発生しないが，(b)と(c)では強磁性が発現しうる

8・4 さまざまな磁性体と磁性材料

容体Aが三重項状態をつくっていれば，生成する電荷移動錯体は強磁性体となりうる．この場合，電荷移動錯体において化学結合が形成されると同時にスピンの向きがそろう．

表8・4にいくつかの有機強磁性体の例をキュリー温度の値および発見された年とともに示す．これらはいずれも 1990 年以降に見いだされている．化合物 *1* は最も古い有機強磁性体の一つであるが，キュリー温度は 0.65 K と非常に低い．化合物 *2* では，飽和磁化は小さいもののスピンの一部が 300 K を超えても強磁性的に配列している．化合物 *3* は比較的高いキュリー温度をもつ有機磁性体である．近年では，磁性の光スイッチングや磁性と導電性などの複合的な機能をもつさまざまな有機磁性体の開発が進められている．たとえば，遷移金属イオンの低スピン状態と高スピン状態が入れ替わる“スピンクロスオーバー”現象を利用して，光をあてると常磁性から強磁性に変化する分子性錯体が見いだされている．二つのスピン状態のエネルギーが接近するとスピンクロスオーバーが起こりやすくなり，配位子に有機分子を用いるとエネルギー差の制御が容易になることが知られている．

表8・4　いくつかの有機強磁性体　キュリー温度と発見された年も示す

化 合 物	キュリー温度 (K)	年
1	0.65	1991
2 M = N(CH₃)₄, Cs R = H, F	>300	1995〜1996
3 hfac: ヘキサフルオロアセチルアセトナト	46	1996

9

超　伝　導

　　超伝導(superconductivity)は固体の電気抵抗がゼロとなり，いったん流れ出した電流が減衰することなく永久に流れ続ける現象である．1911 年に水銀において初めて超伝導が見いだされてから，現象の理論的解明，超伝導を示す新しい物質の探索，エレクトロニクスやエネルギー産業への応用などが活発に研究され，いまだ常にエポックメーキングな話題を提供し続けている．特に 1986 年に発見された銅酸化物系の高温超伝導体は，物理学，化学，材料科学，エレクトロニクスなどさまざまな分野に大きなインパクトを与えた．この章では，超伝導に関する一般的な事項を説明したあと，超伝導を示す物質をその特徴をまじえて紹介する．

9・1　超 伝 導 現 象

9・1・1　電気抵抗の温度依存性

　　超伝導は電気伝導の一つと考えることができるが，オームの法則((6・4)式)が成り立たないなど，一般的な金属や半導体に見られる電気伝導とは質的に異なる．超伝導状態にない金属が示す電気伝導(オームの法則が成り立つ状態)は**常伝導**(normal conduction)とよばれる．初めて超伝導現象を見いだしたのはオランダの物理学者であるカマリング・オンネス(Kamerlingh-Onnes)で，彼は気体のなかで最後まで液化されずに残されていたヘリウムの液化に成功し(1908 年)，液体ヘリウムを用いて得られる極低温を利用して水銀の電気伝導を調べた．得られた電気抵抗と温度との関係を模式的に図 9・1 に示す．降温過程を見ると，電気抵抗はヘリウムの沸点である 4.2 K 付近で急激に減少し，この温度以下では測定限界の $10^{-5}\ \Omega$

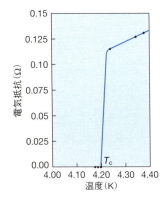

図9・1 カマリング・オンネスが測定した水銀の電気抵抗と温度の関係
約 4.2 K 以下で超伝導相に転移している

程度となっている. すなわち, 電気抵抗がゼロとなる状態が現れている. これが超伝導の発見である(1911年). 図に示されているような電気抵抗がゼロとなる現象は超伝導の大きな特徴の一つである. 常伝導状態から超伝導状態に転移する温度は**臨界温度**(critical temperature)とよばれ, T_c で表される. 水銀では臨界温度は約 4.2 K となる. 超伝導発見の直後の 1913 年には, 低温物理学に対する貢献でカマリング・オンネスにノーベル物理学賞が授与された.

9・1・2 完全反磁性

電気抵抗がゼロになる現象に加えて, 超伝導体の重要な特徴の一つに**完全反磁性**(perfect diamagnetism)がある. 8・2・1 節で説明したように, 反磁性は外部磁場と逆方向に磁化が発生する現象であり, いい換えれば磁化率が負になる磁性である. 完全反磁性は超伝導体の内部に磁力線がまったく入り込めない現象であり, 発見者の名を冠して**マイスナー**(Meissner)**効果**ともよばれる. 厳密にいえば, 超伝導体ではごく表面にのみ磁力線が入るが, 内部には侵入しない. このようになる理由は後述する. 磁力線が内部にまったく侵入できないような超伝導体は特に**第一種超伝導体**とよばれる. これに対し, 少量の磁力線が内部にまで入り込むことのできる超伝導体も存在する. これを**第二種超伝導体**という. 第一種超伝導体ならびに第二種超伝導体において外から加えた磁場と超伝導体内に生じる磁化との関係を模式的に図 9・2 に示す. 図で縦軸は磁化の強さの負の値($-M$)である. 第一種超伝導体では印加磁場の強さを増大していくと, 低磁場ではこれを外部に押し出して完全反磁性を示す. 磁束密度 $\boldsymbol{B}$, 磁場 $\boldsymbol{H}$, および磁化 $\boldsymbol{M}$ の基本的な関係

$$\boldsymbol{B} = \mu_0(\boldsymbol{H} + \boldsymbol{M}) \tag{9・1}$$

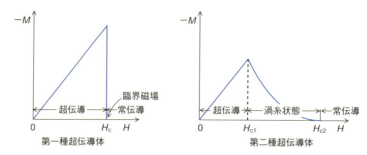

図9・2 第一種超伝導体および第二種超伝導体における磁場の強さ H と磁化の大きさ M の関係 縦軸は $-M$ であり,反磁性に対応することに注意. H_{c1} と H_{c2} はそれぞれ下部臨界磁場,上部臨界磁場とよばれる

より,完全反磁性では $\boldsymbol{B} = 0$ となって,

$$-\boldsymbol{M} = \boldsymbol{H} \tag{9・2}$$

の関係が得られる.ある強さ以上の磁場が加えられると超伝導状態が壊され,(9・2)式の関係は成立しない(9・2・1節参照).このような磁場を**臨界磁場**(critical magnetic field)といい,H_c で表す.一方,第二種超伝導体では H_{c1} を超えると磁束が超伝導体内に侵入する.磁束のごく近傍では常伝導状態となっているが,他の領域では超伝導状態が保たれている.さらに磁場の強さが増大すると侵入する磁束の数は増し,磁場が H_{c2} に達すると物質全体が常伝導体に変わる.H_{c1} と H_{c2} をそれぞれ**下部臨界磁場,上部臨界磁場**という.また,第二種超伝導体の一部の領域に磁束が侵入している状態(磁場が $H_{c1} < H < H_{c2}$ の範囲にあるときの状態)は,**混合状態**あるいは**渦糸状態**(vortex line state)とよばれる.後者の名称は,磁束のまわりを超伝導電流が渦状に流れることに基づいている.

第二種超伝導体において外部磁場が $H_{c1} < H < H_{c2}$ の範囲にあるとき,超伝導体の内部に侵入する磁束の大きさは,n を整数として,

$$\varPhi = n\varPhi_0 \tag{9・3}$$

で与えられることが知られている.$\varPhi_0$ は定数であり,

$$\varPhi_0 = \frac{h}{2e} = 2.0678 \times 10^{-15}\,\text{Wb} \tag{9・4}$$

のように表される.ただし,h はプランク定数,e は電気素量である.すなわち,磁束は一定値 $\varPhi_0$ の整数倍しかとらない.これを**磁束の量子化**という.また,磁束の最小単位である $\varPhi_0$ を**磁束量子**(flux quantum)または**フラクソイド**(fluxoid)とよ

ぶ．のちほど9・2・2節で述べるように，超伝導は電子が対になって流れることによって起こる．(9・4)式の$h/2e$の2は，このことを意味する．図9・3に示すように第一種超伝導体でできた輪の中を磁束が貫く際にも，その大きさは量子化される．

9・1・3 永久電流

超伝導体では，いったん流れ出した電流が減衰することなく流れ続ける．この電流を**永久電流**(persistent current)という．永久電流が減衰する時間については理論と実験の両側面からの検討がある．理論では，図9・3に示した超伝導体の輪(超伝導リング)の中を貫く磁束量子が熱的に活性化されて輪の外に漏れ出し，超伝導電流の大きさに影響を及ぼす過程が考察されている．超伝導体の輪の大きさや臨界磁場などにはもっともらしい値を仮定して計算すると，磁束量子が漏れ出すために必要な時間は$\exp(10^8) \approx 10^{4.34 \times 10^7}$ sであることが導かれる．現在見積もられている宇宙の年齢が10^{17} s(10^{10}年)であるから，事実上，超伝導電流は減衰しないことになる．また，1963年に報告された実験では，Nb$_3$Zrという合金を対象に超伝導電流によって発生する磁束密度の時間変化が測定された．実験結果から見積もられた超伝導電流の減衰時間は15万年である．

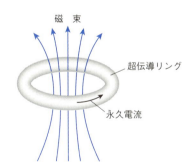

図9・3 **超伝導リングを貫く磁束**
その大きさは量子化されている

永久電流と完全反磁性との関係を見ておこう．9・1・2節で述べたように，第一種超伝導体の内部には磁束は侵入しないから$\boldsymbol{B} = 0$である．一方，マクスウェル方程式より，電束密度が存在しない場合には，μ_0を真空の透磁率として，

$$\mathrm{rot}\,\boldsymbol{B} = \mu_0 \boldsymbol{j} \qquad (9\cdot5)$$

であるから，

$$\boldsymbol{j} = 0 \qquad (9\cdot6)$$

となって永久電流と矛盾する．実際には第一種超伝導体においても磁束は超伝導体の表面層にのみ侵入し，この領域に永久電流が流れる．図 9・4 のような円柱状の超伝導体に磁束密度 $\boldsymbol{B} = (0, B_y, 0)$ が存在するとき，(9・5)式より，

$$j_z = \frac{1}{\mu_0}\frac{\partial B_y}{\partial x} \tag{9・7}$$

の電流が z 軸（円柱の側面）に沿って流れる．磁束が入り込む表面層の厚さは 10^{-5} cm 程度である．

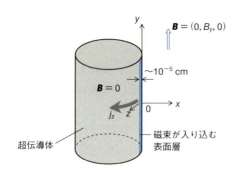

図 9・4 磁束密度 $\boldsymbol{B}$ の中に置かれた円柱状の超伝導体の表面を流れる永久電流 j_z

9・2 超伝導の機構と超伝導体の電子構造
9・2・1 ギンズブルグ-ランダウ理論

超伝導状態と超伝導転移を現象論的に説明する理論として，2003 年のノーベル物理学賞の対象となった**ギンズブルグ(Ginzburg)-ランダウ(Landau)理論**が知られている．この理論では超伝導現象を巨視的に扱う．臨界温度での常伝導体と超伝導体との間の変化は 2 次相転移（2・1・2 節）であり，電子構造に関して超伝導状態は一種の秩序状態ととらえることができる．9・2・2 節で述べるように，この秩序状態は電子が対を形成して 1 個の電子とは異なる性質をもつ状態である．この電子対の数の関数として表現される系の自由エネルギーが最小となる条件から，超伝導体における磁束の侵入に関する情報が得られ，マイスナー効果や，第一種ならびに第二種超伝導体の存在も説明できる．たとえば，ギンズブルグ-ランダウ理論の一つの結論として，

$$\mathrm{rot}\,\boldsymbol{j} = -\frac{1}{\mu_0 \lambda_\mathrm{L}^2}\boldsymbol{B} \tag{9・8}$$

という関係が導かれる．λ_L は，

$$\lambda_{\mathrm{L}} = \left(\frac{m}{n_{\mathrm{s}} e^2 \mu_0}\right)^{\frac{1}{2}} \tag{9・9}$$

で与えられる．ここで m は電子の質量，n_{s} は超伝導に寄与する電子の単位体積あたりの数である．(9・8)式はこの理論より先にこの関係を提案したフリッツ・ロンドン(Fritz Wolfgang London)とハインツ・ロンドン(Heinz London)の名をとって**ロンドン方程式**とよばれる．(9・8)式と(9・5)式などから，

$$\nabla^2 \boldsymbol{B} = \frac{1}{\lambda_{\mathrm{L}}^2} \boldsymbol{B} \tag{9・10}$$

が導かれる．たとえば，図9・5のように x 軸の正方向に半無限大に広がった超伝導体があり，z 軸に平行な磁束 $\boldsymbol{B} = (0, 0, B_z)$ が存在する場合，(9・10)式の解は，

$$B_z(x) = B_z(0) \exp\left(-\frac{x}{\lambda_{\mathrm{L}}}\right) \tag{9・11}$$

で与えられる．磁束の分布の様子は図9・5のようになり，超伝導体の表面のみに磁束が存在して，その大きさは内部に向かって指数関数的に減少する．λ_{L} は超伝導体の表面に磁束が入り込める距離を意味しており，ロンドンの磁場侵入深さとよばれる．このように，ロンドン方程式に基づいて完全反磁性が説明できる．臨界温度以下では λ_{L} は温度の上昇とともに大きくなり，臨界温度において無限大の大きさとなる．つまり，磁束は超伝導体全体に入り込んで超伝導状態は消える．λ_{L} の温度依存性は，(9・9)式において超伝導成分の割合に相当する n_{s} が温度に依存することから生じる．

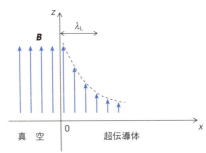

図9・5 x 軸の正方向に半無限大に広がった超伝導体への磁束（磁束密度 $\boldsymbol{B}$）の侵入　λ_{L} はロンドンの磁場侵入深さ

9・2・2 BCS 理論

超伝導の機構を微視的に説明する理論は1957年にバーディーン(Bardeen)，クー

パー(Cooper), シュリーファー(Schrieffer)によって提唱された. これを**バーディーン-クーパー-シュリーファー理論**あるいは3人の頭文字をとって**BCS理論**という. 1972年のノーベル物理学賞の対象となった理論である. BCS理論では, 超伝導は互いに逆向きのスピンをもつ2個の電子の対によって引き起こされる. この電子の対を**クーパー対**(Cooper pair)という. つまり, クーパー対は $+\frac{1}{2}$ と $-\frac{1}{2}$ のスピンをもつ電子の組であって, その合成スピンは0となる. このようにスピンが整数となる粒子はボース粒子あるいはボソンとよばれる(6・1・3節で述べたように電子はフェルミ粒子である). さらに, ボース粒子が従う統計をボース-アインシュタイン統計という. ボース-アインシュタイン分布は,

$$f(E) = \frac{1}{\exp[(E-\mu)/k_\mathrm{B}T] - 1} \quad (9\cdot12)$$

によって記述される. フェルミ-ディラック分布((6・26)式)との違いに注意されたい. ボース粒子はパウリの排他律に従わず, 複数の粒子が同じ量子状態をとることができる. このように, 1個の電子が電気伝導に寄与する常伝導状態と, クーパー対が永久電流の起源となる超伝導状態とでは, 電子の状態がまったく異なる.

クーパー対における2個の電子の間には, もちろんクーロン力による斥力が働く. この力に打ち勝って電子間に引力を生じさせる力は, 格子振動である. 図9・6のように運動量が p の電子から波数が K のフォノンが放出され, これが運動量 q をもつ電子に与えられる過程を通じてこれら二つの電子間に引力が働く. 最初の電子はフォノンを放出することによってその運動量が $p-\hbar K$ に変化し, フォノンを受け取った電子の運動量は $q+\hbar K$ に変わる. このような相互作用は**電子-格子相互作用**(electron lattice interaction)とよばれる. 量子力学による表現では, 図9・6に示した過程において運動量が p の電子が消滅するとともに運動量が $p-\hbar K$ の電子が生成し, また, 運動量が q の電子が消滅して運動量が $q+\hbar K$ の電子が生成す

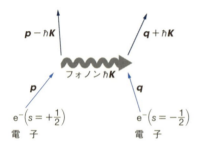

図9・6 電子-フォノン相互作用に基づくクーパー対の生成 スピン $s=+\frac{1}{2}$ と $s=-\frac{1}{2}$ の電子からボース粒子が生成する

るとみなし，電子の消滅および生成の過程を演算子によって表現して電子の運動エネルギーと**電子-フォノン相互作用**(electron-phonon interaction)とから電子状態を考察する．クーパー対では $q = -p$ である．超伝導に格子振動が関係する結果として，臨界温度が超伝導体のデバイ温度に依存することが知られている．BCS 理論による臨界温度の上限は 30 から 40 K 程度である．

フェルミ面近傍の電子はクーパー対をつくって電気伝導に寄与する．一部のエネルギーの高い電子がクーパー対をつくれば，これらはボース粒子となって一つの量子状態によって決められる同じエネルギー準位を占めることになるため，系のエネルギーは低下して超伝導状態が安定化する．図 9・7 に超伝導体における絶対零度での電子のエネルギーと状態密度の関係を示す．クーパー対が生成することにより，フェルミ面ではエネルギーギャップが開いて禁止帯が現れる．超伝導体では電子対のボース凝縮のためにフェルミ面においてエネルギーギャップが生成することが，電子構造の大きな特徴である．

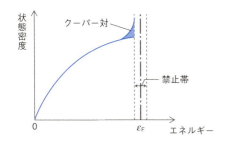

図 9・7 超伝導体のフェルミ準位におけるエネルギーギャップ(絶対零度の場合) ε_F はフェルミ・エネルギー

9・2・3 ジョセフソン効果

ジョセフソン効果は超伝導現象の一つとして 9・1 節で述べるべき事項かもしれないが，歴史的な流れを見れば，この効果は 9・2・2 節で説明した BCS 理論のすぐあとに提唱された現象であるから，それに準じて本節で述べることにする．二つの超伝導体で薄い絶縁体を挟んだ系では，クーパー対がトンネル効果によって超伝導体の間を移動する．これが**ジョセフソン効果**(Josephson effect)である．この現象は 1962 年にケンブリッジ大学の研究員であったジョセフソンによって理論的に予言され，その後，実験によって理論の正しさが証明された．彼はこの業績により 1973 年に江崎玲於奈，ギエバーとともに 33 歳の若さでノーベル物理学賞を受けた．1 個の電子がトンネル効果で移動する確率が P であれば，2 個の電子からなるクー

パー対がトンネル効果で流れる確率は P^2 となるはずである．もともと P は小さい値であるから，P^2 はとるに足らない大きさであると考えられていたため，ジョセフソン効果は当時の物理学者を大いに驚かせた．

図9・8のように2種類の超伝導体で絶縁体の薄膜を挟んだ状態を考えよう．これは**ジョセフソン接合**(Josephson junction)の一つである．始めに外部から電場が印加されていない状態を取上げる．超伝導体ではクーパー対の運動は量子力学で記述され，波としての性質も現れる．超伝導状態では複数のクーパー対の波が互いの位相をそろえようとする強い傾向がある．レーザーにおいて光の波の位相がそろっていることとよく似ている(10・1・4節参照)．

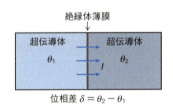

図9・8 2種類の超伝導体で絶縁体薄膜を挟んだジョセフソン接合

詳しい計算過程については固体物理学や超伝導の教科書に譲り，ここでは結果のみ示すと，二つの超伝導体間を流れるトンネル電流の大きさ I は I_0 を定数として，

$$I = I_0 \sin(\theta_2 - \theta_1) \qquad (9\cdot13)$$

と表現される．θ_1 と θ_2 は二つの超伝導体におけるクーパー対を波としてとらえたときの位相である．(9・13)式は直流電流を表すため，この現象を**直流ジョセフソン効果**(dc Josephson effect)という．この場合は，絶縁体層を挟む二つの超伝導体におけるクーパー対の位相が異なることが本質的な条件となる．

一方，外部から電圧が加えられる場合には，トンネル電流はつぎのように与えられる．

$$I = I_0 \sin\left[\delta(0) - \frac{2eV}{\hbar}t\right] \qquad (9\cdot14)$$

ここで V は電圧，t は時間であって，$\delta(0)$ は時刻が0のときの位相差である．(9・14)式は，ジョセフソン接合におけるトンネル電流は電圧が印加されると交流になることを表している．この現象を**交流ジョセフソン効果**(ac Josephson effect)という．たとえば印加電圧が $V = 1\,\mu\text{V}$ であれば，(9・14)式の交流の振動数 ν は，

$$\nu = \frac{2eV}{h} = 483.6\,\text{MHz} \qquad (9\cdot15)$$

超伝導と素粒子物理学

素粒子物理学は物質を構成する究極の粒子や粒子間に働く力の性質を明らかにすると同時に，宇宙の起源や構造を解明する学問である．あらゆる物質は原子からつくられており，原子の中央には原子核があって，そのまわりを電子が運動している．原子核は陽子と中性子からできており，さらに，原子核の中には中間子とよばれる素粒子が存在する．これは日本人初のノーベル賞受賞者である湯川秀樹が理論的にその存在を予言し，のちに実験的に確認された粒子である．陽子，中性子，中間子は，"クォーク"とよばれるさらに小さい粒子からなる．クォークには，アップ(u)，ダウン(d)，ストレンジ(s)，チャーム(c)，ボトム(b)，トップ(t)と名づけられた少なくとも6種類が存在する(小林-益川理論)．電子の仲間にも6種類の粒子が存在し，電子のほか，電子ニュートリノ，μ粒子，μニュートリノ，τ粒子，τニュートリノとよばれる粒子が知られている．これら六つの粒子を"レプトン"と総称する．このような素粒子のほかに，粒子間の相互作用を担う粒子が知られており，たとえば化学の世界で最も重要な電磁気力は，粒子が互いに光子を受け渡しすることによって生じる．また，原子核のβ崩壊のような弱い相互作用とよばれる力を担う粒子はウィークボソンとよばれ，実験的にもその存在が確かめられている．光子やウィークボソンは"ボース粒子(ボソン)"である．

素粒子物理学では，粒子が質量をもつ仕組みとしてヒッグス機構という理論が提案されている．この考え方は超伝導と深く関係している．超伝導状態ではクーパー対が生成するため，常伝導状態と比べて秩序のある構造となっている．超伝導転移のように自ら秩序構造をつくることを，自発的に対称性が破れると表現する．一般に対称性が自発的に破れると質量がゼロのボース粒子が発生する．これをゴールドストーンの定理といい，発生するボース粒子を"南部-ゴールドストーンボソン"とよぶ．南部陽一郎は素粒子物理学の理論的研究で著名な物理学者であり，自発的対称性の破れの研究で，上記の小林-益川理論の提唱者である小林誠，益川敏英とともに2008年にノーベル物理学賞を受賞した．この定理は長距離力(電磁気力のように長距離の範囲にまで及ぶ力)が存在すると成り立たず，ボース粒子は質量をもつようになり，長距離力は短距離力に変わる．超伝導体の場合，磁束が表面層にしか侵入できなくなる(完全反磁性あるいはマイスナー効果)．これはもともとは長距離力であった電磁気力(磁力)が短距離力に変わったことを意味する．また，電磁気力を担う光子が超伝導体中で質量をもつため，電磁気力の及ぶ範囲が短くなるとも解釈される．素粒子物理学ではこのような機構

コラム（つづき）

で粒子が質量をもつと考えられている．これが上記のヒッグス機構であり，この意味で，われわれのまわりにある「真空」は超伝導状態と等価である．素粒子に質量を与える粒子は"ヒッグス粒子"とよばれ，2012年から2013年にかけて欧州原子核研究機構（CERN）で発見された．ヒッグス（Higgs）は，同様の機構を独立に提唱したアングレール（Englert）とともに2013年にノーベル物理学賞を受賞した．

で与えられ，この振動数に対応する電磁波の発振が起こる．逆に振動数が ν_0 の電磁波を照射しながら電流-電圧特性を測定すると，n を整数として，

$$V_n = \frac{h}{2e} n\nu_0 \quad (9\cdot 16)$$

の電圧ごとに図9・9のような階段状の特性が観察される．これを**シャピロ・ステップ**（Shapiro step）といい，交流ジョセフソン効果に現れるこのような現象を**ジョセフソン同期効果**（Josephson synchronization）とよんでいる．

ジョセフソン効果は超伝導の応用の観点からも重要である．図9・10のように二つのジョセフソン接合を並列につないだ電子回路では，電圧を加えなくとも流れる超伝導電流の最大値 I_m が，並列回路のリングを貫く磁束に対して周期的に変化し，磁束量子 Φ_0 の値が周期の単位となる．たとえば，二つのジョセフソン接合の特性と臨界電流（超伝導状態で流れる最大の電流）が同じであれば，I_m は $|\cos(\pi\Phi/\Phi_0)|$ に比例する．これは波として伝わるクーパー対が互いに干渉することによって起こる現象で，**ジョセフソン干渉効果**（Josephson interference effect）とよばれる．また，この現象を利用した電子デバイスは**超伝導量子干渉計**（superconducting quantum

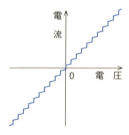

図9・9　交流ジョセフソン効果の電流-電圧特性に見られるシャピロ・ステップ

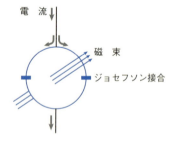

図9・10　超伝導量子干渉計（SQUID）の構造

9・3 超伝導を示す物質　　283

interference device)あるいは頭文字をとって SQUID とよばれており，磁力計など
に応用されている．

9・3 超伝導を示す物質

　9・1・1節で述べたように，初めて超伝導が見いだされた物質は水銀である．こ
の発見のあと，金属の単体および合金を中心に超伝導を示す物質の探索が始められ
た．その後，超伝導物質は酸化物や有機化合物などにおいても見いだされ，特に
1986 年に発見された高温超伝導酸化物は研究者の世界のみならず一般社会にも大
きな話題を提供した．以下では，超伝導を示す物質について結晶構造の特徴なども
含めて説明する．

9・3・1 金属単体および合金

　金属単体のなかで比較的高い臨界温度をもつ元素を表 9・1 に示す．鉛（$T_c = 7.20$
K）やニオブ（$T_c = 9.25$ K）において高い臨界温度が観察される．鉛，スズなど多く
の金属単体は第一種超伝導体であるが，ニオブやバナジウムは第二種超伝導体とな
る．一方で，アルカリ金属，銅，銀では少なくとも数十ミリ K 以上において超伝
導転移は起こらない．また，一般に磁性と超伝導は相容れないため強磁性体である
鉄は超伝導体とはならない．しかし，これらの物質も高圧下で超伝導を示す場合が
ある．たとえば，鉄に高圧を加えると強磁性が消失することから，高圧下での鉄の
超伝導が研究され，2001 年に大阪大学のグループが 15 GPa から 32 GPa までの範
囲で鉄が超伝導体となることを示した．臨界温度は 22 GPa において最高で，2.0 K
となった．マイスナー効果も観察されている．常圧で強磁性体である鉄が高圧下で
完全反磁性となる現象はすこぶる興味深い．また，2002 年にはアルカリ金属の一
つであるリチウムが高圧下で超伝導体となることが報告された．臨界温度は圧力と

表 9・1　常圧で超伝導を示す金属単体と臨界温度 T_c

元　素	T_c (K)	元　素	T_c (K)
Al	1.75	La	4.88
V	5.40	Ta	4.47
Nb	9.25	Re	1.70
Tc	7.8	Hg（α 型）	4.15
In	3.41	Tl	2.38
Sn	3.72	Pb	7.20

ともに増加し，38 GPa の圧力下で 16 K となる．

合金では A15 型構造および塩化ナトリウム型構造の結晶が高い臨界温度をもつことが経験的に知られている．A15 型構造は A_3B 組成の金属間化合物に見られ，β-タングステン型構造ともよばれる．A は主として 4 族，5 族，6 族の遷移元素，B は 13 族および 14 族の元素である．図 9・11 に示すように，単位胞において B 原子は体心立方構造となり，A 原子は 2 個ずつが面心に位置し，稜に平行に並ぶ．この構造をもつ結晶は，Nb_3Ge，Nb_3Sn，V_3Ga，V_3Si，Cr_3Si などで，ニオブやバナジウムを含む化合物は，合金としては比較的高い臨界温度をもつ超伝導体である．20 世紀に見いだされた合金の超伝導体のなかでは，1973 年に報告された Nb_3Ge の $T_c = 23.2$ K が最高の臨界温度である．一方，塩化ナトリウム型構造をもつ超伝導体には，NbN，SrN のような窒化物，GeTe のようなカルコゲン化物，PdH のような水素化物がある．

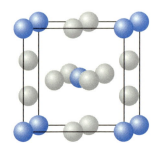

○ A 原子
● B 原子

図 9・11　A15 型構造（β-タングステン型構造）　組成は A_3B で表される

これに対し，2001 年に青山学院大学のグループによって発見された MgB_2 は臨界温度が 39 K である．この発見では，臨界温度がそれまでの Nb_3Ge の値を約 16 K 上回ったことのみならず，MgB_2 がすでに市販もされているありふれた物質であることも注目された．MgB_2 は図 9・12 に示すような結晶構造をもつ．マグネシウム原子からなる層とホウ素原子からなる層が繰返される層状構造をしている．ホウ素原子からなる層を 2 次元的に運動する電子が超伝導に寄与すると考えられている．

合金のなかには，強磁性あるいは反強磁性といった磁気秩序と超伝導が共存する特異な物質も存在する．これらを**磁性超伝導体**（magnetic superconductor）と称する．希土類を含むロジウムホウ化物やウラン系合金などがこれに相当する．たとえば $NdRh_4B_4$，$SmRh_4B_4$，Cr-Re 合金などは反強磁性体でありながら超伝導を示す．また，$ErRh_4B_4$ や Y_9Co_7 では温度の変化に伴って強磁性相と超伝導相が現れる．UGe_2，URhGe，UCoGe などのウラン系合金は，強磁性と超伝導が共存する珍しい

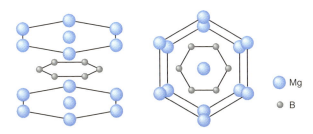

図 9・12　MgB$_2$ の結晶構造

物質である．たとえば UGe$_2$ は 1.0～1.6 GPa の圧力下で強磁性と超伝導が存在する温度領域が現れ，超伝導の臨界温度は最高で約 1 K となる．このとき，クーパー対は 9・2・2 節で述べたようなスピン対の一重項状態(二つの電子のスピンが互いに逆向き)ではなく，スピンの向きがそろった三重項状態になると考えられている．URhGe と UCoGe では常圧において強磁性と超伝導の共存が観察される．前者はキュリー温度が 9.5 K であり，臨界温度は約 0.3 K である．また，後者では，3 K で強磁性相に転移し，0.8 K 以下で超伝導相が現れる．

合金は線材化することが容易であるため，超伝導コイルとして強力な電磁石の作製に利用される．Nb$_3$Sn などの合金が実用化されている．超伝導磁石は，磁気共鳴画像(magnetic resonance imaging，MRI)や核磁気共鳴(4・4・3 節)などに応用される．前者は生体の軟らかい組織を観察する医療分野では欠かせない方法であり，2003 年のノーベル生理学・医学賞の対象となった．

9・3・2　酸化物

超伝導を示す酸化物結晶としては，1986 年にベドノルツ(Bednorz)とミューラー(Müller)によって発見され，その後の多くの研究によって新たに見いだされてきた銅酸化物系の高温超伝導体があまりにも有名であるが，それ以前にもいくらかの**酸化物超伝導体**(oxide superconductor)の存在は知られていた．たとえば，LiTi$_2$O$_4$，BaPb$_{1-x}$Bi$_x$O$_3$，Rb$_x$WO$_3$，TiO，SrTiO$_{3-\delta}$ などであり，特に，LiTi$_2$O$_4$ と BaPb$_{1-x}$Bi$_x$O$_3$ は臨界温度が比較的高く，前者が T_c = 13.7 K，後者が T_c = 13 K である．LiTi$_2$O$_4$ はスピネル型構造をとり，Ti の一部を Li が置換できる．結晶構造において Li は四面体間隙と八面体間隙の両方を占め，Ti はすべて八面体間隙に入るため，化学式は Li(Li$_x$Ti$_{2-x}$)O$_4$ のように書くことができる．x = 1/3 のときに Ti は形式的に 4 価になり，x が減少すると Ti^{3+} が増えるため電気伝導に寄与できる電子の数が増え

ることになる．この物質は第二種超伝導体であり，上部臨界磁場が 4.2 K において 18.5 T と比較的高い．

高温超伝導酸化物の先がけとなったのは La-Ba-Cu-O 系の結晶であるが，ベドノルツとミューラーがこの酸化物の超伝導に言及した当初は，超伝導を示す結晶相の単離も行われていなかった．すぐあとの研究で超伝導相が $(La, Ba)_2CuO_4$ という組成の結晶であり，臨界温度が約 30 K であることが確認された．その後，同様の組成をもつ $(La, Sr)_2CuO_4$ 系において，臨界温度が 38 K となる超伝導体 $La_{1.85}Sr_{0.15}CuO_4$ が見いだされた．これらの結晶の構造を図 9・13(a) に示す．これは 3 章で述べたルドルスデン-ホッパー相の $n=1$ の場合にあたり，K_2NiF_4 型構造ともよばれる．図 9・13(a) は La^{3+} のようにイオン半径の大きい希土類を含む場合に見られる構造で，"T 相"とよばれる．希土類のイオン半径が小さくなると，図 9・13(b) のような Nd_2CuO_4 型構造が安定になる．これは "T' 相" とよばれ，この構造をもつ

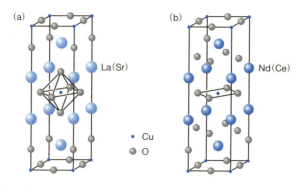

図 9・13 $(La, Sr)_2CuO_4$ (a) および $(Nd, Ce)_2CuO_{4-\delta}$ (b) の結晶構造
(a) は K_2NiF_4 型構造，(b) は Nd_2CuO_4 型構造で，それぞれ T 相，T' 相とよばれる

$(Nd, Ce)_2CuO_{4-\delta}$ も超伝導を示す．これらの超伝導体では銅と酸素からなる図 9・14 のような 2 次元平面が超伝導の舞台となる．$(La, Ba)_2CuO_4$ 系や $(La, Sr)_2CuO_4$ 系では，La_2CuO_4 において銅の価数は +2 となっており，La^{3+} がアルカリ土類金属イオンで置換されることによって正孔が生成し，これが図 9・14 の Cu−O 平面に注入されて超伝導が発現する．このとき正孔は Cu−O 結合において銅イオンの 3d 軌道ではなく，むしろ酸化物イオンの 2p 軌道に存在する．一方，$(Nd, Ce)_2CuO_{4-\delta}$ は多くの銅酸化物超伝導体が正孔ドープ系であるのとは対照的に電子ドープ系で

9・3 超伝導を示す物質　287

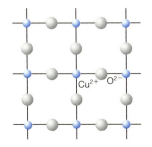

図9・14　銅酸化物系超伝導体に特徴的な Cu–O 面の構造　この面に正孔または電子が注入されて超伝導が発現する

あって，Nd^{3+} を Ce^{4+} で置換することによって Cu–O 面に電子が注入され超伝導が起こる．この化合物は 1988 年に日本において発見された．$(La, Sr)_2CuO_4$ と $(Nd, Ce)_2CuO_{4-\delta}$ の電子物性から得られる組成と電子状態との関係を表す状態図を図 9・15 に示す．Sr^{2+} あるいは Ce^{4+} が添加されるまえの化合物は反強磁性体であ

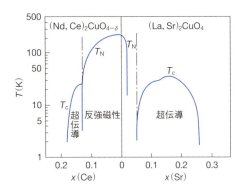

図9・15　$(La, Sr)_2CuO_4$ および $(Nd, Ce)_2CuO_{4-\delta}$ の組成と相の関係
縦軸は温度．T_c は超伝導-常伝導転移の臨界温度，T_N はネール温度．$x(Ce)$ と $x(Sr)$ は，それぞれ Ce と Sr の置換量

り，これらのイオンの置換によって正孔あるいは電子が注入されるとネール温度が低下して超伝導相が現れる．$(Nd, Ce)_2CuO_{4-\delta}$ では，さらにドープ量が増えると臨界温度が急激に下がり，超伝導相は消失する．一方，$(La, Sr)_2CuO_4$ ではドープ量の増加とともにいったん T_c が上昇したあと，T_c は急激に低下する．

1987 年に報告された $YBa_2Cu_3O_7$ 結晶の臨界温度は，驚くべきことに 93 K である．この温度は BCS 理論から導かれる臨界温度の上限値を大きく上回っている．いい換えれば，この結晶の超伝導機構は BCS 理論では説明できないことになり，

クーパー対を形成するための引力を格子振動以外に求めなければならない．また，臨界温度が液体窒素の沸点である 77 K を超えていることから，超伝導の実現には高価な液体ヘリウムを使う必要はなく，安価な液体窒素を用いるだけでよい．つまり，$T_c = 93$ K は実用的な観点からも意味がある．$YBa_2Cu_3O_7$ は図 9・16(a) に示すようにペロブスカイト型構造をもつ．ただし，構造中には酸素の空格子点が存在しており，また，Y^{3+} と Ba^{2+} が規則的に並ぶことにより単位胞の c 軸の格子定数が a 軸ならびに b 軸の約 3 倍になっている．図 9・16(b) は $YBa_2Cu_3O_7$ からさらに酸素の空格子点が生じた化合物の構造を示しており，$YBa_2Cu_3O_6$ に対応する．この化合物は超伝導を示さず，広い温度範囲で半導体となる．同時に，反強磁性体でもある．酸素の空格子点の分布から想像できるように，結晶構造は $YBa_2Cu_3O_7$ が直方晶，$YBa_2Cu_3O_6$ が正方晶である．超伝導体となる $YBa_2Cu_3O_7$ では，$(La, Sr)_2CuO_4$ などと同様に Cu−O 平面に正孔が注入される．

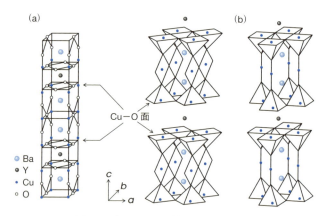

図 9・16　$YBa_2Cu_3O_7$(a) および $YBa_2Cu_3O_6$(b) の結晶構造　(a) 超伝導体，(b) 半導体

上記の化合物と同様に，ペロブスカイト型構造を基本として層状構造をもつ銅酸化物において高い臨界温度を示す超伝導体が見いだされている．たとえば，$Bi_2Sr_2Ca_2Cu_3O_y$($T_c = 107$ K)，$Tl_2Ba_2Ca_2Cu_3O_y$($T_c = 125$ K)，$HgBa_2Ca_2Cu_3O_{8+\delta}$($T_c = 135$ K) などはいずれも臨界温度が 100 K を超える超伝導体である．このような高い臨界温度をもつ化合物の超伝導は，$YBa_2Cu_3O_7$ と同様，BCS 理論では説明できない．銅イオンの 3d 軌道の電子がかかわる磁気的相互作用(8 章 p.258 のコラムで述べた量子スピン液体状態)によりクーパー対が生成する機構が提案されている．

9・3・3 分子結晶

有機化合物のなかには高い電気伝導率をもつ物質が存在する。このことはすでに，6・4・5節および6・4・6節において説明した。そのなかで特に超伝導を示す有機化合物は**有機超伝導体**(organic superconductor)とよばれている。その歴史は比較的浅く，1980年に$(TMTSF)_2PF_6$が圧力下で0.9 Kの臨界温度をもつ超伝導体となることが見いだされたのが最初である。その後，同じような電荷移動錯体において超伝導を示す物質が発見された。いくつかの例を表9・2にまとめる。TTFやTSFの誘導体(6・4・5節参照)において，多くの超伝導体が見いだされている。

表9・2　有機超伝導体と臨界温度 T_c

物　質	T_c (K)	圧　力
$(TMTSF)_2ClO_4$	1.07	常圧
$(TMTSF)_2ReO_4$	1.3	9.5 kbar
$(TMTSF)_2PF_6$	0.9	12 kbar
$(TMTSF)_2AsF_6$	1.1	12 kbar
$(TMTSF)_2TaF_6$	1.35	11 kbar
β-$(BEDT-TTF)_2I_3$	1.0〜1.5	常圧
β'-$(BEDT-TTF)_2ICl_2$	14.2	82 kbar
κ-$(BEDT-TTF)_2I_3$	3.6	常圧
κ-$(BEDT-TTF)_2Cu[N(CN)_2]Br$	10.5	常圧
κ-$(BEDT-TTF)_2Cu(SCN)_2$	10.8	常圧
$(CH_3)_4N[Ni(dmit)_2]_2$ [a]	5	7 kbar

a) $Ni(dmit)_2$:

一例として，β-$(BEDT-TTF)_2I_3$ 結晶の構造を図9・17に示す。BEDT-TTF分子は分子面が平行になるように互いに積み重なって1次元のカラムをつくっており，この分子のπ電子が隣のカラムの分子にまで広がって，2次元的な電気伝導を起こす。低温では，この電子がクーパー対をつくって超伝導状態となる。6・4・5節で述べたTTF-TCNQのような1次元電気伝導体では，低温でパイエルス転移が優先するため超伝導は観察されない。これまでに知られている電荷移動錯体の超伝導はすべて第二種超伝導体の範ちゅうに入り，超伝導機構はBCS理論で説明できるが，磁気的な相互作用によるクーパー対の形成の可能性も議論されている。また，有機超伝導体では1964年にリトル(Little)により励起子超伝導(excitonic superconductor model)の機構に基づく高温超伝導の可能性が提唱されているが，現在のところ，

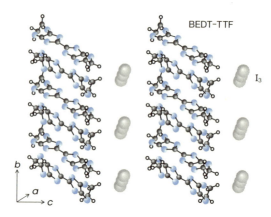

図 9・17　β-(BEDT-TTF)$_2$I$_3$ 結晶の構造

この機構による超伝導は確認されていない（励起子については 10・3・2 節を参照のこと）．

　分子結晶の超伝導体としてはアルカリ金属元素やアルカリ土類金属元素を添加したフラーレンの一種である C$_{60}$ の結晶もよく知られている．**フラーレン**(fullerene)は炭素原子が共有結合により結合した分子で，球殻状のユニークな構造をもつ．特に C$_{60}$ はサッカーボールのような構造をつくった分子で（図 9・18a 参照），この分子の発見者であるカール(Curl)，クロトー(Kroto)，スモーリー(Smalley)は 1996 年にノーベル化学賞を受賞した．C$_{60}$ の結晶では，図 9・18(b)のように C$_{60}$ 分子が面心立方格子を組む．各分子は平衡位置で自由に回転運動を行っており，2・5・2 節で述べた柔粘性結晶の一つとなっている．たとえばカリウムを添加した C$_{60}$ の結晶では，C$_{60}$ 分子がつくる面心立方格子に存在する四面体間隙と八面体間隙（図 9・18b 参照）をカリウム原子が占め，K$_3$C$_{60}$ という化合物をつくる．この現象は 6・4・2 節で説明したインターカレーションの一種である．得られる化合物の K$_3$C$_{60}$ は臨界温度を 19.3 K にもつ超伝導体である．カリウムの添加量が増えると，K$_4$C$_{60}$ や K$_6$C$_{60}$ といった化合物ができる．これらの結晶では C$_{60}$ 分子は体心格子を組む．C$_{60}$ の結晶にアルカリ金属やアルカリ土類金属が添加されると，これらは電子供与体（ドナー）として働くため C$_{60}$ 分子は電子を受け取って陰イオンに変わる．フラーレン分子が電子を受け取ってイオン化したものを**フラーリド**(fulleride)という．C$_{60}$ 分子では最低空軌道(LUMO)が三重に縮退しており，そのすぐ上の空軌道も三重に縮退しているため，最大で 12 個の電子を受け入れることができる．C$_{60}$ 分子 1

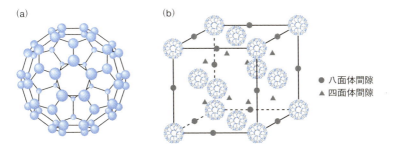

図 9・18　フラーレンの一つである C_{60} 分子 (a) および C_{60} 結晶 (b) の構造

● 八面体間隙
▲ 四面体間隙

個あたりに入る電子の数が 0, 6, 12 個のときはバンドが完全に埋められているため絶縁体となり，そのほかの場合にはバンドが部分的に占有されるため金属となると考えられる．K_3C_{60} 結晶ではカリウムから 3 個の電子が入るため，これが金属的な電気伝導に寄与して低温では超伝導状態が現れる．同様に $RbCs_2C_{60}$ も超伝導体となる．この化合物は $T_c = 33$ K という高い臨界温度をもつ．

9・3・4　その他の物質

$M_xMo_6X_8$ で表される化合物は**シェブレル相**(Chevrel phase)とよばれ，その多くが超伝導を示す．M は Pb, Sn, Cu および希土類元素，X は S, Se, ハロゲンなどである．この結晶は構造に特徴があり，たとえば超伝導体となる $PbMo_6S_8$ では図 9・19 に示すように Mo_6S_8 からなるクラスターが斜めに傾いて配列している．特に希土類を含むカルコゲン化物のシェブレル相は磁性超伝導体として知られており，このうち，$GdMo_6S_8$ と $DyMo_6S_8$ では超伝導と反強磁性が共存し，$HoMo_6S_8$ では超伝導と強磁性が現れる．

6・4・6 節で述べたように無機高分子の一つであるポリチアジル $(SN)_x$ は 0.26 K 以下で超伝導体となる．9・3・3 節で述べたように 1 次元電気伝導体ではパイエルス転移のために超伝導が現れにくいことを考慮すると，ポリチアジルの超伝導は特筆すべき現象である．

2008 年に東京工業大学のグループが新しい超伝導体として $LaFeAsO_{1-x}F_x$ を報告した．この化合物の結晶構造を図 9・20 に示す．La と O を含む層と Fe と As を含む層が交互に積層した層状構造となっている．ドーパントである F の濃度がゼロのときは超伝導転移を示さず低温で反強磁性となるが，F の添加量が増えると超伝導相が現れる．臨界温度は F の濃度に対して大きくは変化しないが，$x = 0.11$ のとき

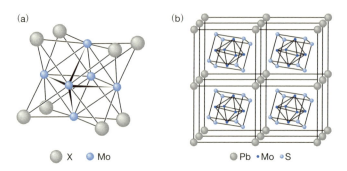

図 9・19　Mo$_6$X$_8$ クラスター(a) およびこのクラスターを含むシェブレル相(b)の構造　(b) は PbMo$_6$S$_8$ の構造

最高で，26 K になる．La を他の希土類で置き換えた系でも超伝導が観察され，Pr を含む類似の化合物では臨界温度が 52 K，また，Sm の系では $T_c = 55$ K まで臨界温度が上昇する．Fe と As を含む化合物では，LiFeAs($T_c = 18$ K) および AFe$_2$As$_2$ (A は Ca, Sr, Ba で，T_c は最高で 38 K)が超伝導を示すことが知られている．

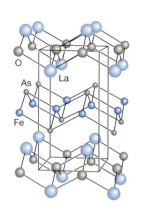

図 9・20　超伝導体 LaFeAsO$_{1-x}$F$_x$ の結晶構造

このほか，水素を含む化合物が超高圧下で高い臨界温度を示す超伝導体となることが報告されている．硫化水素(H$_2$S)に 150 GPa の圧力を加えると H$_3$S という組成の固相が形成され，臨界温度が 203 K の超伝導体となる．また，LaH$_{10}$ は臨界温度が 150 GPa で 215 K，190〜200 GPa で 260〜280 K の超伝導体となることが 2018 年に報告された．超高圧下ではあるが，9・3・2 節で述べた銅酸化物系の臨界温度を凌駕する値である．

10

光 学 的 性 質

　光は電磁波であり，固体物質とさまざまな相互作用をする．相互作用の種類や大きさは光の波長や振幅（光電場の大きさ）などに依存して大きく変わる．固体の存在によって光の状態が変化する巨視的な現象には，光の吸収と発光，透過，反射，屈折，散乱などがあり，これらは固体の微視的な構造や電子状態が光に及ぼす影響に起因する．また，レーザーの登場以来，固体において大きな光電場が実現されるようになり，光電場に誘起される固体の誘電分極が電場に比例しない，いわゆる非線形光学効果が固体の基礎的な光学現象として一般に認知されるようになった．一方，固体の光物性の応用は活発な研究が展開されている分野の一つであり，発光現象一つをとっても，上述のレーザーのほか，表示素子，光通信における光信号の増幅など，応用範囲は広い．この章では固体の光物性の基礎および蛍光体，固体レーザー，太陽電池などの光学材料について説明する．

10・1　固体における光学現象の基礎
10・1・1　光の吸収と透過
　固体の表面に垂直に光が入射することを考えよう．固体内部での光の吸収のみを考えた場合，入射した光の強度 I_0 から吸収された量を差し引いた強度 I_1 をもつ光が固体を透過する．このとき，

$$T = \frac{I_1}{I_0} \tag{10・1}$$

を**透過率**（transmittance）といい，

$$A = -\log T \tag{10·2}$$

で与えられる A を**吸光度**(absorbance)と定義する．また，固体中を光が進む距離を l として，吸収の割合を，

$$I(l) = I_0 e^{-\alpha l} = I_0 \times 10^{-\alpha' l} \tag{10·3}$$

のように評価する場合もある．α および α' を**吸収係数**(absorption coefficient)とよぶ．(10·1)～(10·3)式からわかるように，

$$A = \alpha' l \tag{10·4}$$

である．固体における光吸収の微視的な起源はさまざまであり，電子構造に基づくものや，格子振動によるものなどがある．前者の具体的な例については 10·2 節や 10·3·2 節で詳しく述べる．後者については，固体の格子振動を解析するための分光法として赤外分光法を 4 章で取上げた．

10·1·2 光の屈折と反射

固体中を進行する光の挙動を考察しよう．光の電場(光電場)は横波として固体の内部を進行する．これは 7·1·2 節で述べた誘電体に交流電場が印加される場合と似ている．波として伝わる光電場を (7·6) 式と同様に角振動数を ω，波数を $\boldsymbol{k}$ として，

$$\boldsymbol{E}(t) = \boldsymbol{E}_0 \exp[i(\omega t - \boldsymbol{k} \cdot \boldsymbol{r})] \tag{10·5}$$

とおき，(7·9)式の電束密度と電場の関係

$$\boldsymbol{D}(t) = \tilde{\varepsilon}(\omega) \boldsymbol{E}(t) \tag{10·6}$$

を用いて，さらに誘電体におけるマクスウェル方程式を考慮すると，この誘電体を伝わる電磁波の速さ c' として次式が得られる．

$$c' = \frac{\omega}{k} = c \sqrt{\frac{\varepsilon_0}{\tilde{\varepsilon}(\omega)}} \tag{10·7}$$

ここで，(7·9)式における誘電率を，複素数であることを強調する意味で $\tilde{\varepsilon}(\omega)$ と書いた．c は真空中の光速，ε_0 は真空の誘電率である．(10·7)式の誘導の詳細については，電磁気学の教科書などを参照していただきたい．一方，固体の屈折率は光の真空中での速さと固体中での速さの比として定義されるから，

$$\tilde{n}(\omega) \equiv \frac{c}{c'} = \sqrt{\frac{\tilde{\varepsilon}(\omega)}{\varepsilon_0}} \tag{10·8}$$

が成り立つ．したがって，誘電率が複素数であれば屈折率 $\tilde{n}(\omega)$ も複素数となる．これを**複素屈折率**(complex index of refraction)といい，

10・1 固体における光学現象の基礎

$$\tilde{n}(\omega) = n - i\kappa \qquad (10 \cdot 9)$$

のように書く. n を**屈折率**(refractive index), κ を**消衰係数**(extinction coefficient) という. (10・5)式の形をもつ1次元方向に進む波を考え, (10・7)～(10・9)式の関係を用いると,

$$E(t) = E_0 \exp\left(-\frac{\omega\kappa}{c}x\right) \exp\left[i\left(\omega t - \frac{n\omega}{c}x\right)\right] \qquad (10 \cdot 10)$$

が得られる. $E_0 \exp[-(\omega\kappa/c)x]$ の項は, 距離とともに光電場が減衰する様子を表す. このため, κ を消衰係数とよぶ. この考察から容易に想像できるように, 消衰係数は吸光度あるいは吸収係数に比例する. よって, 固体による光吸収がない場合には $\kappa = 0$ となり, このとき, $n = \sqrt{\varepsilon'/\varepsilon_0}$ である.

図10・1に示すように物質Iから物質IIへ光が入射するとき, 界面において光の反射と屈折が起こる. 界面に垂直な方向(法線の方向)と光の入射方向とのなす角を入射角, 法線方向と反射光の進行方向とのなす角を反射角, 物質IIに入射した光が進行する方向と法線とのなす角を屈折角とよんでいる. 物質Iおよび物質IIの屈折率が n_I および n_II であるとき, 入射角が θ_i, 屈折角が θ_r であれば, 物質による光の吸収がない場合,

$$n_\mathrm{I} \sin\theta_\mathrm{i} = n_\mathrm{II} \sin\theta_\mathrm{r} \qquad (10 \cdot 11)$$

が成り立つ. この関係を**スネル(Snel)の法則**という. $n_\mathrm{I} > n_\mathrm{II}$ であれば $\theta_\mathrm{r} = 90°$ の屈折角に対応する入射角, すなわち,

$$\sin\theta_\mathrm{c} = \frac{n_\mathrm{II}}{n_\mathrm{I}} \qquad (10 \cdot 12)$$

で与えられる角 θ_c より大きな入射角をもつ光は物質IIに進入できず, すべて反射される. この現象を**全反射**(total reflection)とよぶ.

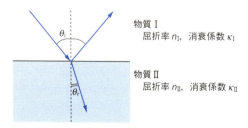

図10・1 物質Iから物質IIへの光の入射 入射光の一部は反射し, 残りは屈折光として物質IIに入る. θ_i は入射角, θ_r は屈折角

296   10. 光 学 的 性 質

　図10・1において物質Ⅰおよび物質Ⅱによる光吸収が無視できない場合，それ
ぞれの物質の消衰係数が κ_I, κ_{II} であれば，物質Ⅰから物質Ⅱへ垂直に入射した光
の反射率は，

$$R_\perp = \frac{(n_I - n_{II})^2 + (\kappa_I - \kappa_{II})^2}{(n_I + n_{II})^2 + (\kappa_I + \kappa_{II})^2} \qquad (10 \cdot 13)$$

で表される．真空に置かれた固体に光が入射する場合を考えると，$n_I = 1$, $\kappa_I = 0$
であるから，反射率は，

$$R_\perp = \frac{(1 - n_{II})^2 + \kappa_{II}^2}{(1 + n_{II})^2 + \kappa_{II}^2} \qquad (10 \cdot 14)$$

で与えられる．

10・1・3 光 の 散 乱

　固体に入り込んだ光は固体内のさまざまな不均一構造によって進行方向を変えら
れる．このような現象を**散乱**(scattering)という．光散乱のうち，波長より小さい
粒子による散乱は**レイリー散乱**(Rayleigh scattering)とよばれる．固体中でレイリー
散乱を起こす原因となるものは，原子や分子，密度や屈折率のゆらぎ，ガラスや有
機高分子のような均質な固体中に分散した微粒子などである．レイリー散乱では，
散乱の前後で光の波長は変化しない．また，入射光に対する散乱光の相対的な強度
は，散乱を引き起こす実体である散乱中心の数に比例し，入射光の波長の4乗に反
比例する．したがって，対象となる固体の状態が同じであれば，入射光の波長が短
いほど光は強く散乱される．さらに，散乱中心に入射した光の進行方向と散乱光が
進む方向とのなす角を θ とすると，散乱光の強度は $1 + \cos^2\theta$ に比例することが知
られている．よって，進行方向($\theta = 0°$)に散乱される光と逆方向($\theta = 180°$)に散乱
される光は強度が等しい．光が入射方向に散乱される現象は前方散乱，逆方向に散
乱される現象は後方散乱とよばれる．散乱中心となる粒子が大きくなり光の波長程
度以上になると，**ミー散乱**(Mie scattering)が見られるようになる．ミー散乱では
前方散乱の割合が特異的に大きくなり，後方散乱はほとんど起こらない．
　光の散乱現象としては，4章で説明したラマン分光の原理となるラマン散乱が知
られている．すでに述べたとおり，ラマン散乱は物質中の原子や分子の振動や回転
と入射光との相互作用によって生じる．特に，光が音響モード(5・1・3節参照)
で振動するフォノンと相互作用してエネルギーを変える散乱を**ブリユアン散乱**
(Brillouin scattering)という．

光ファイバーと光通信

光ファイバー(optical fiber)を利用した光通信は情報化社会を支える重要なシステムの一つである.基本的な光ファイバーの構造を図1に示す.光ファイバーは光信号が伝送されるコア(core)とよばれる内部の領域と,光信号を外部にもらさないためのクラッド(clad)とよばれる外側に被覆された領域とからなる二重の構造をもつ.外部にもれることなくコア内を光が伝わるためには,コアとクラッドの界面で光が全反射するようにコアの屈折率をクラッドより高くする必要がある.また,光信号を遠方まで減衰させることなく伝えるため,光吸収や散乱の原因となる不純物や析出物を除去した高純度のガラスの作製に努力がはらわれている.

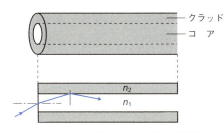

図1 光ファイバーの構造 n_1, n_2 はそれぞれコア,クラッドの屈折率で,$n_1 > n_2$

光ファイバーに利用される材料の代表例はシリカガラスである.コアには屈折率を増加させるために GeO_2 や P_2O_5 などが加えられる.逆にクラッドにはフッ素などを添加して屈折率を下げる.シリカガラスファイバーでは製造プロセスの工夫によりきわめて高純度の材料がつくられており,光信号の伝送の損失は理論値に達している.シリカガラス以外の無機ガラス物質としては,ZrF_4 系や AlF_3 系などのフッ化物ガラス,As-S系やGe-Se-Te系などのカルコゲン化物ガラスが知られている.また,有機高分子を利用する光ファイバーではコアにはもっぱらポリメタクリル酸メチルが用いられ,クラッドにはフッ化ビニリデン,テトラフルオロエチレンなどの共重合体が使われる.

さらに,希土類イオンを添加したガラスファイバーでは,レーザーと同じ原理で光信号が増幅される.シリカガラスファイバーを用いた光通信では 1.5~1.6 μm 付近の赤外光が光信号として送られるので,この波長の光を増幅できるようなエネルギー準位をもつ希土類イオンが選択される.最もよく研究されているものは Er^{3+} である.また,さまざまな波長の光信号を同時に伝えることで,大容量のデータ通信を行う技術も開発されている.これは波長分割多重(wavelength division multiplexing, WDM)とよばれ,原理的には,1本の光ファイバーで Tbit s^{-1}(10^{12} bit s^{-1})程度の大容量の伝送も可能になる.

10・1・4 発光とレーザー

固体が外部からエネルギーを与えられると固体中の電子はこのエネルギーを吸収して励起される。10・1・1節で述べた光吸収はその一つである。励起状態にある電子はエネルギーを光や熱として放出し、より低い準位に遷移する。電子の遷移に際して光が放出される現象を**発光**あるいは**ルミネセンス**(luminescence)という。発光が 10^{-3} s 程度以下の短い時間内に終了するものを**蛍光**(fluorescence)、10^{-3} s より長時間続くものを**りん光**(phosphorescence)とよび、蛍光を示す物質は"蛍光体"とよばれる(10・4節参照)。蛍光は一重項状態から一重項状態への遷移のようにスピンの多重度が変化しない遷移によって生じる。また、りん光は三重項状態から一重項状態への遷移のようにスピンの多重度が変化する遷移にともなって観察される。蛍光は電子スピンの反転が必要ないため起こりやすく(許容)、りん光は電子のスピンの反転をともなうので起こりにくい(禁制)。スピンの多重度と許容遷移ならびに禁制遷移については10・2節でも説明する。

発光のうち、励起状態にある電子がエネルギーの低い準位にひとりでに緩和して光を放出する現象を**自発放出**(spontaneous emission)という。一方、エネルギーの高い準位から低い準位への電子の遷移が外部からの光によって促され、それによって発光が起こることもある。これを**誘導放出**(induced emission)という。これは光吸収と逆の過程である。光吸収では外部の光によりエネルギーの低い準位から高い準位への電子の遷移が促進される。

電子が一つのエネルギー準位に留まっている平均の時間を、この準位の"寿命"という。外部からのエネルギーの供給により電子が基底状態から寿命の長い(一般には数 ms 程度)励起状態に上げられると、電子が緩和して下の準位に遷移する速度よりも、エネルギーを吸収して励起状態に上がる速度の方が速くなる。この結果、図 10・2(a)のようにエネルギーの高い準位(図中の e_2)を占有する電子の数が、エネルギーの低い準位(e_1)の電子の数を上回る状況が現れる。この状態を**反転分布**(population inversion)という。ここに二つの準位 e_1 と e_2 のエネルギー差に相当する光が入射すると、これが e_2 の状態から e_1 の状態への電子の緩和を引き起こし、同じ波長をもつ光が一斉に誘導放出される(図 10・2b)。この現象を**誘導放出による光増幅**(light amplification by stimulated emisson of radiation)といい、頭文字をとって**レーザー**(laser)とよんでいる。レーザー光は振幅、波長、位相などが互いにそろっており、高出力である。レーザーのうち、短い時間だけレーザー発振が起こり、それが繰返されるものを**パルスレーザー**(pulsed laser)という。レーザーが

10・2 イオン結晶の不純物中心と錯体の光吸収および発光

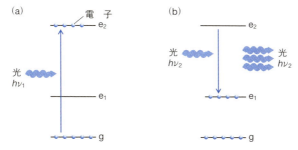

図10・2 レーザーの原理 (a) 基底状態 g にある電子が光($h\nu_1$ のエネルギー)によって準位 e_2 に励起される.準位 e_2 の電子は準位 e_1 の電子より多い(反転分布).(b) e_1 と e_2 のエネルギー差に相当する光($h\nu_2$)により電子が一斉に e_2 から e_1 に遷移して,誘導放出が起こる

発信する時間の長さはパルス幅とよばれる.パルス幅がピコ秒(10^{-12} s)やフェムト秒(10^{-15} s)となるパルスレーザーも開発されている.

10・2 イオン結晶の不純物中心と光吸収および発光
10・2・1 固体中の遷移金属イオンの電子状態

固体における光吸収と発光の具体例として,ここでは遷移金属イオンを不純物として含むイオン結晶を対象として議論を進める.このような固体では,遷移金属イオンの d 軌道が配位構造や配位子の電子状態に依存したエネルギー準位を形成する.遷移金属イオンでは d 軌道の一部が空の状態であるため,d 軌道のつくる準位間で電子遷移が起こりうる.このとき,エネルギー準位の間隔は可視光の波長にあたることが多く,吸収される光の波長に応じてこれらの結晶は特徴的な色を呈する.イオン結晶における遷移金属イオンのエネルギー状態の理論的な取扱いの一つでは,配位子を点電荷と考え,d 軌道の電子と配位子の負電荷との静電的な反発力を考慮する.これを**結晶場理論**(crystal field theory)という.これに対し,d 軌道と配位子の原子軌道との間に分子軌道を考えてエネルギー状態を考察する手法を**配位子場理論**(ligand field theory)という.いずれの場合にも配位子が存在すると五つの d 軌道のエネルギー準位は縮退がとけ,たとえば図 10・3 のように分裂する.これを**結晶場分裂**(crystal field splitting)といい,分裂の大きさを $10Dq$ で表す.

d 軌道の電子が複数の場合には,結晶場に加えて電子間の相互作用を考慮する必要がある.たとえば,$3d^3$ の状態である Cr^{3+} の d 軌道がつくるエネルギー準位は,結晶場分裂を反映する Dq と,ラカーパラメーターとよばれる電子間の反発を表す

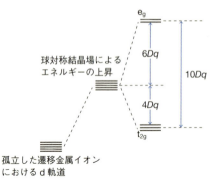

図10・3 八面体型の結晶場に置かれた d 軌道のエネルギー準位の分裂 t_{2g} は d_{xy}, d_{yz}, d_{zx} 軌道, e_g は $d_{x^2-y^2}$, d_{z^2} 軌道

指標 B および C の関数として,図 10・4 のように表される.このような図を**田辺-菅野図**といい,$d^n (n = 2, 3, 4, \cdots, 8)$ に対して同様の図が計算によって描かれている.縦軸には準位のエネルギー,横軸には Dq/B がとられており,結晶場の大きさにともなってエネルギー準位が変化する様子がわかる.$Dq = 0$,すなわち結晶場を受けていないイオンでは,エネルギー準位が ^4F, ^2G などの記号で表されている.これらは**項記号**(term symbol)とよばれ,対象となる電子(この場合は d 軌道の電子)の合成された全軌道角運動量および全スピン角運動量を表す量子数 L およ

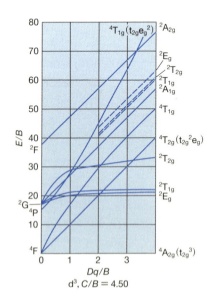

図10・4 d^3 の田辺-菅野図

び S(8・1節参照)の値を表現している．すなわち，$L = 0, 1, 2, 3, 4, \cdots$ に対して，S，P，D，F，G，$\cdots$ の記号があてられ，全スピン量子数 S に対してスピン磁気量子数 M_S のとりうる値

$$M_S = -S, \ -S+1, \ \cdots, \ +S \tag{10・15}$$

の個数，すなわち $2S+1$ をアルファベットの記号の左上に書く．S に対する M_S の数を**スピンの多重度**(spin multiplicity)とよぶ．したがって，^{4}F は $L = 3$ かつ $S = 3/2$ を表す．一方，結晶場が存在するときのエネルギー準位については，上記の d 軌道の準位の分裂と同じように考えればよい．たとえば d^6 の状態(Co^{3+}，Fe^{2+} など)の基底状態は ^{5}D で表され，1 個の電子が占める d 軌道とまったく同じ対称性をもつため，結晶場に置かれると $^5T_{2g}$ と ^5E_g に分裂する．同様に Cr^{3+} の基底状態である ^{4}F は f 軌道と同じ対称性をもつため，$^4T_{1g}$，$^4T_{2g}$，$^4A_{2g}$ という状態に分かれる．これらの記号も図 10・4 に書かれている．

10・2・2　固体中の遷移金属イオンの光吸収と発光

　固体中の遷移金属イオンの電子状態と光吸収スペクトルとの関係を Cr^{3+} を例にとって見ていこう．ルビーは微量の Cr^{3+} が置換固溶した α-Al_2O_3 の単結晶であり，図 10・5 のような光吸収スペクトルを示す．図中の実線と破線は，入射光の光電場の向きがルビーの c 軸と垂直および平行な場合のスペクトルに対応しており，それぞれ，σ スペクトル，π スペクトルとよばれる．スペクトルに見られるいくつかの吸収は，基底状態である $^4A_{2g}$ から図中に項記号で示された励起状態への電子遷移に帰属される．それぞれの吸収の波長と田辺-菅野図(図 10・4)から，ルビー中の

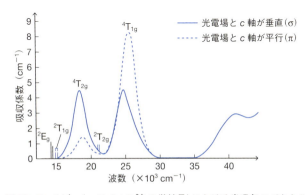

図 10・5　ルビー(α-Al_2O_3：Cr^{3+} の単結晶)における光吸収スペクトル

Cr^{3+} のエネルギー準位は図10・6のように描かれる. この図で横軸は Cr^{3+} の原子核の位置を, 縦軸は電子のエネルギーを表しており, 各エネルギー準位は原子(原子核)の振動の影響を受けるため図のように放物線で記述される(5・1節および5・4節参照). このような表現方法を配位座標という. 電子の遷移は原子核の変位に比べるとかなり速いので, 電子が遷移する時間内では原子核は事実上静止している. これを**フランク-コンドン(Franck-Condon)の原理**という. このため, 光吸収による電子の遷移は図10・6のエネルギー準位図において縦軸に平行に起こる. まず, この図では $Q=0$ の付近で $^4T_{2g}$ 準位が ^2E_g 準位より上にあり, Cr^{3+} の結晶場は比較的強く $Dq/B \sim 2.5$ 程度となる. ルビーではイオン半径の小さい Al^{3+} (6配位のイオン半径は 67.5 pm)の位置にイオン半径の大きい Cr^{3+} (75.5 pm)が置換して入るため, Cr^{3+} に配位する酸化物イオンと Cr^{3+} の d 電子との静電的な反発力が大きくなって結晶場が強くなる.

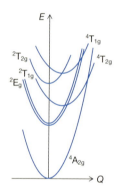

図10・6 配位座標で表したルビー中の Cr^{3+} のエネルギー準位 Q は原子核の位置を表す. E はエネルギー

また, 図10・5からわかるように, $^4A_{2g}$ から $^4T_{1g}$ や $^4T_{2g}$ への遷移に基づく吸収帯は強度が強く, 線幅が広いことに対して, $^4A_{2g}$ から ^2E_g への遷移による吸収線は強度が弱く, 線幅が狭い. このような違いは電子遷移にかかわるエネルギー準位の性質に起因する. 図10・6に示されているように電子のエネルギー準位は原子核の相対的な変位, すなわち格子振動の影響を受ける. 格子振動が起これば瞬間的に遷移金属イオンと酸化物イオンとの結合距離や結合角が変化するため, Cr^{3+} の結晶場の大きさが時間とともに変わる. 田辺-菅野図から明らかなように $^4A_{2g}$ から $^4T_{1g}$ ならびに $^4T_{2g}$ への遷移のエネルギーの大きさは $10Dq$ に依存して大きく変化する. これに対して, $^4A_{2g}$ から ^2E_g への遷移のエネルギーの大きさは, 少なくとも $Dq/B \sim 2.5$ の付近ではほとんど一定である. つまり, $^4A_{2g}$ から $^4T_{1g}$ や $^4T_{2g}$ への遷移は格子

振動の影響を強く反映させる性質をもち，電子遷移のエネルギーには広い分布が現れ，光吸収スペクトルは線幅の広いものとなるのに対し，$^4A_{2g}$ から ^2E_g への遷移は格子振動が存在してもそのエネルギーはほとんど変化せず，光吸収スペクトルは線幅の狭いものとなる．

一方，遷移に関係するエネルギー準位に依存して吸収の強さが変わるのは，遷移確率が遷移の始めの準位（始準位）と終わりの準位（終準位）の電子状態に依存するからである．電子の遷移に関しては，① 全スピン量子数が変化する遷移はすべて禁制である，② 反転対称性をもつ構造ではパリティ（偶奇性）の変化をともなう遷移のみが許容となる，③ 軌道角運動量量子数の変化が±1の遷移のみが許容であるといった規則がある．②は**ラポルテの規則**（Laporte rule）とよばれ，パリティとは反転操作にかかわる対称性であって，たとえば d 軌道はすべて gerade の対称性をもつため（図 1・18 も参照），反転対称性をもつ八面体配位では d-d 遷移は禁制である．また，①に関連して，Cr^{3+} の例では，$^4A_{2g}$ から ^2E_g への遷移は全スピン量子数が 3/2 から 1/2 に変化するため禁制であり，光吸収の強度は弱くなる．対照的に $^4A_{2g}$ から $^4T_{2g}$ への遷移は全スピン量子数が変わらないため許容であり，強い光吸収が観察される．ただし，これらの遷移のための条件はさまざまな理由で緩和されるので，本来禁制であった遷移が部分的に許容されることがある．たとえばスピン軌道相互作用によりスピン角運動量に軌道角運動量が混じると，スピン量子数が変化する遷移であっても遷移確率はゼロにはならない．また，静的には反転対称性をもつ八面体配位の構造単位が非対称な振動を行うと，ある瞬間には反転対称性がなくなるため遷移が起こる．後者は振動（vibration）がかかわる電子（electronic）遷移という意味で**バイブロニック遷移**（vibronic transition）とよばれる．

ルビーは世界で最初に発振が確認されたレーザーとしてよく知られている．ルビーレーザーでは，まず，外部からの光の吸収により基底状態の $^4A_{2g}$ 準位にある電子が $^4T_{2g}$ 準位などへ励起される．励起された電子はエネルギーを熱として失い，^2E_g 準位へ緩和する．^2E_g 準位は寿命が長いため，光による励起を続けるとこの準位にとどまる電子の数が増え，反転分布が達成される．^2E_g 準位から $^4A_{2g}$ 準位への電子遷移による光の誘導放出がレーザーとして観察される．つまり，ルビーではレーザー発振のために三つの準位（$^4A_{2g}$，$^4T_{2g}$ および ^2E_g）が使われる．このようなレーザーを**3準位系レーザー**（three-level laser）という（図 10・7）．

希土類イオンを含む無機結晶やガラスのなかにもレーザー発振するものが多く存在する．典型的な例として，YAG レーザーについてふれておこう．2・4・2 節でも

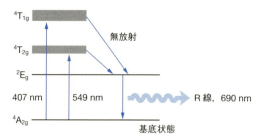

図 10・7 ルビーのエネルギー準位とレーザーの原理　典型的な3準位系レーザーである．ルビーの発光線をR線という

述べたように，少量のネオジムイオン（Nd^{3+}）を添加した $Y_3Al_5O_{12}$ 単結晶のレーザーが広く用いられている．Nd^{3+} のエネルギー準位と電子遷移の過程を図 10・8 に示す．電子は光吸収により基底状態の $^4I_{9/2}$ から $^4F_{5/2}$ 準位や $^4S_{3/2}$ 準位に励起されたあと，熱エネルギーを放出して $^4F_{3/2}$ 準位に緩和する．これにより，$^4F_{3/2}$ 準位を占める電子の数が励起状態の一つである $^4I_{11/2}$ 準位を占める電子の数を上回り反転

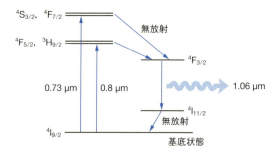

図 10・8　YAG:Nd^{3+} レーザーのエネルギー準位と発光の機構　典型的な4準位系レーザーである

分布が生じる．$^4F_{3/2}$ 準位から $^4I_{11/2}$ 準位への電子遷移にともなう発光がレーザーとなる．Nd^{3+} の系では Cr^{3+} とは異なりレーザー発振に四つの準位が使われる．これを **4準位系レーザー**（four-level laser）という．4準位系ではレーザーに寄与する電子遷移の終状態（Nd^{3+} の場合は $^4I_{11/2}$ 準位）が励起状態であるから，3準位系において終状態となる基底状態とは異なり電子の数が少なく，反転分布を達成しやすい．これが4準位系レーザーの利点である．

10・3　金属と半導体の光学的性質

10・3・1　金属における光の反射

金属は独特の光沢を呈する．この性質は金属中の伝導電子の運動に起因する．金属では陽イオンと伝導電子が存在して電気的な中性が保たれているが，局所的な電荷の偏りが生じると，電子は正電荷の密度が高い領域に向かって動く．それにより電気的な中性が回復されても電子の速度はゼロにはならず，そのまま運動を続け今度は逆に負電荷の密度の高い状態をつくって停止する．すると，再び相対的に正電荷の密度が高い領域ができてしまうので，電子はその場所に向かって逆戻りする．このような過程で伝導電子の振動運動が起こる．これを**プラズマ振動**(plasma oscillation)という．この振動における波長は陽イオン間の距離と比べると非常に長く，伝導電子は金属内の広い空間にわたり位相をそろえて振動する．プラズマ振動を量子化した粒子を**プラズモン**(plasmon)という（コラム参照）．

金属を誘電体としてとらえ，外部から交流電場が加えられている状態で伝導電子の運動を考察すると，電場の影響を受けて伝導電子は振動することがわかる．これにより金属内には誘電分極が発生し，電場と誘電分極との関係から金属の複素誘電率が導かれる．振動数の高い領域では，伝導電子が格子欠陥やフォノンによる散乱を受けてからつぎに散乱されるまでの時間が相対的に十分に長くなるため，散乱の影響は無視できる．このような状況では，複素誘電率は，

$$\frac{\tilde{\varepsilon}}{\varepsilon_0} = 1 - \frac{\omega_{\mathrm{p}}^2}{\omega^2} \tag{10・16}$$

と表現される．ここで，ω は加えられている交流電場の角振動数で，また，

$$\omega_{\mathrm{p}} = \sqrt{\frac{n_{\mathrm{e}} e^2}{m \varepsilon_0}} \tag{10・17}$$

であり，ω_{p} は角振動数の次元をもつ．ここで，e は電気素量，m は電子の質量，n_{e} は単位体積あたりの伝導電子の数である．ω_{p} は上で述べたプラズマ振動を特徴づける振動数であって，プラズマ振動数とよばれる．金属に光が入射する場合を考えると，上記の ω は入射光の角振動数に対応する．入射光の振動数が $\omega < \omega_{\mathrm{p}}$ の領域にあれば，(10・16)式より $\tilde{\varepsilon} < 0$ であるから，(10・8)式に基づき複素屈折率 $\tilde{n}$ は純虚数となる．すなわち，屈折率 $n = 0$ であって，この場合(10・14)式より $R_\perp = 1$ が成り立つので，入射光はすべて反射されることになる．逆に $\omega > \omega_{\mathrm{p}}$ であれば伝導電子の振動より光の振動の方が速くなるため，光は波として金属内に侵入することができ，反射率は減少する．(10・16)式から導かれる光の角振動数と反射率($R_\perp$)

プラズモニクスとナノ冶金学

10・3・1節で述べたように金属に見られる独特の光沢は自由電子の集団的振動であるプラズモンに起因する．金属表面におけるプラズマ振動は**表面プラズモン**(surface plasmon)とよばれ，これと光(電磁波)が結合した状態を表面プラズモンポラリトン(surface plasmon polariton)という．ポラリトンは分極と光子が混ざり合った状態の量子化された粒子であり，格子振動の光学モード(5・1・3節参照)と光が混合した状態などがこれに当たる．金属と誘電体の界面に生じる表面プラズモンポラリトンは，界面に平行な方向に沿って伝搬し，垂直な方向に対しては減衰する．このような性質をもつプラズモンは**伝搬型表面プラズモン**(propagating surface plasmon)とよばれている．この種のプラズモンを電子や光に代わる情報の担い手と考え，情報・通信の分野で応用する試みや，金属表面に接している物質をプラズモンを介して検出する分析技術が考案され，後者は生体分子のセンサーとして実用化に至っている．

また，大きさが数〜数百ナノメートル程度の金属微粒子ではプラズマ振動が粒子表面に局在化する．これは，**局在型表面プラズモン**(localized surface plasmon)とよばれ，プラズマ振動数に対応する光が入射すると共鳴吸収を起こす．このため，金属ナノ粒子は独特の色を呈することがある．たとえば，ステンドグラスとして利用されている鮮やかな赤色のガラスは，内部に金のナノ粒子を含んでおり，その局在型表面プラズモン共鳴に基づく着色が現れている．さらに，金属ナノ粒子表面では局在型表面プラズモンにより局所的に電場強度が増幅される．そのため，何らかの分子が近傍にあれば，分子振動に基づくラマン効果が桁違いに増強される．この現象は表面増強ラマン散乱(surface enhanced Raman scattering, SERS)とよばれ，分子の高感度のセンシングに利用される．

このようにプラズモンを情報伝達の手段として用いたり，高感度のセンシングに応用したりする分野を**プラズモニクス**(plasmonics)とよんでいる．プラズモニ

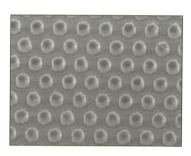

図1　数百 nm 程度の直径をもつ Al ナノシリンダーが周期的に配列したアレイ
京都大学　村井俊介助教のご好意による

コラム（つづき）

クスという術語は2000年以降に登場したものであり，その後，この分野では多くの新たな材料や現象が見いだされている．たとえば，図1は直径が数百nm程度のAlのナノシリンダーが周期的に並んだアレイを斜め上から見た走査型電子顕微鏡像であり，このようなナノ構造体を蛍光体と組合わせると，発光強度の増大や指向性のある光の放出が可能となる．本コラムの表題に含めた冶金学は金属や合金の製造，加工，組織の制御などを対象とした古くからある分野であるが，プラズモニクスが進展して実用的な材料やデバイスが生み出されるためには，金属のナノ構造を精度良く構築する技術が必要となる．これは"ナノ冶金学"ともよべるもので，今後このような術語が市民権をもつ日が来るかもしれない．

との関係を図10・9に示す．実際の金属の反射率と波長との関係はこのモデルによって説明できる．

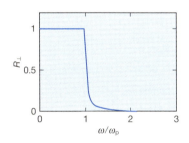

図10・9　金属に垂直に入射する光の角振動数 ω と反射率 $R_\perp$ の関係
ω_p はプラズマ振動数

10・3・2　半導体の電子構造と光吸収・発光

半導体ではバンド間の電子遷移により光の吸収や発光が起こる．光の波長は半導体の種類に応じて赤外から紫外の領域に及ぶ．半導体のバンド構造を電子の波数とエネルギーの関係として模式的に描くと図10・10のようになる．これらは，図6・5における $k = 2\pi/a$ (エネルギーギャップの存在する位置)の付近に相当し，ある波数 k_1 に対して $k_1 \pm 2\pi/a$ が同じ電子状態を与えることを考慮して描かれている(詳しくは固体物理学の教科書を参照のこと)．図10・10(a)では価電子帯のエネルギーが最大となる波数と伝導帯のエネルギーが最小となる波数が同じであるが，(b)では一致していない．図10・10(a)のようなバンド構造をもつ半導体では，価電子帯の最上部を占める電子が光吸収をともなって伝導帯の最小エネルギーの状態へ遷移する．このとき電子の波数は変化しない．これを**直接遷移**(direct transition)という．

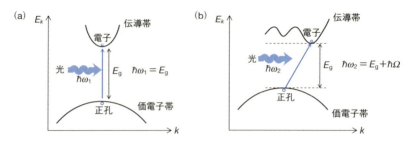

図10・10 直接遷移(a)と間接遷移(b)　k は電子の波数，E_k は電子のエネルギー，E_g はエネルギーギャップ，$\hbar\omega_1$ と $\hbar\omega_2$ は入射光のエネルギー，$\hbar\Omega$ はフォノンのエネルギー

一方，バンド構造が図10・10(b)で表されるような半導体では，価電子帯の最上部から伝導帯の最下部まで電子が遷移すると，電子の波数が変化する．この場合，外部から入射する光のエネルギーの一部がフォノンの生成にあてられ，フォノンの運動量が電子の波数の変化を補う．よって，光吸収に際してのエネルギーの保存に関して，

$$\hbar\omega = E_g + \hbar\Omega \qquad (10・18)$$

が成り立つ．ただし，ω は入射光の角振動数，Ω はフォノンの角振動数，E_g はエネルギーギャップである．このような遷移を**間接遷移**(indirect transition)という．表10・1に代表的な半導体(一部，絶縁体も含む)のエネルギーギャップの大きさと，遷移が直接遷移か間接遷移かの違いを示した．ダイヤモンド，ケイ素，ゲルマニウムでは間接遷移が起こり，GaAs，PbS，CdSe などでは直接遷移が見られる．

　光吸収によって価電子帯から伝導帯に遷移した電子が，電子の励起によって価電子帯に生成した正孔の位置に緩和するとエネルギーを放出する．この過程を電子と正孔の**再結合**(recombination)という．再結合によって発生するエネルギーは光として放出されたり，他の電子の運動エネルギーに変えられたりする．前者の現象は後述する発光ダイオードなどに応用される．また，光励起により伝導帯に遷移した電子と価電子帯に生じた正孔とがクーロン力によって結び付き，一つの粒子のように振舞うことがある．この粒子を**励起子**(exciton)または**エキシトン**とよぶ．励起子には電子と正孔が緩く結合して互いの距離が格子定数よりも大きい**ワニエ励起子**(Wannier exciton)と，電子と正孔の距離が短く，強く結合している**フレンケル励起子**(Frenkel exciton)とがある．前者はハロゲン化アルカリのようなイオン結晶でよく観察され，後者はアントラセンなど分子性結晶で多く見られている．ワニエ励

10・3 金属と半導体の光学的性質

表 10・1 半導体(一部,絶縁体を含む)のエネルギーギャップと遷移の種類

結　晶	エネルギーギャップ (eV) 0 K	エネルギーギャップ (eV) 300 K	遷移の種類
ダイヤモンド	5.4		間接
Si	1.17	1.11	間接
Ge	0.744	0.66	間接
GaP	2.32	2.25	間接
GaAs	1.52	1.43	直接
InP	1.42	1.27	直接
InSb	0.23	0.17	直接
ZnO	3.436	3.2	直接
ZnS	3.91	3.6	直接
CdS	2.582	2.42	直接
CdSe	1.840	1.74	直接
CdTe	1.607	1.44	直接
PbS	0.286	0.34〜0.37	直接

起子を模式的に図10・11に示す.励起子は電子と正孔が独立に存在する状態と比べて電子-正孔間の結合エネルギーの分だけ安定化しているため,励起子が生じる固体では電子と正孔を生成するのに必要な光のエネルギーから結合エネルギーを差し引いたエネルギーの光が吸収される.直接遷移が起こる半導体ではこれはエネルギーギャップより結合エネルギーの分だけ小さいエネルギーに相当する.

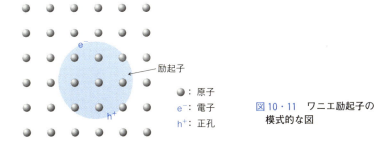

図 10・11 ワニエ励起子の模式的な図

●:原子
e⁻:電子
h⁺:正孔

図10・12に示すように半導体のpn接合に順方向の電場が印加されると,p型の領域では正孔の濃度が増え,n型の領域では電子の濃度が増加する.これらの正孔と電子がpn接合の領域で再結合して光を放出するものを**発光ダイオード**(light-emitting diode)といい,頭文字をとって**LED**と略称する.また,同じ機構で発光

する素子のうちレーザー発振を示すものを**レーザーダイオード**(laser diode)あるいは**半導体レーザー**(semiconductor laser)とよぶ．発光ダイオードおよびレーザーダイオードとして，GaAs 系や GaN 系の化合物半導体が知られている．前者では

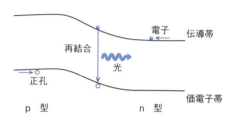

図 10・12　pn 接合における電子と正孔の再結合による発光　発光ダイオードおよび半導体レーザーの基礎となる現象である

GaAs，(Ga, Al)As などが半導体として使われる．発光の波長は赤色から赤外の領域であり，コンパクトディスク(CD)やバーコードの読み取り，光通信における光信号の発生や増幅などへ応用されている．GaN 系のレーザーダイオードは発光波長が青色から紫色の領域にあって短いことから光記録などへの応用が注目されている．光記録では一つの情報量に対応するレーザーのスポットの面積がレーザーの波長の 2 乗に比例するため，大容量の光記録素子を作製するうえで短波長のレーザーは有効である．また，GaN 系発光ダイオードは 10・4 節で述べるように白色光源として広く利用されている．

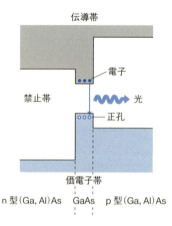

図 10・13　ダブルヘテロ構造におけるバンド構造

デバイスの面からは，**ダブルヘテロ接合**(double hetero-junction)とよばれる構造が実用化の主流となっている．これは，たとえば(Ga, Al)As のような相対的にエネルギーギャップの大きい p 型ならびに n 型半導体で GaAs のようなエネルギーギャップの小さい半導体の薄い層を挟んだ構造をしており，図 10・13 に示すようなバンド構造をもつため，GaAs 層に効率良く電子と正孔が集まり，発光効率が高くなる(6 章 p.192 のコラムも参照)．ダブルヘテロ接合を提案し，GaAs 系の赤外〜赤色領域のレーザーダイオードの実現に成功したクレーマーとアルフェロフは 2000 年に，また，GaN 系青色発光ダイオードと半導体レーザーの開発に寄与した赤崎勇，天野浩，中村修二は 2014 年にそれぞれノーベル物理学賞を受賞した．

10・3・3 光起電力効果と太陽電池

前節で述べたダイオードに，半導体のエネルギーギャップよりも大きいエネルギーに相当する波長の光が入射する場合を考えよう．6・3・2 節で説明したとおり，p 型半導体と n 型半導体の接合でダイオードがつくられる場合，平衡状態では 2 種類の半導体のフェルミ準位は等しくなっている(図 6・13 参照)．pn 接合の領域に光が照射されると価電子帯の電子が伝導帯に励起され，同時に価電子帯には正孔が生成する．図 10・14 に示すように，価電子帯の電子はより安定な n 型半導体の伝導帯に移動し，正孔は p 型半導体の価電子帯に移って，これらの正電荷と負電荷により起電力が発生する．これを**光起電力効果**(photovoltaic effect)という．光吸収によって生じた電子と正孔の移動により n 型半導体と p 型半導体のフェルミ準位は平衡状態から変化し，両者に差が生じる．このエネルギー差が起電力に反映され

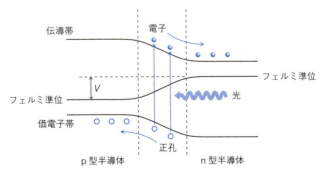

図 10・14　pn 接合に光が照射され，バンド間遷移により電子と正孔が生成した状態での電子構造と光起電力効果　図中の V に対応した起電力が発生する

る．この現象は半導体のpn接合ばかりでなく，半導体と金属の接合や，半導体と電解質溶液の組合わせなどでも見られる．

光起電力効果は**太陽電池**(solar cell)に応用される．太陽電池としての利用が提案されている，あるいはすでに実用化されている物質は多岐にわたる．代表的なものは半導体産業においても中核をなす"ケイ素(シリコン)"であり，単結晶，多結晶，アモルファスの形態の材料が実用化されている．ケイ素は間接型半導体であり，エネルギーギャップが室温で 1.11 eV であるため，赤外光に対して光電変換効率が高い．このほか無機物質では，代表的な"化合物半導体"である GaAs や，CdS, CdTe, CuInS$_2$, Cu$_2$ZnSnS$_4$, Cu(In, Ga)Se$_2$, Cu(In, Ga)(Se,S)$_2$, CuInS$_2$, Cu$_2$ZnSnS$_4$ といったカルコゲン化物が知られている．また，有機化合物では，"有機薄膜太陽電池"に利用される半導体として，最初は p 型では銅フタロシアニン(CuPc)およびその類似化合物，n 型ではペリレンジイミド誘導体の組合わせが用いられ，その後，p 型として P3HT(ポリ(3-ヘキシルチオフェン-2,5-ジイル))，n 型としてフラーレン誘導体の PCBM(フェニル C$_{61}$ 酪酸メチルエステル)の標準的な組合わせが見いだされた(図 10・15)．

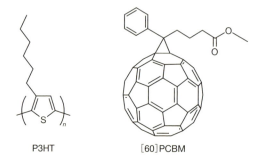

図 10・15　有機薄膜太陽電池に用いられる P3HT と PCBM

半導体の pn 接合とは異なる構造に基づいて光起電力効果を示すデバイスとして"色素増感型太陽電池"が知られている．典型的な例は酸化物半導体である TiO$_2$ と増感剤であるルテニウム錯体の組合わせによるもので，後者として図 10・16 に示したようなビピリジン錯体などが用いられる．TiO$_2$ は多孔質や微粒子状であり，その表面に Ru(II)錯体が吸着している．TiO$_2$ は，F を添加した SnO$_2$ などの透明電極に担持され，電極はヨウ化物イオン(I$^-$)と三ヨウ化物イオン(I$_3^-$)を含む電解質溶液に接している．図 10・17 に模式的に示したように，光が照射されると Ru(II)錯

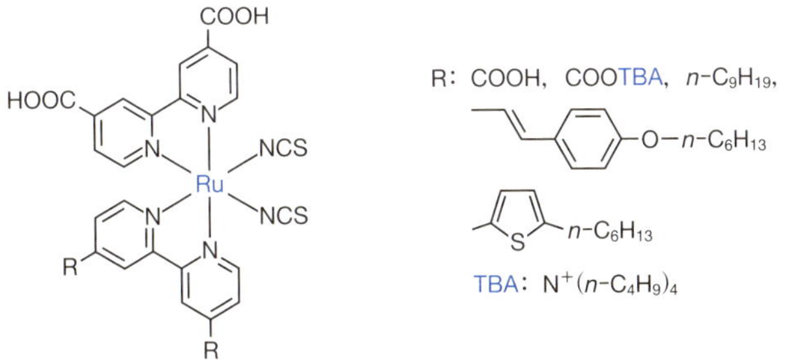

10・3 金属と半導体の光学的性質

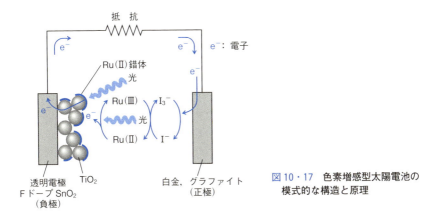

図10・16 色素増感型太陽電池の増感剤として用いられるルテニウム錯体

図10・17 色素増感型太陽電池の模式的な構造と原理

体がこれを吸収し,電子と正孔が生じる.電子はTiO_2の価電子帯に移動したのち,透明電極(負極)を通って外部回路に出る.正極では電解質中でI_3^-が電子を受け取ってI^-に変化する.I^-は,光照射によりRu(II)錯体に生成した正孔(Ru(III)の状態)を受け取ってI_3^-に戻る.この酸化還元反応によりRu(III)錯体は元のRu(II)の状態に変換される.この種の太陽電池は系に溶液を含むことから湿式太陽電池とよばれることもある.増感剤としては,ルテニウム錯体のほか,クマリン誘導体やカルバゾール色素などの有機色素分子も用いられる.

色素増感型太陽電池のルテニウム錯体や有機色素の代わりに$CH_3NH_3PbI_3$結晶を用いたものは"ペロブスカイト型太陽電池"とよばれる.$CH_3NH_3PbI_3$結晶がペロブスカイト型構造(1・5・3節参照)をとることからこの名称がある.結晶中ではメチルアンモニウムイオン($CH_3NH_3^+$)がAサイトを占め,Pb^{2+}がBサイトに入る.この結晶はエネルギーギャップが1.5 eV程度であり,800 nmより波長の短い可視

314 　　　　　　　　　　　　　　10. 光 学 的 性 質

光を吸収できるため，高い光電変換効率が得られる．

10・4 発 光 材 料

　固体が示す発光現象(ルミネセンス)のうち，電子がエネルギーとして光を吸収して励起状態に遷移し，エネルギーの低い準位に緩和する際に光を放出する現象を**光ルミネセンス**(photoluminescence)という．光ルミネセンスの応用には蛍光灯やプラズマディスプレイがある．いずれの場合にも，紫外線での励起により光の三原色である赤，緑，青の発光をもたらす蛍光体が利用される．蛍光灯用にはY_2O_3:Eu^{3+}(発光波長は 611 nm)，$LaPO_4$:Ce^{3+}, Tb^{3+} (543 nm)，$Sr_{10}(PO_4)_6Cl_2$:Eu^{2+} (447 nm) などが使われている．また，プラズマディスプレイ用の蛍光体には，Zn_2SiO_4:Mn^{2+} (525 nm)，$BaMgAl_{10}O_{17}$:Eu^{2+} (452 nm) などがある．

　電子を励起するためのエネルギーの源は光だけではない．たとえば 10・3・2 節で述べたように半導体の pn 接合は電場の印加により発光する．これは**エレクトロルミネセンス**(electroluminescence)または**電場発光**とよばれ，**EL** と略称される．無機化合物半導体の pn 接合を用いた電場発光は，10・3・2 節で述べた光通信や光記録のほか，照明にも広く利用されている．照明用に白色光を得る手段として，光の三原色である赤，緑，青の光を発する 3 種類の発光ダイオードを用いるものと，青色発光ダイオードと蛍光体を組合わせるものがある．これらはいずれも白色 LED とよばれる．後者では GaN 系の青色発光ダイオードと$Y_3Al_5O_{12}$:Ce^{3+} 蛍光体やEu^{2+} を添加したサイアロン蛍光体などが使われる．$Y_3Al_5O_{12}$:Ce^{3+} は Ce^{3+} の 4f-5d 遷移により 450 nm 付近の光を吸収して 500 nm から 650 nm の波長範囲の発光を示す．励起光源の青色と発光の黄色が混ざることで白色光が観察される．サイアロンは窒化ケイ素(Si_3N_4)の Si の一部を Al で，また，N の一部を O で置換した化合物であり，耐熱性が高く，高強度の材料としても知られている．Ca^{2+} と Eu^{2+} を添加したサイアロンは蛍光体として働き，たとえば波長が 450 nm の光で励起するとEu^{2+} の 5d-4f 遷移により 590 nm 付近を中心に 500 nm から 700 nm にかけて強度が強く幅の広い発光が生じる．このため，$Y_3Al_5O_{12}$:Ce^{3+} では不足していた赤色領域の発光が補われ，より真の白色に近い色となる．

　電場発光の機構には，電子と正孔の再結合のほか，外部電場によって注入される電子が結晶中の光活性種と高速で衝突してこれらを励起し，発光をもたらす場合もある．無機化合物では ZnS:Mn^{2+} など硫化物に少量の遷移金属イオンや希土類イオンが添加された結晶がこの現象を示す．また，有機固体を用いた EL(**有機 EL**)で

10・4 発光材料

は，電極から注入される電子と正孔が蛍光やりん光を示す分子において励起子を形成し，これが発光に寄与する．発光材料としては，代表的な蛍光分子であるアントラセン(図1・39)に始まり，蛍光材料，次いでりん光材料が見いだされ，さらに新たなタイプの材料の開発も進んでいる．たとえば，表10・2に示すように発光材料には，アルミキノリノール錯体(Alq_3)やジスチリルアリーレン誘導体(DPVBi)などのように単独で強い蛍光を示すホスト材料や，蛍光色素であるDCMやクマリン，りん光色素であるイリジウム錯体($Ir(ppy)_3$)などのようにホスト材料にドーピングして使用されるものがある．有機ELは軽量，薄型でフレキシブルなディスプレイなどに利用されている．電場発光とよく似た現象として，電子の流れである陰極線によって励起された蛍光体が発光する現象もある．これは**陰極線ルミネセンス**(cathode luminescence)またはカソードルミネセンスとよばれ，テレビジョンのブラウン管などに利用されてきた．用いられる蛍光体は，前出の$Y_2O_3:Eu^{3+}$のほか，$Y_2O_2S:Eu^{3+}$(波長は626 nm)，$ZnS:Ag^+, Al^{3+}$(450 nm)などである．

表10・2 有機ELに用いられる発光材料の例

発光材料(ホスト)	発光波長(nm)	発光材料(ドーパント)	発光波長(nm)
アルミキノリノール錯体 (Alq_3)	540	DCM2	605
ジスチリルアリーレン誘導体 (DPVBi)	480	クマリン540	520
		イリジウム錯体 $Ir(ppy)_3$	513

このほか，熱ルミネセンス，輝尽発光，摩擦発光などの現象がある．蛍光体に放射線のような高エネルギーの光や粒子が照射されると，蛍光体内で励起された電子や正孔が，もともとそれが存在していたイオンから離れて別の位置に捕獲されることがある．このような電子や正孔は温度を上げると熱エネルギーを得て，元のイ

オンの励起状態に戻り発光に寄与する．この現象を**熱ルミネセンス**(thermolumi-nescence)という．温度を上げる代わりに赤外光のようなエネルギーの小さい光で捕獲された電子や正孔を励起しても同じような発光現象が起こる．これを**輝尽発光**(photostimulated luminescence)という．これらの現象を示す蛍光体は，放射線計測用の素子に応用される．実用化されている蛍光体は，熱ルミネセンスでは LiF，$CaSO_4:Tm^{3+}$，$Mg_2SiO_4:Tb^{3+}$ などであり，輝尽発光では $BaFX:Eu^{2+}$ (X=Cl, Br) である．

また，固体が破壊するときに発光する現象を**摩擦発光**(triboluminescence)という．この現象は，非晶質固体を含む多くの無機固体と有機固体において観察される．たとえば圧電体では破壊や変形の機械的なエネルギーによって発生する誘電分極が破壊面において放電を起こし，それが気体中の分子を励起したり，固体中の光活性種を励起したりして発光が起こる．また，へき開した結晶表面での放電や，破壊による局所的な温度上昇に起因する熱ルミネセンスなども摩擦発光の機構として提案されている．

10・5　電気光学効果と非線形光学効果

10・5・1　電気光学効果と非線形光学効果の基礎

7・1・1 節で述べたように，誘電体に電場 E が作用したときに発生する誘電分極 P は電場に比例する．厳密にいえば，電場が小さい範囲ではこの関係は成り立つが，レーザーの光電場のような大きな電場が作用すると電場の各成分の 2 乗や 3 乗などに比例する誘電分極が現れる．このような効果を加味したときの電場と誘電分極との関係は，(7・2)式を発展させた形として，

$$P = \varepsilon_0(\chi^{(1)}E + \chi^{(2)}E \otimes E + \chi^{(3)}E \otimes E \otimes E + \cdots) = \varepsilon_0\chi^{(1)}E + P^{NL}$$

$$(10 \cdot 19)$$

のように書くことができる．ここで，$\otimes$ の記号は，$E \otimes E$ などがディアディックとよばれるテンソルの一種であることを表し，

$$E = (E_x, E_y, E_z) \qquad (10 \cdot 20)$$

に対して，たとえば，

$$E \otimes E = (E_x^2, E_y^2, E_z^2, E_yE_z, E_zE_x, E_xE_y) \qquad (10 \cdot 21)$$

のように成分で表すことができる．(10・19)式中の $\chi^{(1)}$ は既出の電気感受率であり，非線形の項の係数である $\chi^{(2)}$ と $\chi^{(3)}$ は，それぞれ，2 次非線形感受率および 3 次非線形感受率とよばれる．また，P^{NL} を**非線形誘電分極**(nonlinear polarization)

という.このような誘電分極と電場の非線形な関係に基づいて現れる現象のうち,直流電場と光電場が関係し,屈折率が直流電場に依存して変化する現象を**電気光学効果**(electro-optic effect)といい,光電場のみが引き起こす現象を**非線形光学効果**(nonlinear optic effect)とよんでいる.特に,光電場 E に対して,(10・19)式の第2項,第3項に基づく現象は,それぞれ,2次非線形光学効果,3次非線形光学効果とよばれる.現象を微視的に見た場合,7・1・3節で考察した電気双極子モーメント p にも非線形な効果が現れ,永久双極子モーメント p_0 の項も含めて書くと,(7・12)式を発展させた形で,

$$p = p_0 + \alpha E_{\text{loc}} + \beta E_{\text{loc}} \otimes E_{\text{loc}} + \gamma E_{\text{loc}} \otimes E_{\text{loc}} \otimes E_{\text{loc}} + \cdots \quad (10・22)$$

となる.β および γ を2次および3次の超分極率という.

さまざまな条件のもとで(10・19)式を用いて計算を行えば,電気光学効果と非線形光学効果に関するいろいろな現象を定量的に導くことができるが,計算の詳細は光物性や非線形光学の専門書に譲り,ここでは現象を定性的に考察するにとどめる.たとえば,誘電体に角振動数が ω_1 と ω_2 の2種類の光が入射することにより起こる2次非線形光学効果では,角振動数が $\omega_1 + \omega_2$ と $|\omega_1 - \omega_2|$ の2種類の誘電分極の波が生じる.誘電分極の振動は同じ角振動数をもった電磁波を発生させるので,結果として角振動数が $\omega_1 + \omega_2$ と $|\omega_1 - \omega_2|$ の光が発生する.前者の現象を**和周波混合**(sum frequency mixing),後者を**差周波混合**(difference frequency mixing)という.特に誘電体に入射する光が1種類でその角振動数が ω であるとき,$\omega = \omega_1 = \omega_2$ であるので 2ω の角振動数をもつ光の発生と,$\omega_1 - \omega_2 = 0$,すなわち,直流電場の生成が観察される.前者を**光第二高調波発生**(second-harmonic generation, SHG),後者を**光整流**(optical rectification)とよぶ.これらの現象を説明したものが図10・18である.誘電分極の大きさ P は電場の大きさ E の2乗に比例すると考え

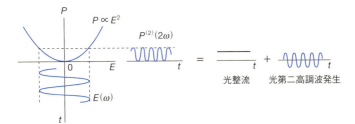

図10・18 2次非線形光学効果の光第二高調波発生と光整流 P は誘電分極,$E(\omega)$ は光電場.$E(\omega)$ は時間軸 t に沿って進む波である.$P \propto E(\omega)^2$ であるから誘電分極の波 $P^{(2)}$ の角振動数は 2ω になる

れば互いの関係は図のように放物線となり，電場の波の周期に対して誘電分極の波の周期はちょうど半分となる．誘電分極の波は時間 t の軸の上側にあるので，これは時間軸と交差して振動する波と時間に依存しない成分とに分けられる．前者が光第二高調波発生，後者が光整流である．

一方，角振動数が ω の光電場 $\boldsymbol{E}(\omega)$ と直流電場 $\boldsymbol{E}_0$ との間に 2 次非線形の効果をもたらす相互作用がある場合，2 次非線形誘電分極の成分の一つとして，

$$P^{(2)}(\omega) = \varepsilon_0 [2\chi^{(2)} E_0] E(\omega) \tag{10・23}$$

が導かれる．これは，光電場に対する線形の電気感受率が直流電場の影響で $\Delta\chi = 2\chi^{(2)} E_0$ だけ変化することを意味する．電気感受率と誘電率の関係(7・1・1節，(7・5)式)や，10・1・2 節で述べた誘電率と屈折率の関係より，(10・23)式は誘電体に直流電場が印加されると屈折率が電場に比例して変化することを表している．この現象を**ポッケルス(Pockels)効果**あるいは**1 次電気光学効果**という．電場による屈折率の変化は，各物理量の成分による表示で，

$$\Delta\left(\frac{1}{n_{ij}{}^2}\right) = r_{ijk} E_k \tag{10・24}$$

と書くことができる．(10・24)式の r_{ijk} を**ポッケルス定数**という．

ここで，ポッケルス効果や光第二高調波発生のような誘電分極の 2 次非線形項に起因する現象が観察されるためには，対象となる物質に構造上の制約が課されることを注意しておこう．結論からいえば，巨視的な反転対称性をもつ物質では 2 次非線形光学効果や 1 次電気光学効果は現れない．2 次非線形誘電分極を成分で表すと，

$$P_i^{(2)} = \sum_{j,k} \chi_{ijk}^{(2)} \varepsilon_0 E_j E_k \qquad (i = 1, 2, 3) \tag{10・25}$$

となる．対象となる物質に反転対称性があれば，$-\boldsymbol{P}$ と $-\boldsymbol{E}$ に対しても同じ式が成立する．つまり，

$$-P_i^{(2)} = \sum_{j,k} \chi_{ijk}^{(2)} \varepsilon_0 (-E_j)(-E_k) \qquad (i = 1, 2, 3) \tag{10・26}$$

が成り立ち，(10・25)式と(10・26)式の両辺を加えると，

$$\chi_{ijk}^{(2)} = 0 \tag{10・27}$$

が得られる．したがって，構造に巨視的な反転対称性のある物質では，誘電分極の 2 次非線形項に起因する現象は現れない．

対照的に，誘電分極の 3 次非線形項に基づく効果はあらゆる物質で観察される．3 次非線形光学効果では，たとえば誘電体に角振動数 ω の光が入射すると，$\omega +$

$\omega + \omega = 3\omega$ により入射光の3倍の角振動数をもつ光が発生する．これは**光第三高調波発生**(third-harmonic generation, THG)とよばれる．また，誘電体に直流電場が加えられている場合には，誘電体の屈折率が直流電場の大きさの2乗に比例して変化する．これは電気光学効果の一つで，**カー**(Kerr)**効果**または**2次電気光学効果**とよばれる．

10・5・2　電気光学材料と非線形光学材料

　上述のようにポッケルス効果および2次非線形光学効果は反転対称性のない固体でしか観察されない．7・2節での議論からわかるように，このような条件を満たす固体は圧電体である．圧電性を示す無機固体のポッケルス定数を表10・3にまとめた．また，いくつかの無機固体の光第二高調波発生に対応する2次非線形感受率の相対値を表10・4に示す．7・3・1節ですでに述べたように，$LiNbO_3$, KH_2PO_4 などは2次非線形光学結晶として，応用上重要である．これらの表より，$BaTiO_3$, $LiNbO_3$, $LiTaO_3$, $Ba_2NaNb_5O_{15}$ などの酸化物結晶が大きなポッケルス定数あるいは2次非線形感受率をもつことがわかる．ポッケルス効果を示す結晶に電場を印加するとその方向の屈折率が変化することを利用して，電場の有無により結晶に入射する光の透過率を変えることができる．この性質は光シャッターとして応用される．$(Pb, La)(Zr, Ti)O_3$ の透明な多結晶焼結体を用いた光シャッターが実用化され，

表10・3　無機結晶のポッケルス定数

結　晶	ポッケルス定数* $(pm\ V^{-1})$		測定波長 (μm)
KH_2PO_4 (KDP)	$r_{41} = 8.6$	$r_{63} = -10.5$	0.546
$NH_4H_2PO_4$ (ADP)	$r_{41} = 24.5$	$r_{63} = -8.5$	0.546
$LiNbO_3$	$r_{33} = 30.8$	$r_{13} = 8.6$	0.633
$LiTaO_3$	$r_{33} = 30.3$	$r_{13} = 7$	0.633
$BaTiO_3$	$r_{33} = 28$	$r_{13} = 19$	0.546
ZnO	$r_{33} = 2.6$	$r_{13} = -1.4$	0.633
$CdTe$	$r_{41} = 6.8$		1.06
$GaAs$	$r_{41} = 1.2$		0.9

＊　(10・24)式よりポッケルス定数の成分は r_{ijk} であるが
$$r_{i11} = r_{i1},\ r_{i22} = r_{i2},\ r_{i33} = r_{i3},$$
$$r_{i23} = r_{i4},\ r_{i31} = r_{i5},\ r_{i12} = r_{i6}$$
のように表現する．たとえば $r_{411} = r_{41}$ である．

320　　　　　　　　　　　　　　10. 光 学 的 性 質

デジタル画像の印刷や処理などに利用されている.

表 10・4　無機結晶の光第二高調波発生に対応する相対的な
2 次非線形感受率　KH_2PO_4 において $d_{36} = 1.00$ としてい
る．測定波長は 1.06 μm

結　晶	相対的な 2 次非線形感受率		
KH_2PO_4 （KDP）	$d_{36} = 1.00$	$d_{14} = 1.01 \pm 0.05$	
$NH_4H_2PO_4$ （ADP）	$d_{36} = 0.99 \pm 0.06$	$d_{14} = 0.98 \pm 0.05$	
KD_2PO_4	$d_{36} = 0.92 \pm 0.04$	$d_{14} = 0.91 \pm 0.03$	
$LiNbO_3$	$d_{31} = 17.8 \pm 3$		
$BaTiO_3$	$d_{15} = 35 \pm 3$	$d_{31} = 37 \pm 3$	$d_{33} = 14 \pm 1$
CdS	$d_{15} = 35 \pm 2$	$d_{31} = 32 \pm 2$	$d_{33} = 63 \pm 4$
$Ba_2NaNb_5O_{15}$	$d_{31} = 43 \pm 5$	$d_{32} = 50 \pm 5$	

　カー効果と 3 次非線形光学効果は構造の対称性に関係なくあらゆる物質で観察される
ため，結晶のみならずガラス物質での研究も盛んである．一般に均質な無機ガ
ラスでは線形の屈折率が大きいほど 3 次非線形感受率も大きい．よって，大きな分
極率をもつイオンや原子で構成されたガラスは大きな 3 次非線形光学効果を示す傾
向がある．たとえば，カルコゲン化物ガラスや重金属イオンを高濃度に含むガラス
などが大きい 3 次非線形光学効果を示す.

　一方，有機化合物においても大きな非線形光学効果を示す固体が存在する．有機
分子の非線形光学効果に関しては，電子状態と超分極率との関係が理論と実験の両
側面から調べられている．たとえばベンゼン分子は反転対称性をもつため超分極率
β はゼロであるが，ベンゼン環に電子供与基と電子求引基を同時に導入すれば分子
内に電荷の偏りが生じて β が大きくなる．このような分子によって形成される結
晶において電気双極子モーメントが配向して並べば，巨視的な反転対称性がなくな
り 2 次非線形光学効果が現れる．大きな 2 次非線形光学効果が観察される有機結晶
の光第二高調波の変換効率と β の値を無機結晶と比較して表 10・5 に示した．β の
値は，真空の誘電率を $\varepsilon_0 = 1$ とする CGS 静電単位系（esu）を用いて表されている.
また，光第二高調波の変換効率は尿素に対する相対的な値である．$LiNbO_3$ 結晶の
10 倍ほどの大きな変換効率を示す有機結晶も存在する．同様に有機高分子の側鎖
に表 10・5 中の分子や類似の分子を導入できれば，大きな β が実現する．たとえ
ば図 10・19 のようにポリジアセチレンの側鎖に超分極率の大きな分子が結合して

10・5 電気光学効果と非線形光学効果

表10・5 有機結晶の超分極率 β と光第二高調波変換効率の相対値
後者については無機結晶の値も示す

化 合 物	$\beta(10^{-30}\text{ esu})$[*1]	光第二高調波変換効率[*2]
H₂N-CO-NH₂ (尿素)	0.45	1
O₂N-C₆H₃(CH₃)-NH₂	42	22
(ピラゾール誘導体, CH₃/H₃C-環-N-C₆H₄-NO₂)	27.5[*3]	16 (1064 nm)
(H₃C)₂N-C₆H₄-CH=C(CN)₂	88[*3]	1 (1064 nm)
(H₃C)₂N-C₆H₄-CH=CH-C₆H₄-NO₂	55	—
DAST[*4]	364	~1000 (1907 nm)
KH₂PO₄	—	0.3
LiNbO₃	—	2.5

*1 真空の誘電率を1とするCGS静電単位系での値. 単位はesu.
*2 各波長(括弧内の値)における尿素に対する相対値.
*3 計算値.
*4 DAST(4-N,N-ジメチルアミノ-4'-N'-メチルスチルバゾリウム p-トルエンスルホン酸塩)は, 下記の有機分子イオンからなる化合物.

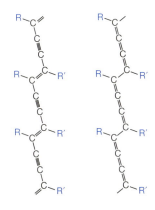

R: CH₂NH-C₆H₃(CH₃)-NO₂

R′: (CH₂)₈CONHC₂H₅

図10・19 ポリジアセチレンの構造
側鎖に超分極率の大きな分子が結合して非対称な構造が保たれると, 2次非線形光学効果が大きくなる

非対称な構造となり，この対称性が反映されたポリジアセチレン分子の配列が実現できれば大きな $\chi^{(2)}$ が観察される．このほか，7・3・3 節で述べた圧電性高分子においても反転対称性のない構造が実現できるため，この種の高分子も大きな 2 次非線形光学効果あるいはポッケルス効果を示す物質となりうる．

ポリアセチレンの共役二重結合のような π 電子が電子構造を支配する系では，π 電子がつくるエネルギー準位間での遷移にともなう大きな 3 次非線形光学効果が観察される．表 10・6 にいくつかの有機高分子に対する 3 次非線形感受率の値を示す．表には比較のために無機ガラスの 3 次非線形感受率も示した．ポリアセチレンやポリジアセチレンはシリカガラスと比べて 4 桁も大きい $\chi^{(3)}$ をもつことがわかる．また，無機ガラスのなかでは $\chi^{(3)}$ の大きいカルコゲン化物ガラスと比較しても，1 桁から 2 桁程度大きな値である．

表 10・6　有機高分子固体の 3 次非線形感受率 $\chi^{(3)}$ の値　光第三高調波発生(THG)を利用して測定されている．無機ガラスの値も示した

物　質	$\chi^{(3)}$ $(10^{-12}\,esu)$ *	測定波長 (μm)
ポリジアセチレン		
R: CH_2OSO_2-◯-CH_3	850 ± 500	1.89
R: $(CH_2)_4OCONH$-◯	70 ± 50	1.89
R: $CH=CH$-◯-C_3H_7	50	1.89
ポリアセチレン		
$-(CH=CH)_n-$	400	1.064
ポリ-p-フェニレンビニレン		
$-(◯-CH=CH)_n-$	7.8	1.064
SiO_2 ガラス	0.028	1.907
TeO_2 ガラス	1.4	
As_2S_3 ガラス	7.2	

＊　CGS 静電単位系での値

10・6　磁 気 光 学 効 果

10・6・1　磁気光学効果の基礎

磁場により物質の光学的性質が変化する現象を広義の**磁気光学効果**(magnetooptic effect)という.たとえば,4・4節で述べた電子スピン共鳴やゼーマン効果なども広い意味での磁気光学効果である.一方,狭義の磁気光学効果として,ファラデー効果,フォークト効果またはコットン-ムートン効果,磁気カー効果などがある.ここでは,この三つの現象について説明しよう.

a. ファラデー効果

図 10・20 に示すように,強磁性体や磁場中の物質に対して直線偏光が磁化あるいは磁場の方向に平行に入射すると,透過光は楕円偏光に変わり,電気ベクトル(電場ベクトル)の振動面が入射光に対して相対的に回転する.これを**ファラデー(Faraday)効果**という.一般に直線偏光は,振動面が同じ速さで回転する右円偏光と左円偏光の和として表される.光の進行する方向に沿って電気ベクトルの時間変

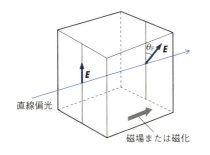

図 10・20 ファラデー効果
E は光電場,θ_F はファラデー回転角

化を描くと,図 10・21(a)のようになる.光は紙面の表から裏に向かって進んでいる.右円偏光と左円偏光の電気ベクトルが時間とともに回転すれば,それらのベクトルの足し算として得られる直線偏光の電気ベクトルは縦軸に沿って振動する.この直線偏光が磁性体に入ると,磁場あるいは磁化の方向に異方性が存在するため,右円偏光と左円偏光に対する屈折率と吸光度に違いが生じる.屈折率の違いは磁性体における右円偏光と左円偏光の速度の違いをもたらし,磁性体の出口において図 10・21(b)のようにどちらかの位相が進んだ状態となる.よって,これらの合成として得られる直線偏光の振動面は最初の状態(縦軸に平行な向き)から角度 θ_F だけ傾く.このように直線偏光の振動面を傾ける物質の性質を一般に旋光性といい,振動面の傾きの角度を旋光角とよぶ.特にファラデー効果における振動面の傾き θ_F を**ファラデー回転角**(Faraday rotation angle)という.一方,右円偏光と左円偏光の吸光度に差が生じると,これらの円偏光が磁性体を出たあとの振幅に違いが生じるため,図 10・21(c)のようにそれぞれの電気ベクトルの大きさが異なり,それらを

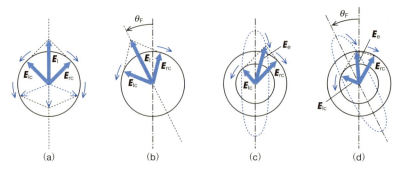

図 10・21　ファラデー効果の原理　E_l, E_{rc}, E_{lc}, E_e はそれぞれ直線偏光，右円偏光，左円偏光，楕円偏光の電気ベクトル．(a)直線偏光は右円偏光と左円偏光の和となる．直線偏光の光電場は縦軸に沿って振動する．(b)右円偏光と左円偏光の屈折率に差があると，磁性体を通った直線偏光の振動面が θ_F だけ回転する．(c)右円偏光と左円偏光の吸光度に差があると，磁性体を通った光は楕円偏光に変わる．(d)一般には(b)と(c)の両方の現象が起こる

合成したベクトルは時間変化にともなって楕円を描く．つまり，最初の直線偏光は楕円偏光に変化する．一般には図 10・21(d)のように楕円偏光に変わるうえに，その長軸方向は始めの直線偏光の振動面から回転する．

b. フォークト効果

磁性体の磁化あるいは外部磁場の方向に対して垂直な向きに光が入射すると，磁化(あるいは磁場)と平行な方向に振動する直線偏光と垂直な方向に振動する直線偏光とで屈折率に違いが生じて，二つの屈折光が現れる．この現象を**フォークト**(Voigt)**効果**あるいは**コットン-ムートン**(Cotton-Mouton)**効果**という．もともと構造に一軸異方性(ある特定の1次元方向の構造が他の方向の構造と異なる性質)をもつ結晶では，入射光のうち一軸異方性の方向に平行な向きに振動する光と垂直な方向に振動する光とでは屈折角が異なる．この現象を**複屈折**(double refraction)といい，炭酸カルシウムの単結晶(方解石)などで観察される．つまり，フォークト効果は磁化あるいは磁場が等方的な固体に一軸異方性を誘起するために起こる複屈折である．このために**磁気複屈折**(magnetic double refraction)ともよばれる．

c. 磁気カー効果

磁性体の表面に入射した直線偏光が反射するとき，反射光の振動面などの状態が変化する現象を**磁気カー効果**(magnetic Kerr effect)という．単にカー効果という場合もあるが，電気光学効果におけるカー効果と区別するために一般に磁気カー効果とよぶ．磁化あるいは磁場の方向と入射面の向きとの関係は図 10・22(a), (b), (c)

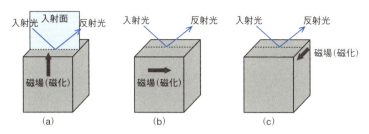

図 10・22 **磁気カー効果** 入射面と磁場(磁化)との関係に注意．(a)極カー効果，(b)縦カー効果，(c)横カー効果

のように3種類のものがあり，それぞれ，極カー効果，縦カー効果，横カー効果とよばれる．このうち極カー効果と縦カー効果では，反射光の振動面が入射する直線偏光に対して相対的に回転し楕円偏光となる．横カー効果では，入射光の振動面の向きと磁化の大きさに応じて反射率が変化する．

10・6・2 磁気光学材料

磁気光学材料には，光スイッチ，光記録材料，光アイソレーターなどフォトニクスの分野において重要なデバイスのほか，磁場センサーや電流センサーなどとしての用途もある．このうち，ファラデー効果の主な応用の一つである光アイソレーターの原理にふれておく．**光アイソレーター**(optical isolator)は光通信などにおいて光信号を一方向のみに伝える役割を担う．図 10・23 に示すように，入射光を直線偏光に変える偏光子と受光側の検光子の振動面を互いに 45°に設定し，偏光子と検光子の間に磁気光学材料を置いて，ファラデー回転角が 45°となるように磁性体の厚さや磁場の大きさなどを調節しておくと，磁性体を透過する直線偏光は検光子を通り抜けることができる．一方，逆向きに進行する光が検光子を通ったのちに磁

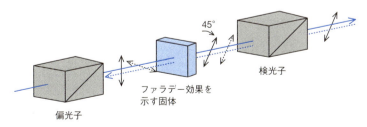

図 10・23 **ファラデー効果を利用した光アイソレーターの原理** 実線は進行方向の光，破線は逆方向の光を表す．逆方向の光は偏光子を通り抜けることができない

性体を透過すると，振動面は最初と同じ方向にさらに 45°だけ回転する．よって，振動面の向きは偏光子に対して直交し，偏光子を逆向きに通り抜けることはできない．このため，光は一方向にのみ進むことになる．

磁気光学材料として用いられる磁性体は主として金属，酸化物，およびカルコゲン化物である．金属は可視光を含む広い波長領域で不透明なため，もっぱら磁気カー効果が評価されている．いくつかの金属と合金の結晶および非晶質に見られる磁気カー効果の大きさを表 10・7 にまとめておく．一方，ファラデー効果を示す代表的な酸化物およびカルコゲン化物の結晶とファラデー回転角の大きさを表 10・8

表 10・7　金属および合金の結晶と非晶質固体における磁気カー効果の大きさ　室温での値

金属および合金	カー回転角 (deg)	測定光子エネルギー (eV)
結 晶		
Fe	0.87	0.75
Co	0.85	0.62
Ni	0.19	3.1
Gd	0.16	4.3
MnBi	0.7	1.9
PtMnSb	2.1	1.75
非晶質固体		
Gd-Co	0.28〜0.33	1.5
Tb-Fe	0.24〜0.30	1.5
Gd-Fe-Bi	0.3〜0.4	1.5

表 10・8　酸化物およびカルコゲン化物結晶のファラデー効果の大きさ

化合物	ファラデー回転角 $(\deg\ cm^{-1})$	測定波長 (μm)	測定温度 (K)
$Y_3Fe_5O_{12}$	250	1.15	室温
$Gd_3Fe_5O_{12}$	75	1.15	250
$Gd_2BiFe_5O_{12}$	1.01×10^4	0.80	室温
$YFeO_3$	4.9×10^3	0.633	室温
Fe_3O_4	3.9×10^4	0.633	室温
EuO	5×10^5	0.66	4.2
$EuSe$	0.18*	0.633	室温
$CdCr_2S_4$	3.8×10^3	1.0	4

*　1 Oe の外部磁場下での値

10・6 磁 気 光 学 効 果　　　327

に示す．酸化物としては $Y_3Fe_5O_{12}$ や $Gd_3Fe_5O_{12}$ に代表されるガーネット型フェライト（1・5・3節，8・4・2節参照）が最も知られている．$Y_3Al_5O_{12}$ を YAG とよぶのと同じく，$Y_3Fe_5O_{12}$ はイットリウム鉄ガーネット（yttrium iron garnet）の頭文字をとって YIG とよばれる．$Y_3Fe_5O_{12}$ や $Gd_3Fe_5O_{12}$ の希土類イオンを Bi^{3+} で置換すると，置換量が増えるに従いファラデー回転角の絶対値は増加する．希土類イオンをすべて Bi^{3+} で置換した $Bi_3Fe_5O_{12}$ の薄膜が気相合成でつくられており，この結晶のファラデー回転角は 633 nm の波長において 5.5×10^4 deg cm^{-1} であることが報告されている．この値は同じ波長における YIG のファラデー回転角の約 60 倍に相当する．ガーネット型フェライトは特に赤外領域においてファラデー回転角が大きく透過率も高いので，光通信に用いられる 1.5〜1.6 μm の波長領域での光アイソレーターとして実用化されている．

　可視域に近い近赤外から近紫外の領域において大きな磁気光学効果を示し，透過率も高い固体として磁性半導体および無機ガラスが知られている．前者には CdTe と MnTe の固溶体である $(Cd, Mn)Te$ などがある．このように磁性を含まない半導体に磁性イオンが導入された結晶は**半磁性半導体**（semimagnetic semiconductor）あるいは**希薄磁性半導体**（diluted magnetic semiconductor, DMS）とよばれる．$(Cd, Mn)Te$ では磁気双極子モーメントは Mn^{2+} に局在化しており，磁気ポーラロン（8・4・2節参照）が存在して低温で磁気的な秩序をつくる．この系の固溶体である$(Cd, Hg, Mn)Te$ は 0.9 μm の波長に対応する光アイソレーターとして使われている．無機ガラスでは，ガーネット型フェライトなどと比較するとファラデー回転角は桁違いに小さいが，可視域において透過率が高いこと，ファイバー化などで光の進行距離を長くできることなどの特徴がある．希土類イオンを高濃度で含む酸化物ガラスやフッ化物ガラスが可視から紫外領域において相対的に大きな磁気光学効果を示し，特に Ce^{3+}，Pr^{3+}，Tb^{3+}，Dy^{3+} を高濃度に含むガラスでは常磁性に基づくファラデー回転が見られる．また，Tl^+，Pb^{2+}，Bi^{3+} のようなイオン半径が大きく質量も大きいイオンを含むガラスでは，（8・13）式からわかるように反磁性の磁化率が大きくなり，反磁性に基づくファラデー効果が大きくなる．反磁性ガラスではファラデー回転角が温度に依存しないという特徴があり，磁場センサーや電流センサーとして応用されている．

索　引

A サイト秩序型ペロブスカイト　90

a 軸　12, 120

A15 型構造　284

AES　140

AFM　130

AFMR　135

Al-Co-Ni 系準結晶　42

Al_6Mn　42

Al_2O_3　88, 162, 301

Alq_3　313

α 鉄　56, 57, 59

α-AgI

　──の結晶構造　213

α-Al_2O_3　32, 38, 55, 69, 143, 301

b 軸　12, 120

$BaFe_{12}O_{19}$

　──の結晶構造　266

$Ba_2NaNb_5O_{15}$　319

$BaTiO_3$　37, 90, 103, 228, 230, 319

BCS 理論　278

BEDT-TTF　289

B-H 曲線　250, 260

BH 積　259

BiF_3 型構造　58, 59

β-アルミナ　212, 217

　──の結晶構造　213

β-黄銅　58

β-タングステン型構造　284

β-$(BEDT$-$TTF)_2I_3$　289

　──の結晶構造　290

c 軸　12, 120

C_{60}　290, 291

$(Ca, Al)As$　110

CaF_2　34, 135

$(Ca, Na)_2CuO_2Cl_2$　90

CaO　72, 91, 214

$CaTiO_3$

　──の結晶構造　36

$Ca_3Ti_2O_7$　90

　──の結晶構造　91

CBED　128

$CdFe_2O_4$　264

$(Cd, Mn)Te$　327

CDW　197

CeO_2　128, 129

$CH_3NH_3PbI_3$　313

CMR　269

$CoFe_2O_4$　253

Cr_2O_3　56, 69

$CsCl$　33

Cu_2AlMn 型構造　58, 59

$CuAu$ 型構造　57, 58

Cu_3Au 型構造　57, 58

Cu_3Ti 型構造　58

Cu_5Zn_8　40, 41

CVD　110

DBTTF-TCNQ　209

DCM　315

DMS　327

DOBAMBC　235

DPVBi　313

DSC　143

DSC 曲線　144

DTA　143

DTA 曲線　143

δ 鉄　56

EDA 錯体　205

EL　314

EPR　135

ESCA　140

ESR　135

EuO　72, 269

EXAFS　139

$Fe_{83}B_{17}$　142

Fe_2O_3　131, 132

Fe_3O_4　111, 265

FET　190

$FeTiO_3$　37, 38, 131, 132

FMR　135

FSM-16　116

$(Ga, Al)As$　192, 310, 311

$GaAs$　110, 184, 192, 308, 310, 311, 312

GaN　310, 311

gerade　28, 303

GIC　199

GMR　262

γ-黄銅型構造　40, 41

γ 鉄　56, 57, 59

HAADF-STEM　131

HIP　87

HOMO　208

$Ir(ppy)_3$　313

KBr　152

KC_8

　──の結晶構造　200

K_3C_{60}　290

KCl　71

$KCP(Br)$　203

KDP　233

KH_2PO_4　233, 319

K_2NiF_4 型構造　286

$K_2[Pt(CN)_4]Br_{0.3}\cdot 3.2H_2O$　203

$K_2[Pt(CN_4)]\cdot 3H_2O$　47

KS 鋼　260

$(La, Ba)_2CuO_4$　286

$LaFeAsO_{1-x}F_x$　291

　──の結晶構造　292

$LaNi_5$

　──の結晶構造　64

$(La, Sr)_2CuO_4$　287

　──の結晶構造　286

$(La, Sr)MnO_3$　268

LCAO MO 法　27

LED 309
LiFePO$_4$ 216
LiNbO$_3$ 38, 233, 319
LiTaO$_3$ 233
LiTi$_2$O$_4$ 285
LUMO 208, 290

MAS NMR 138
MBE 112
MCM-41 116
MgAl$_2$O$_4$ 34, 84
MgB$_2$ 284
——の結晶構造 285
MgCu$_2$型構造 40, 41
MgNi$_2$型構造 40
MgO 162
MgZn$_2$型構造 40, 41
MO法 27
MOCVD 110
MOVPE 110
Mo$_6$X$_8$クラスター
——の構造 292
MRI 285

n回回転軸 16
n型半導体 102, 185, 186, 311
NaCl 22, 24, 25, 30, 70, 71, 123, 150
NaTl 41, 42
——の結晶構造 195
Nb$_3$Ge 284
(Nd, Ce)$_2$CuO$_{4-\delta}$ 287
——の結晶構造 286
Nd$_2$Fe$_{14}$B
——の結晶構造 260
NiAl$_2$O$_4$ 85
NiAs 30
NiO 195, 198
Ni$_3$Sn型構造 58
NMR 136

OMVPE 110

p型半導体 186, 311
(Pb, La)(Zr, Ti)O$_3$ 233, 319
PbMo$_6$S$_8$ 291
——の結晶構造 292
Pb-Sn系合金 63
PbTiO$_3$ 232
PbZrO$_3$ 232
PCBM 312

PEDOT 210
P3HT 209, 312
PLD 114
PLZT 233
pn接合 186, 187, 309, 310, 311
PTC効果 232
PZT 232

ReO$_3$ 194

SAD 128
SAED 128
SEM 129
SET 193
SHG 317
SiC 29
Si$_3$N$_4$ 83
^{29}Si NMR
——の化学シフト 137
^{29}Si NMRスペクトル
　クリストバライトの—— 138
SiO$_2$ 74, 100, 104, 138, 159
SMA 60
SmCo$_5$
——の結晶構造 260
SnO$_2$ 198
sp^{3}混成軌道 29
sp^{2}混成軌道 29
SPM 130
SPS 88
SQUID 283
STEM 130
STM 130

T相 286
T'相 286
TbMnO$_3$ 231
TCNQ 206
TEM 129
TEMPOラジカル 270
TG 143
THG 319
TiAl$_3$型構造 57, 58
TiNi 60
TiO$_2$ 33, 198, 312
TLS 156
TMR 263
(TMTSF)$_2$PF$_6$ 289
TMTSF-TCNQ 209
TN型表示 238
TOF 127

TSF 289
TSF-TCNQ 207
TTeT-TCNQ 207
TTF 205, 289
TTF-TCNQ 205, 289
——の結晶構造 207

ungerade 28
UPS 140

VB法 26

WDM 297
WO$_3$ 195

X線回折 118, 120
X線管 119
X線吸収広域微細構造 139
X線吸収端近傍構造 139
X線光電子分光法 140
XANES 139
XPS 140

YAG 72
YAGレーザー 303
Y$_3$Al$_5$O$_{12}$ 71
YBa$_2$Cu$_3$O$_6$ 288
YBa$_2$Cu$_3$O$_7$ 287, 288
Y$_3$Fe$_5$O$_{12}$ 327
YIG 327

ZnFe$_2$O$_4$ 264
ZnO 32
ZnS 31, 184
ZrO$_2$ 214

あ

アインシュタイン温度 154
アインシュタインモデル 154
青色発光ダイオード 311, 314
アクセプター 205, 206, 210
アクセプター準位 185
アクチュエーター 226, 232
圧縮率 165
圧電効果 225
圧電性 225
圧電性高分子 239
圧電体 105, 218, 225, 319

索　引　331

圧電率 225
アモルファス合金 74
アモルファス固体 7, 74
アモルファス磁性体 74
アモルファスシリコン 75
アモルファス半導体 74
アルニコ磁石 260
アルミキノリノール錯体 315
アルミナ 32
アルミノケイ酸塩 104, 107, 116, 138
暗視野像 130
安定化ジルコニア 214
アントラセン 308, 315
　　——の結晶構造 46

い

イオン結合 19, 20
イオン結晶 150
イオン伝導 212
イオン導電体 169
イオン半径 20, 302
イオン分極 220, 227
1次元金属 196
1次元伝導体 203, 212
1次相転移 52
1次電気光学効果 318
1次電池 215
一重項状態 27, 269, 270, 285, 298
一致融解 69
イットリウム鉄ガーネット 327
異方性 78
イリジウム錯体 315
イルメナイト型構造 37, 38, 132
色中心 71
陰極線ルミネセンス 315
インターカレーション 91, 198, 216, 290
インバー合金 261

う

ウイスカー 99
ウィーデマン-フランツの法則 178

渦糸状態 274
渦巻き成長 98
ウルツ鉱型構造 31, 32, 41
上向きスピン 255, 256

え

エアロゾル 104
永久磁石 250, 259, 260, 266
永久双極子 45, 220, 227
永久双極子モーメント 317
永久電流 275, 276
エキシトン 308
液晶 2, 48, 49, 78, 238
　　——の誘電的性質 234
液相
　　——からの結晶の生成 91
液相線 62
エネルギーギャップ 180, 182, 183, 196, 307, 308, 311
　　超伝導体の—— 279
　　半導体の—— 309
エネルギー準位
　　——の分裂 300
　　Cr^{3+}の 302
　　水素分子の 28
　　$YAG：Nd^{3+}$レーザーの—— 304
　　リチウム結晶の—— 39
　　ルビーの—— 304
エネルギー積 259, 260
エネルギーバンド 181
エピタキシー 109
エピタキシャル成長 109
エミッター 189
エラストマー 167
エレクトロルミネセンス 314
塩化セシウム型構造 33, 40, 58, 60
塩化ナトリウム型構造 22, 24, 30, 90, 284
エンタルピー 59, 69
　　欠陥生成にともなう—— 71
　　相転移における—— 53
　　融点における—— 52
エントロピー 59, 69, 167
　　液相と結晶の—— 95
　　欠陥生成にともなう—— 70
　　融点における—— 52

エントロピー弾性 168

お

黄銅型構造 40, 41
応力 163, 168, 225, 231
応力緩和 168
応力-ひずみ曲線 163
応力誘起マルテンサイト 60
オキソアニオン
　　ガラスを形成する—— 76
オージェ電子 140
オージェ電子分光法 140
オーステナイト 59
オートクレーブ 105
オームの法則 170, 173, 188
オルガノゾル 104
音響モード 151, 296

か

加圧焼結 87
回映 16
回折法 117
回転 16
回転鏡映 16
回転軸 16
回反 16
界面張力 92
化学気相成長法 109
化学結合 148
　　——による結晶の分類 19
　　——の分極率 224
化学シフト 136
　　Si NMRの—— 137
化学蒸気輸送法 111
化学蒸着法 109
化学ポテンシャル 54, 84, 176, 186
化学輸送反応 111
拡散 84, 98
拡散係数 84
拡散変態 60
核磁気共鳴 136
角振動数 146, 149, 151, 155, 220, 221, 294, 305, 308, 317, 318

332　　索　引

核スピン　136
核生成　92
核生成速度　93
カー効果　319, 324
化合物半導体　312
カソードルミネセンス　315
活性化自由エネルギー
　　拡散に対する——　93, 95
　　不均一核生成の——　94
価電子帯　182, 307, 311
荷電ソリトン　211
金森-グッドイナフ則　253
ガーネット型構造　37, 71
ガーネット型フェライト　267,
　　　　　　　　　　　327
下部臨界磁場　274
カーボンナノチューブ　201
ガラス　3, 74, 77, 94, 144, 215,
　　　　　　　　320, 327
ガラス状態　49, 77, 168
ガラス転移　168
　　有機高分子の——　77
ガラス転移温度　76, 77, 94
ガラス転移点　77, 144
カラミチック液晶　79
カルコゲン化物ガラス　297,
　　　　　　　　　　　320
過冷却液体　76, 94
岩塩型構造　30, 90
間接遷移　308
完全結晶　69
完全反磁性　273
緩和時間　173
緩和弾性率　168

き

輝尽発光　316
気　相
　　——からの結晶の生成　91
　　——からの固体の合成　109
規則格子　57
規則-不規則変態　59
キタエフ模型　259
基底ベクトル　14
軌道角運動量　124, 242, 243,
　　　　　　　　　　　300
軌道角運動量の消失　246
希薄磁性半導体　327

ギブズの自由エネルギー　59,
　　　　　　　　　　　69
　　欠陥生成にともなう——　71
　　結晶核生成に
　　　　ともなう——　92
　　相転移における——　53
　　相平衡における——　50, 54
　　融点における——　52
　　臨界核の状態に
　　　　対応する——　92
ギブズの相律　55
逆圧電効果　225
逆スピネル型構造　36
逆方向　187, 188
逆ホタル(蛍)石型構造　31
キャラクタリゼーション　117
キャリヤー　186
吸光度　294
吸収係数　294
吸収端　139
キュリー温度　228, 230, 248,
　　　　　　　　268, 271
キュリーの法則　246
キュリー-ワイスの法則　248
鏡　映　16
鏡映面　16
強磁性　53, 58, 74, 247, 248,
　　　　　　　　256, 284
強磁性共鳴　135
強磁性体　59, 135, 231, 247,
　　　　　　　249, 256, 323
共　晶　63
共晶組成　63, 66
共晶点　63
強弾性体　231
共沈法　103
共有結合　26
共有結合結晶　28
共融混合物　63
共融組成　63
共融点　63
強誘電性液晶　235, 236
強誘電体　218, 226, 231
極カー効果　325
局在型表面プラズモン　306
極性結晶　224
極性分子　45
巨大コーン異常　197
巨大磁気抵抗　262
許容遷移　298
キラルネマチック液晶　79

均一核生成　93
均一系　49
キンク　96
禁止帯　180, 181
ギンズブルグランダウ理論　276
禁制遷移　298
金　属　2, 118, 169, 171, 191,
　　　　　　　　253, 305
　　——における電気伝導　182
　　——のバンド構造　182
　　——のフェルミ温度　175
　　——のローレンツ比　178
　　超伝導を示す——　283
金属間化合物　40
金属結合　39
金属結晶　39, 183
　　——の模式的な構造　171
金属錯体　47
金属-絶縁体転移　194

く

空間格子　12
空間電荷層　187
空格子点　32, 70, 72, 212, 214,
　　　　　　　　　　　288
空乏層　187
クォーク　281
屈折角　295
屈折率　294, 295, 297, 318, 319,
　　　　　　　　323, 324
クーパー対　278
クマリン　313, 315
クラウジウス-クラペイロンの
　　　　　　　　式　51
クラウジウス-モソッティの
　　　　　　　　式　223
クラッド　297
グラニュラー磁性体　262
グラファイト　29, 89, 91, 159,
　　　　　　　162, 198, 201
グラフェン　200, 201
クリストバライト
　　——の ^{29}Si NMR スペクトル
　　　　　　　　　　　138
クレーガー-ビンク表記　72
クローニッヒ構造　139
クーロンブロッケイド　193
クーロン力　21, 278, 308

け

蛍　光　298
蛍光X線分析　138
蛍光材料　315
蛍光体　72, 314
ケイ酸塩　138
形状記憶合金　60
ケイ素　29, 82, 100, 138, 169, 184, 308, 312
　　走査型プローブ顕微鏡で
　　　観察した——の結晶　2
結合性軌道　28, 39
結　晶　2, 7
　——によるX線の回折　120
　——の構造解析　117
　——の周期構造　7
　——のバンド構造　181
結晶核　92
結晶核生成速度　93
結晶系　12, 13, 18, 121
結晶格子　8
結晶構造
　——と対称性　16
　α-AgI の——　213
　アントラセンの——　46
　$SmCo_5$ の——　260
　Na_xWO_3 の——　195
　$Nd_2Fe_{14}B$ の——　260
　$(Nd, Ce)_2CuO_{4-\delta}$ の——　286
　MgB_2 の——　285
　$(La, Sr)_2CuO_4$ の——　286
　$LaNi_5$ の——　64
　$LaFeAsO_{1-x}F_x$ の——　292
　金属単体の——　40
　KC_8 の——　200
　$CaTiO_3$ の——　36
　$Ca_3Ti_2O_7$ の——　91
　ジントル相の——　42
　タングステンブロンズ
　　　の——　195
　TTF-TCNQ の——　207
　$BaF_{12}O_{19}$ の——　266
　$PbMo_6S_8$ の——　292
　不純物半導体の——　185
　β-アルミナの——　213
　β-$(BEDT\text{-}TTF)_2I_3$
　　　の——　290

ポリチアジルの——　212
マグネトプランバイト型
　　フェライトの——　266
ラーヴェス相の——　41
結晶軸　12
結晶成長　95
結晶成長速度　95, 98
結晶場分裂　299
結晶場理論　299
結晶引き上げ法　100
結晶面　15
ゲート　190
ゲ　ル　74, 104, 217
ゲル電解質　215
ゲルマニウム　29, 308
原子価結合法　26
原子間力顕微鏡　130
減磁曲線　259
原子空孔　70
原子散乱因子　123, 124
原子操作　131
原子ビーム　112

こ

コ　ア　297
鋼　56
高圧合成　38, 89
高温超伝導体　285
高角度散乱暗視野走査型透過
　　電子顕微鏡法　131
光学モード　152, 306
交換相互作用　252
項記号　300
合　金　40, 169, 253
　超伝導を示す——　284
合金鋼　56
交互積層型　208
格子エネルギー　25, 69
格子欠陥　69, 161, 173
格子振動　125, 134, 148, 177, 278, 302
　——の分散　197
硬磁性材料　260
硬磁性体　250, 260
格子定数　12, 13, 14
格子点　8
格子面　14, 15, 120, 121
格子面間隔　14

高周波スパッタ法　113
抗磁力　249
剛性率　166
構造因子　123, 124
構造解析
　結晶の——　117
高電子移動度トランジスター
　　　110
光電子分光法　140
抗電場　227
高分子化合物　1
後方散乱　296
交流ジョセフソン効果　280, 282
コスタリッツ-サウレス転移　258
固相線　62
固相反応　84
固　体　1
固体化学　4
固体電解質　78, 214, 216
コットン-ムートン効果　324
コバルトフェライト　253
ゴ　ム　167
ゴム弾性　167
固有X線　119
固溶体　55, 232, 265
　——が生成するときの
　　　　状態図　62
コラーゲン　106
コランダム型構造　32, 38, 55
コレクター　189
コレステリック液晶　78, 79, 80
コロイド　103
コーン異常　197
混合状態　274
混成軌道　28
コンデンサー　103

さ

サイアロン蛍光体　314
再結合　308, 310
最高被占軌道　208
最大エネルギー積　259
最低空軌道　208, 290
最密充填　9, 20
錯　体　47
差周波混合　317

索　　　引

サーミスター　83, 232
サーモトロピック液晶　79
酸化アルミニウム　32, 55
酸化物結晶　103, 232
　　——におけるポアソン比と
　　　　　密度の関係　167
　　——の電気伝導　194
酸化物超伝導体　285
酸化物誘電体　229
酸化レニウム型構造　194
3次非線形感受率　316, 320,
　　　　　　　　　　　322
3次非線形光学効果　317, 318,
　　　　　　　　　　　320
三斜格子　12
三斜晶系　12
三重項状態　27, 271, 285, 298
三重点　50
32結晶点群　17, 18
3準位系レーザー　303
三方晶系　12
散　乱　120, 296
散乱振幅　126
残留磁化　249
残留分極　226

し

シアニド白金錯体　47
シアニド白金酸塩　203
シアン化ビニリデン　239
シェブレル相　291, 292
シェーンフリースの記号　17, 18
磁　化　231, 241, 248, 249, 255,
　　　　　　　　　273, 323
紫外光電子分光法　140
磁化曲線　249
磁化率　241, 243, 246, 248, 249,
　　　　　　　　　　　251
磁気異方性　260, 266
磁気カー効果　324, 326
磁気共鳴画像　285
磁気光学効果　322
磁気光学材料　325
磁気双極子　241, 245
磁気双極子モーメント　134,
　　241, 242, 243, 244, 246, 247,
　　　　　256, 265, 267
色素増感型太陽電池　312, 313

磁気抵抗効果　262
磁気複屈折　324
磁気分極　231, 241, 245, 267
磁気ポーラロン　269, 327
磁気モーメント　126, 241, 244,
　　　　　247, 254, 264
　強磁性体における——　248
　常磁性体における——　245
　スピネル型フェライトに
　　　　　　おける——　265
　スピングラスに
　　　　　　おける——　254
　反強磁性およびフェリ磁性に
　　　　　　おける——　251
磁　区　250
示差走査熱量測定　143
示差熱分析　143
ジスチリルアリーレン誘導体
　　　　　　　　　　　315
磁性体　4, 231
磁性超伝導体　284, 291
磁性半導体　269, 327
磁性ポーラロン　269
自然幅　142
磁束の量子化　274
磁束密度　241, 250, 273, 276
磁束量子　274, 275, 282
下向きスピン　255, 256
磁　場　241, 249, 250, 273, 323
自発磁化　247
自発分極　224, 226, 227
自発放出　298
磁　壁　250
島　96
四面体位置　10
四面体間隙　10, 11, 20, 30, 264,
　　　　　　　　285, 290
シャピロ・ステップ　282
重縮合　105
臭　素
　　——の添加　204
収束電子回折　128
自由体積理論　77
自由電子　39
自由電子気体　172, 179
柔粘性結晶　2, 78, 290
縮　合　104
縮合重合　105
主　軸　17
樹枝状結晶　99
寿　命　141, 298

シュレーディンガー方程式
　　　　　152, 171, 180
準結晶　4, 42, 44
準格子　43
順方向　187, 188
晶　系　12
焼　結　86
常磁性　53, 244, 248, 253, 255
常磁性体　135, 245, 246
消衰係数　295
状態図　50
　H₂O の——　50
　共晶が現れる系の——　66
　氷の——　50
　固溶体が生成するとき
　　　　　　の——　62
　調和融解する系の——　68
　Pb-Sn 系合金の——　63
　包晶が現れる系の——　67
　誘電的性質に
　　　　　関する——　233
　リューサイト-シリカ系
　　　　　　の——　68
状態密度　176, 256
蒸　着　109
焦電性　224
焦電体　218, 224, 225
常伝導　272
上部臨界磁場　274
消滅則　122
常誘電体　228
初期位相　147
ジョセフソン干渉効果　282
ジョセフソン効果　279
ジョセフソン接合　280
ジョセフソン同期効果　282
ショットキー欠陥　69, 70, 212
　　——の濃度　71
徐冷法　108
シリカ　68, 74, 100, 106, 107,
　　　　　116, 138, 159
シリカガラス　74, 104, 159,
　　　　　162, 297
シリカゲル　105
シロキサンポリマー　104
真空蒸着　109
刃状転位　73
真性半導体　184
振　動　146
振動数　118, 119, 146, 152, 154,
　　　　　163, 202, 282

索　引　335

ジントル相　41, 42
侵入型固溶体　55, 56
振　幅　146, 148

す

水　銀　272, 283
　──の電気抵抗　273
水晶振動子　105, 234
水素吸蔵合金　56, 64
水素結合　47, 50
水熱合成法　105, 107
水熱反応　105
ステップ　96
ステンレス鋼　86
ストーナー模型　256
スネルの法則　295
スパッタ法　112, 113
スパッタリング　112
スーパーマロイ　261
スパレーション中性子源　127
スピネル型構造　34, 35, 213, 285
スピネル型フェライト　264, 265
スピン　27, 134, 246, 254, 255, 262, 263, 278, 285
スピン液体　258
スピン角運動量　124, 242, 243, 300
スピン-軌道相互作用　242
スピンギャップ　258
スピングラス　254
スピンクロスオーバー　271
スピン磁気量子数　134, 301
スピン電界効果
　　　　トランジスター　264
スピントロニクス　263
スピンの多重度　298, 301
スピン量子数　303
スメクチック液晶　78, 79, 80, 234
ずり応力　165
スレーター-ポーリング曲線
　　　　256, 257, 261

せ

制限視野回折　128

正　孔　183, 185, 186, 268, 310, 311
正スピネル型構造　36
制動 X 線　118
正の超交換相互作用　253
成　分　54
正方格子　12
正方晶　230
正方晶系　12
整流作用　188
ゼオライト　104, 107
　──の構造　108
石　英　105, 107, 229, 234
赤外分光　133
絶縁体　169, 183
　──のバンド構造　182
接触角　94
ゼーマン効果　134, 143, 323
セメンタイト　59
セラミックス　3, 83, 214, 222, 230
セン(閃)亜鉛鉱型構造　31, 32
遷移金属イオン　299, 301
　──の有効ボーア磁子数　247
全角運動量　124, 243, 244, 246
漸近キュリー温度　251
旋光角　323
旋光性　323
せん断　165
せん断応力　165
せん断弾性率　166
せん断ひずみ　165
銑　鉄　56
潜　熱　95, 98
全反射　295
前方散乱　296
線膨張率　158
全率固溶　63

そ

相　49
層間化合物　199
双極子相互作用　78
双極子モーメント　219
走査型電子顕微鏡　129
　──で観察した
　　　　多結晶 Al_2O_3　88
走査型透過電子顕微鏡　130

走査型トンネル顕微鏡　130
走査型プローブ顕微鏡　130, 202
　──で観察したケイ素
　　　　結晶 2
双　晶　61
層状構造　213, 284, 288, 291
　──の電気伝率　198
相　図　50
相転移　51
　液体-結晶間の──　76
相平衡　50
相変化　51
ソース　190
疎水性相互作用　115
塑性変形　163
ソリトン　210
ゾ　ル　103
ゾル-ゲル法　104
損失角　221
ゾーンメルティング法　102

た

第一ブリユアン域　149, 180, 196
第一ブリユアン帯　149
第一種超伝導体　273
ダイオード　188, 311
対称性　16, 17
対称操作　16
対称中心　16, 225
対称面　16
体心立方　40
体心立方格子　12, 57, 59, 122, 213
体積弾性率　165
第二種超伝導体　273
タイム・オブ・フライト法　127
ダイヤモンド　29, 31, 82, 89, 159, 162, 308
ダイヤモンド型構造　29, 41
ダイヤモンド薄膜　111
太陽電池　75, 312
帯溶融法　101, 102
楕円偏光　323, 324
多　形　29, 32, 33, 50, 57, 89, 213
多結晶　82, 83
多結晶焼結体　230

索　引

ターゲット　112
多層膜　262
縦カー効果　325
田辺-菅野図　300
ダブルヘテロ接合　310, 311
単位格子　8
単一電子トランジスター　193
単位胞　8
炭化ケイ素　29
タングステン型構造　284
タングステンブロンズ
　　——の結晶構造　195
単結晶　82, 83
　　——の合成　100
単結晶ケイ素　100
単斜格子　12
単斜晶系　12
単純立方格子　12, 33, 97
弾性散乱　125
弾性体　154, 163, 231
弾性的性質　77, 150, 163
弾性波　150, 151, 154
弾性変形　163
弾性率　166
炭素鋼　56
担体　186

ち

置換型固溶体　55, 56
チタン酸バリウム　228
窒化ケイ素　314
　　——の多結晶体の電子顕微鏡
　　　　　　写真　83
秩序無秩序型強誘電体　227
秩序-無秩序転移　59, 266
中間相　78
中性子回折　125
中性ソリトン　210
鋳鉄　56
超イオン導電体　214
超巨大磁気抵抗　269
超交換相互作用　252, 253, 267
超伝導　3, 53, 59, 169, 203, 207,
　　　　211, 272
超伝導体　90, 112, 169
超伝導量子干渉計　282
超微細構造　136
超微細相互作用　136

超微粒子　103
超分極率　317, 320, 321
超分子　48, 115
調和振動　146, 157
調和振動子　147, 152
調和融解　69
直接遷移　307, 308
直線偏光　323, 324, 325
直方格子　12
直方晶系　12
チョクラルスキー法　100, 101
直流ジョセフソン効果　280

て

定圧熱容量　53
ディアディック　316
抵抗　170
抵抗率　170
ディスコチック液晶　79, 80
ディスロケーション　73
定容熱容量　53, 154, 156
ディラック・コーン　203
ディラック電子　203
てこの規則　62, 66
鉄　56
テトラシアニド白金酸塩　203
テトラシアノキノジメタン　206
テトラチアフルバレン　205
デバイ温度　155
デバイ環　128
デバイ・シェラー環　128
デバイの T^3 則　155
デバイモデル　154
デュロン-プティの法則　153,
　　　　　　　154, 155
テラス　96
転位　73
電界効果　190
電界効果トランジスター　190,
　　　　　191
電荷移動錯体　47, 48, 205, 270
　　——の電気伝導率　207
電荷移動力　48
電荷密度波　197
電気感受率　219, 318
電気機械結合係数　232, 239
電気光学効果　233, 317
電気光学材料　233, 319

電気四重極　45
電気双極子　43, 151, 227
電気双極子モーメント　45, 133,
　　　　219, 222, 227, 235, 317, 320
電気抵抗　170, 230, 262, 272
　　水銀の——　273
　　$BaTiO_3$ における——　232
電気抵抗率　170
電気伝導
　　金属における——　182
　　酸化物結晶の——　194
　　自由電子気体に
　　　　　おける——　173
　　層状構造の——　198
　　半導体における——　185
電気伝導度　170
電気伝導率　170, 173, 174, 178,
　　　　　183, 263
　　酸化物セラミックス
　　　　　の——　222
　　電荷移動錯体の——　207
電気ベクトル　323, 324
電気変位　219
点群　16, 18
点欠陥　69
電子移動度　174
電子回折　125, 127
電子回折パターン
　　多結晶 CeO_2 の——　129
電子化合物　40
電子供与体　47, 48, 205, 210,
　　　　　270
電子顕微鏡　129, 131
　　——で観察した窒化ケイ素
　　　　多結晶体　83
　　——で観察した
　　　　ひげ結晶　100
電子-格子相互作用　278
電子構造　171
　　n 型半導体における——　185
　　グラフェンの——　202
　　半導体の——　184
　　p 型半導体における——　185
　　リチウムおよびマグネシウム
　　　　における——　184
　　量子井戸の——　193
電子受容体　47, 48, 205, 206,
　　　　　210, 270
電子常磁性共鳴　135
電子スピン共鳴　135, 323
電磁波　132, 282

索　引　　　337

電子比熱　177
電子-フォノン相互作用　279
電子分極　220
電子分光法　140
電束密度　219, 221, 294
電　池　215
　太陽――　75, 312
　ニッケル水素――　64
　燃料――　64
　リチウムイオン
　　　2次――　215, 216
伝導帯　182, 307, 311
伝導電子　171, 177, 305
電場発光　314
伝搬型表面プラズモン　306
電流密度　173

と

透過型電子顕微鏡　129
透過率　293, 319
銅酸化物超伝導体　286
透磁率　241, 242, 275
導　体　169
導電性高分子　209
導電率　170
特殊鋼　56
特性X線　119, 138
ドナー　205, 210
ドナー準位　185
ドーパント　184, 210
ドーピング　184, 209
トポケミカル反応　90
トランジスター　189
ドリフト速度　174
ドレイン　190
トンネリングモデル　156
トンネル効果　130, 156, 279
トンネル磁気抵抗効果　263
トンネル電流　280

な　行

内部磁場　248
ナイロン　159
ナイロン 66
　――の構造　47

ナノエレクトロニクス　192
ナノテクノロジー　112, 192
ナノ冶金学　307
軟X線　138
軟磁性材料　261
軟磁性体　250

ニオブ酸リチウム型構造　38,
　　　　　　　　　　　233
2次相転移　53, 248, 276
2次電気化学効果　319
2次電池　215
2次非線形感受率　316
2次非線形光学効果　317
2次ヤーン-テラー効果　230
二重交換相互作用　268
2準位系モデル　156
ニッケル　256
ニッケル水素電池　64
入射角　295

ねじれネマチック液晶　238
熱間静水圧プレス　87
熱重量分析　143
熱電子　119
熱電子放出　119
熱伝導率　159, 161, 177, 178
熱分析　143
熱膨張　156
熱膨張率　52, 157
熱容量　53, 144, 153, 161, 177
　非晶質固体の――　156
熱ルミネセンス　316
ネマチック液晶　78, 79, 80, 238
　――の偏光顕微鏡写真　3
ネール温度　251
粘弾性　168
燃料電池　64

は

配位結合　47
配位座標　302
配位子　47
配位子場理論　299
配位数　21
配位多面体　20, 21
パイエルス転移　196, 207
バイオミネラリゼーション　6, 106

配向分極　88, 220
バイブロニック遷移　303
バイポーラートランジスター　189
パウリのスピン常磁性　255
パウリの排他律　174, 176, 253,
　　　　　　　　　263, 278
バーガースベクトル　73
薄　膜　110, 112, 114
波　数　134, 147, 148, 149, 151,
　　　153, 172, 173, 179, 196, 202,
　　　　　　　　　　294, 307
八面体位置　10
八面体間隙　10, 11, 20, 30, 264,
　　　　　　　　　285, 290
波　長　118, 120, 147, 202
波長分割多重　297
発　光　298
発光材料　315
発光ダイオード　309, 314
バーディーン-クーパー-
　　　シュリーファー理論　278
パーマロイ　261
パーライト　60
パリティ　303
パルス幅　299
パルスレーザー　298
パルスレーザー堆積法　114
ハルデンギャップ　258
反強磁性　284
反強磁性共鳴　135
反強磁性体　135, 251
反強誘電性液晶　236
反強誘電体　228, 237
半金属　200
反結合性軌道　28, 39
反磁性　243
半磁性半導体　327
反射率　296, 305
反　跳　141
反　転　16
反転対称性　303, 318, 320
反転分布　298, 304
半導体　4, 100, 169, 182, 191,
　　　　　　　　　　　307
　――における電気伝導　182
　――におけるフェルミ
　　　　　　　　準位　186
　――のエネルギー
　　　　　　　ギャップ　309
　――の電子構造　184
　――のバンド構造　182

338　　　　索　　引

半導体多層膜 112
半導体薄膜 110
半導体ヘテロ構造 110, 192
半導体レーザー 110, 310
バンド構造 39, 183, 307, 310
　強磁性状態の—— 256
　金属の—— 182
　結晶の—— 181
　絶縁体の—— 182
　半導体の—— 182
　pn 接合における—— 187, 188
バンド理論 181

ひ

非化学量論化合物 56
ヒ化ニッケル型構造 30, 31
光アイソレーター 325
光起電力効果 311
光吸収スペクトル
　ルビーの—— 301
光散乱 296
光 CVD 110
光シャッター 319
光整流 317, 318
光第三高調波発生 319
光第二高調波発生 317, 318
光第二高調波変換効率 321
光ファイバー 74, 75, 297
光変調 233
光ルミネセンス 314
ひげ結晶 99, 100
飛行時間法 127
菱面体格子 12
非晶質合金 74, 261
非晶質固体 2, 7, 74
　——の熱容量 156
非晶質半導体 74
ヒステリシス 227, 249, 250
ヒステリシスループ 227, 229
ひずみ 163, 168, 196, 225, 231
非線形光学効果 233, 317, 320
非線形光学材料 319
非線形誘電分極 316
非弾性散乱 125
非調和振動 157
非調和融解 67
ヒッグス機構 281

ヒッグス粒子 282
比抵抗 170
比透磁率 242
　強磁性非晶質合金の—— 261
ヒートポンプ 65
ヒドロキシアパタイト 100, 106
ヒドロゾル 103
ビビリジン錯体 312
比誘電率 219
　酸化物セラミックスの—— 222
ヒューム-ロザリー相 40
ヒューム-ロザリー則 40
表示素子 238
表面エネルギー 86
表面エントロピー 87
表面自由エネルギー 87, 99
表面増強ラマン散乱 306
表面張力 87, 92
表面プラズモン 306

ふ

ファセット面 97
ファラデー回転角 323, 325, 326
ファラデー効果 323, 324, 326
ファンデルワールス力 29, 45, 78, 211
フィックの第1法則 84
フィックの第2法則 85
フィボナッチ数列 44
フェニル C_{61} 酪酸メチルエステル 312
フェライト 59, 264
フェリ磁性 252, 264
フェリ誘電性 237
フェルベー転移 266
フェルミ運動量 175
フェルミ・エネルギー 175
フェルミオン 176
フェルミ温度 175
フェルミ球 175
フェルミ準位 279, 311
　半導体における—— 186
フェルミ-ディラック統計 176, 186

フェルミ-ディラック分布 176, 177, 186, 256
フェルミ波数 175, 196
フェルミ分布 176
フェルミ面 175, 279
フェルミ粒子 176
フォークト効果 324
フォノン 125, 152, 153, 159, 173, 278, 308
フォノンのソフト化 197
不規則格子 59
不均一核生成 94
不均一系 49
複屈折 324
複合屈折率 294
複合格子 14
複素屈折率 305
複素誘電率 221, 305
不純物中心 72, 299
不純物半導体 184
不対電子 243, 253, 269, 270
普通鋼 56
フッ化ビニリデン 239, 297
フッ化物ガラス 297
フックの法則 146, 163
物質の三態 49
沸　石 107
不定比化合物 56
不動態 86
負の超交換相互作用 253
部分固溶 63
浮遊帯溶融法 101, 102
フラクソイド 274
プラスチック 3, 169
フラストレーション 254, 258
プラズマ CVD 110
プラズマ振動 305
プラズマ振動数 305
プラズマスパッタ法 113
プラズモニクス 306
プラズモン 305, 306
フラックス蒸発法 108
フラックス法 108
ブラッグの法則 120
ブラッグ反射 120, 122
プラトー 258
ブラベ格子 12, 13
フラーリド 290
フラーレン 10, 78, 290, 312
フランク-コンドンの原理 302
ブリッジマン法 100

索　引

ブリユアン域　149, 180, 196
ブリユアン関数　245
ブリユアン散乱　296
プルーム　114
フレンケル欠陥　70, 212
フレンケル励起子　308
ブロッホ関数　181
ブロッホの定理　181
フローティングゾーン
　　　　　　メルティング法　102
プローブ　130
分　域　227
分域壁　227
分解融解　67
分　極　46
分極電荷　219, 224, 225
分極率　222, 223, 224
分光法　117
分　散　149, 197
分散力　46
分子間力
　　——による結晶の分類　19
分子軌道
　　Li$_2$ 分子の——　39
　　水素分子の——　28
分子軌道法　27, 183
分子結晶　43, 46, 78, 289
分子磁場　248, 256
分子線エピタキシー　112
分子場近似　248
分子ビーム　112
フントの規則　253
分離積層型　208

へ, ほ

平均自由行程　111, 160, 161,
　　　　　　　　　　　177
平衡イオン間距離　22, 25
平衡原子間距離　164
並進対称性　7
ベース　189
ベルヌーイ法　102
ヘルマン-モーガンの記号　17,
　　　　　　　　　　　18
ペロブスカイト型構造　36, 90,
　　　　　229, 268, 288, 313
ペロブスカイト型太陽電池
　　　　　　　　　　　313

変位型強誘電体　227
ペンローズ格子　43, 44

ボーア磁子　134, 242
ポアソン比　165, 166
ホイスカー　99
ホイスラー合金　59
包　晶　67
ホウ素　102
　　——の高純度化　102
　　——の添加　185
膨張率　52, 157, 158, 159
放電プラズマ焼結　88
飽和磁化　249
補償温度　267
保磁力　249, 250
　　強磁性非晶質合金の——　261
ボース-アインシュタイン統計
　　　　　　　　　　　278
ボース-アインシュタイン分布
　　　　　　　　　　　278
ボース粒子　278, 281
ボソン　278, 281
ホタル石型構造　34, 135, 214
ポッケルス効果　318
ポッケルス定数　318, 319
ホットプレス　87
ホメオトロピック　238
ホモジニアス　238
ポリアセチレン　209, 210, 322
ポリアニリン　209
ポリエチレン　159
ポリエチレンオキシド　215
ポリエチレンテレフタラート
　　　　　　　　　　　75
ポリジアセチレン　320, 321,
　　　　　　　　　　　322
ポリスチレン　75
ポリチアジル　211, 291
　　——の結晶構造　212
ポリチオフェン　210
ポリピロール　209
ポリフェニレンビニレン　209
ポリフッ化ビニリデン　215,
　　　　　　　　　　　239
ポリ(3-ヘキシルチオフェン-
　　　　　　2,5-ジイル)　312
ポリメタクリル酸メチル　75,
　　　　　　　　　　　297
ホール　183
ボルツマンの式　70

ボルン指数　21, 25
ボルン-ハーバーサイクル　25
ボルン-ランデの式　25

ま　行

マイクロ波焼結　87, 88
マイクロプラズマ　114
マイスナー効果　273
マクスウェル方程式　275, 294
マグネシウム
　　——における電子構造　184
マグネタイト　111, 265
マグネトプランバイト型
　　　　　　　フェライト　266
マグネトロンスパッタ法　113
摩擦発光　316
マジック角　137
マジック角回転核磁気共鳴
　　　　　　　　　　　138
マーデルング定数　23
　　——の計算　24
マルチフェロイクス　231
マルテンサイト　60
マルテンサイト変態　60, 61

ミー散乱　296
ミセル　48, 115
ミラー指数　14, 15, 121

無拡散変態　60
無機ガラス　74
無機高分子　211, 291
無機物質　1
無機有機複合体　105, 106
ムコン酸エチル　91
無定形固体　7, 74
ムライト　102, 229

明視野像　130
メスバウアー効果　142
メスバウアー分光法　142
メゾスコピック系　192
メソ多孔体　107, 115
面間隔　14, 121
面心立方格子　11, 12, 57, 123,
　　　　　　　　　　　290

モーズリーの法則　119

モット絶縁体　198, 208
モット-ハバード型絶縁体　198
モノクロメーター　127
モリブデンブロンズ　195
モル比熱　153, 155

や　行

ヤング率　163, 164, 166
ヤーン-テラー効果　90, 204,
　　　　　　　　　　230

融　液　95
　——からの単結晶の
　　　　　　合成　100
有機 EL　314
有機 FET　209
有機強磁性体　269
　——のキュリー温度　271
有機金属 CVD　110
有機高分子　77, 169, 214
　——の弾性的性質　167
有機磁性体　269
誘起双極子　45
有機超伝導体　289
有機電界効果トランジスター
　　　　　　　　　209
有機薄膜太陽電池　312
有機半導体　46
有機物質　1
有効質量　202
有効ボーア磁子数　246, 247
誘電性　219
誘電正接　221, 222
　酸化物セラミックス
　　　　　の——　222
誘電損失　88, 221
誘電体　4, 218, 219, 231, 294,
　　　　　　　　　　305
誘電的性質　219
　液晶の——　234
誘電分極　88, 219, 222, 225,
　　　　　　　　226, 316
誘電分散　220, 221
誘電率　219, 294, 318

誘導放出　298
誘導放出による光増幅　298

溶　液
　——からの固体の合成　103
横カー効果　325
横緩和時間　137
4 準位系レーザー　304

ら行，わ

ライオトロピック液晶　80, 81
ラーヴェス相　40, 41
ラカーパラメーター　299
らせん成長　98
らせん転位　73, 98
ラフニング温度　97
ラフニング相転移　97
ラポルテの規則　303
ラマン散乱　133, 296
ラマン分光　133, 296
ランデの g 因子　134, 242

リオトロピック液晶　80, 81
リチウム
　——における電子構造　184
　——の分子軌道　39
リチウムイオン 2 次電池　215,
　　　　　　　　　216
リチウム結晶
　——のエネルギー準位　39
立方格子　12, 15
立方最密充填　9, 10, 11, 30, 40,
　　　　　　　　　　58
粒　界　82, 83
リューサイト　68
量子井戸　112, 192
量子井戸レーザー　110
量子サイズ効果　192
量子細線　192
量子スピン液体　258
量子スピン系　258
量子ドット　192
両親媒性物質　80
両親媒性分子　48, 115

リン
　——の添加　184
臨界温度　273, 283
臨界核　92
臨界核半径　92
臨界磁場　274
りん光　298
りん光材料　315

ルチル型構造　33, 198
ルテニウム錯体　312, 313
ルドルスデン-ポッパー相　90,
　　　　　　　　91, 286
ルビー　56, 82, 102, 108, 301
　——のエネルギー準位　304
　——の光吸収
　　　　スペクトル　301
ルビーレーザー　303
ルミネセンス　298

励起子　308
励起子超伝導　289
零点振動　148
レイリー散乱　296
レーザー　71, 83, 233, 298, 303
レーザーアブレーション　114
レーザーアブレーション法
　　　　　　　　　114
レーザー解離　114
レーザー蒸発　114
レーザーダイオード　110, 310
レプトン　281
連続 X 線　118
連続体　150, 163

六方格子　12
六方最密充填　9, 10, 30, 40, 58
六方晶系　12, 15
ローレンツの関係式　222
ローレンツ比　178
ロンドンの磁場侵入深さ　277
ロンドン方程式　277

ワイス温度　251
ワイスの分子場近似　248
和周波混合　317
ワニエ励起子　308, 309

田<ruby>中<rt>なか</rt></ruby><ruby>勝<rt>かつ</rt></ruby><ruby>久<rt>ひさ</rt></ruby>

田　中　勝　久

1961 年　大阪府に生まれる
1986 年　京都大学大学院工学研究科修士課程 修了
現 京都大学大学院工学研究科 教授
専攻 固体化学，無機化学
工 学 博 士

第 1 版　第 1 刷　2004 年 4 月 1 日　発 行
第 2 版　第 1 刷　2019 年 6 月 10 日　発 行
　　　　第 2 刷　2022 年 6 月 21 日　発 行

固 体 化 学 第 2 版

Ⓒ 2 0 1 9

著　　者　　田　中　勝　久

発 行 者　　住　田　六　連

発　　行　　株式会社 東京化学同人

東京都文京区千石 3 丁目 36-7（〒112-0011）
電話　03-3946-5311 ・ FAX　03-3946-5317
URL：http://www.tkd-pbl.com/

印　刷　中央印刷株式会社
製　本　株式会社 松 岳 社

ISBN978-4-8079-0964-3
Printed in Japan
無断転載および複製物（コピー，電子デー
タなど）の無断配布，配信を禁じます．